数据科学与大数据技术系列

数据分析与数据可视化实战

张延松　徐新哲　编著

电子工业出版社
Publishing House of Electronics Industry
北京·BEIJING

内 容 简 介

本书以企业级基准数据集为实战案例，系统地介绍了目前比较前沿、比较具有代表性的数据分析与数据可视化工具的使用方法，涵盖了从数据管理到数据抓取、数据可视化、数据挖掘建模的整个企业级数据分析流程，使读者能够掌握企业级数据分析处理的基本技能，为承担企业级数据分析处理或其他领域的相关任务打下基础。

本书可以作为经济、人文、社会、管理学科学生学习数据分析与数据可视化技术的入门教材，也可以作为计算机专业、信息类专业本科生的教材或参考书，同样也可以作为企业数据分析人员的参考书。

未经许可，不得以任何方式复制或抄袭本书之部分或全部内容。
版权所有，侵权必究。

图书在版编目（CIP）数据

数据分析与数据可视化实战 / 张延松，徐新哲编著. —北京：电子工业出版社，2020.5
（数据科学与大数据技术系列）
ISBN 978-7-121-37992-5

Ⅰ.①数… Ⅱ.①张… ②徐… Ⅲ.①数据处理软件－高等学校－教材②可视化软件－高等学校－教材 Ⅳ.①TP274②TP31

中国版本图书馆 CIP 数据核字（2019）第 263908 号

责任编辑：石会敏　　文字编辑：苏颖杰
印　　刷：三河市华成印务有限公司
装　　订：三河市华成印务有限公司
出版发行：电子工业出版社
　　　　　北京市海淀区万寿路 173 信箱　邮编：100036
开　　本：787×1092　1/16　印张：19.5　字数：508.8 千字
版　　次：2020 年 5 月第 1 版
印　　次：2020 年 10 月第 2 次印刷
定　　价：69.00 元

凡所购买电子工业出版社图书有缺损问题，请向购买书店调换。若书店售缺，请与本社发行部联系，联系及邮购电话：(010) 88254888，88258888。
质量投诉请发邮件至 zlts@phei.com.cn，盗版侵权举报请发邮件至 dbqq@phei.com.cn。
本书咨询联系方式：(010) 88254537。

前　言

随着信息技术的迅猛发展和大数据时代的到来，现代企业的信息化系统快速积累了大量数据，数据驱动逐渐成为企业经营决策分析的基本模式。数据分析就是从海量数据中透视数据特征、发现数据内在模式规律、挖掘数据中蕴含的高价值信息的过程，同时通过强大的数据可视化技术生动、直观地为企业提供能够展现数据宏微观特征、内在规律和动态发展过程的数字化画像。数据分析是企业数据驱动决策战略体系下的核心技术，也是大数据时代各专业的学生都需要掌握的实用技能。数据分析是一门交叉学科的技术，需要数据库技术来存储、管理海量的企业数据，通过结构化数据库语言 SQL 实现数据管理、提取、转换和分析；还需要通过数据分析与数据可视化工具对数据进行深入分析与可视化展现，为用户提供交互的可视化报表；然后进一步应用数学、统计学、计算机编程等方面的专业知识，挖掘数据内在规律和特征，了解历史数据并预测未来以辅助企业决策。

本书针对数据分析的特点，采用融合式教学方法，即在企业级数据分析应用背景下，基于统一的企业级基准数据实战案例，基于当前主流的 SQL Server 2019 数据库系统、Excel Power 插件、Power BI、Tableau 数据分析与可视化工具、Python 编程语言，综合设计了企业级数据分析与数据可视化案例教学内容，以数据分析需求为中心，按需定制需要掌握的数据库技术、数据分析技术、数据可视化技术和数据挖掘建模技术，并通过完整的案例展现从数据管理到数据抓取、数据可视化、数据挖掘建模的整个数据分析工作流程，为读者提供企业级数据分析处理的技术参考。

本书分为 3 篇，分别是预备篇、技能篇和实战篇。

预备篇由第 1、2 章构成，主要介绍建立数据分析的基本概念和本书所采用的案例数据集的基本情况。

第 1 章介绍了数据分析与数据库的基本概念、数据驱动决策的基本含义及数据分析与挖掘的一般工作流程，为读者建立数据分析的基本框架、构建知识体系结构和工具选择打下基础。

第 2 章介绍了贯穿本书始终的实战案例数据集 TPC-DS，包括整个数据集结构及基本的字段语义解析，使读者了解企业级数据的基本特征和分析需求。

技能篇由第 3、4、5 章构成，本篇面向数据分析与数据可视化的支撑技术，介绍了主流数据库系统及数据分析与可视化工具的使用方法。

第 3 章首先介绍了 SQL Server 2019 的安装与配置方法，以及如何基于 TPC-DS 数据集创建数据库和将数据导入的方法，构建以数据库为中心的数据分析平台；然后以主流的数据分析与数据可视化工具 Excel Power 插件、Power BI、Tableau 为例介绍了相应的安装配置方法及数据库连接方法，以及 Python 的安装及与数据库连接方法。第 3 章的内容帮助读者在自己的计算机上搭建起企业级数据分析的基本环境，为后续章节的实践打好基础。

第 4 章介绍了结构化查询语言 SQL 的基本语法及进阶查询技巧，通过 SQL 命令实现数据管理、数据查询、数据转换及数据分析处理等功能，为数据分析提供数据存储访问服务支持，并通过若干 SQL 查询实战案例帮助读者理解各种查询技巧在实际工作中的应用。

第 5 章对比了 Excel Power 插件、Power BI、Tableau 三种主流的数据分析及数据可视化工具的使用方法，以可视化功能为核心横向对比了当前主流的 Excel Power 插件、Power BI 及 Tableau 等数据可视化工具的操作技巧及功能特点，使读者既可以全面掌握三种不同数据可视化工具的使用方法，又可以根据特定的数据可视化需求选择适合的工具，在企业级数据分析与数据可视化实践工作中拥有灵活的技术选择和全面的技术掌控能力。

实战篇由第 6、7 章构成，本篇通过两个详细的企业级数据分析与挖掘案例，以实际的企业级业务决策需求为核心，系统地展现了数据分析的整个工作流程、相关工具的配合使用及挖掘建模方法。

第 6 章基于企业级用户数据分析展现了数据分析和数据可视化的工作流程及相关技术。在数据可视化部分设计了用户宏观监控与微观监控仪表板，通过交互式的数据可视化报表动态展示用户数据特征、定义用户历史行为、评估用户行为特征及相对价值高低。在挖掘建模方法上，设计了用户价值识别模型案例和用户优惠券使用行为预测模型案例，运用 Python 语言和聚类、分类机器学习算法实现了用户行为数据的基本分析、深入挖掘与针对性预测，展示了用户数据分析与挖掘的完整过程。

第 7 章演示了企业级供应链数据分析案例。在数据可视化部分通过设计用户偏好维度及用户满足维度的监控仪表板，展现了企业级供应链动态数据分析结果。产品需求量预测案例系统地展示了对产品历史需求行为模式的深入挖掘及应用时间序列算法实现预测性建模的完整过程。

本书提供丰富的教辅资源，包括操作指导视频、数据管理与数据挖掘案例的全套源程序、部分课后习题的参考答案，以及教学大纲、教学日历、教学课件、教学方式设计、考核设计等教学资源。读者可登录华信教育资源网（www.hxedu.com.cn）免费注册后下载本书提供的配套资源。

本书的目标是向跨学科的学生或研究人员介绍数据分析与数据可视化领域最具影响力的系统及工具，使读者能够及时掌握最新的软件工具使用方法并应用于数据分析实务，形成解决企业级数据分析问题的批判性思维方式并培养扎实的技术能力。本教材使用的软件，如 SQL Server 2019、Power BI、Tableau 等均有免费的试用版或学生版，Python 为免费的开源计算机语言，可以作为教材的实战平台。SQL Server 2019 是微软最新的数据库系统软件，它具有强大的数据管理和数据处理能力，对 Excel、Power BI、Tableau 等具有良好的集成能力。Power BI、Tableau 是 2019 年 Gartner BI 魔力象限 I[①]中位居领导位置的数据分析与数据可视化工具，也是当前企业中主流的数据分析平台。本书基于这些最新、最具影响力的数据分析和数据可视化工具设计基于企业级基准数据集 TPC-DS 的案例教学内容，使读者能够更加接近企业数据分析实践内容，更好地掌握企业级数据分析及数据可视化工具的使用。

最后，本书也是面向经济、人文、社会、管理学科的高校在校学生及企业从业人员学习数据分析与数据可视化技术的一个教学方法试点：在教学内容的组织上，本书覆盖了理工科的数据库技术、BI 商业智能技术、计算机编程技术、机器学习算法技术及商科的战略决策思维，帮助跨学科学生增强数据分析处理能力；在教学内容的选择上，本书采用需求驱动策略简化数据库技术，并面向数据分析处理需求定制教学内容，适当地降低经济、人文、社会、管理学科学生学习数据库知识的技术门槛，以增强实践能力；在教学案例的设计上，本书采用与领域知识相结合的方法，以数据为中心、基于数据分析实务设计教学实践案例，增强教学内容的针对性与现实性；在教材的编写上，本书从文商科学生的视角及理解方式出发，结合企业实践经验组织教材内容的编写和案例设计，力求使教材内容接近企业数据分析的实际需求，使读者掌握来自现实世界的实际应用技能。

本书由中国人民大学张延松、徐新哲共同编著。张延松来自信息学院，主要负责本书的整

[①] https://www.betterbuys.com/bi/gartner-magic-quadrant-2019/.

体设计与基础内容，徐新哲来自商学院，主要负责从文商科学生的视角与理解方式上对教材内容进行全面的改写与组织，并根据自身的企业实践经验设计实践案例，从而使本书具有从文商科学生的理解能力出发、适应文商科学生学习与实践的特点，为广大经济、人文、社会、管理学科学生学习与掌握数据分析及数据可视化技术提供学习素材与指导。

大数据浪潮覆盖全社会，不仅理工科学生需要掌握数据分析处理技能，对于广大经济、人文、社会、管理学科学生及从业者而言，掌握与学科领域知识相结合的数据分析技能尤为重要，数据分析与数据可视化技术也是当前大数据时代的"刚需"技能。本书在编写过程中力求弱化复杂的概念与技术壁垒，采用以数据为中心、以实际业务需求为驱动的方法组织知识结构与实践操作技能，通过融合式案例设计将具体数据集与实际数据分析处理需求相结合，并基于最新、最前沿的工具平台为读者提供实践能力训练，力求使本书有用、好用、实用。由于数据分析与数据可视化需求覆盖领域极广，数据分析与数据可视化软件的更新迅速，加之我们在知识结构上的局限性，书中可能存在一些不足与错误之处，敬请广大读者与同行批评指正，也希望能够获得更多的建议，为广大经济、人文、社会、管理学科学生及从业者提供更加专业、更加实用的实践教材。

张延松　徐新哲
2019年12月于中国人民大学

目 录

第一篇 预 备 篇

第 1 章 数据分析与数据库的初步认识 ·········· 2
- 1.1 数据分析的基本概念 ·········· 2
  - 1.1.1 大数据与数据价值 ·········· 2
  - 1.1.2 数据、数据分析与数据挖掘 ·········· 3
  - 1.1.3 数据可视化 ·········· 6
  - 1.1.4 数据驱动决策 ·········· 7
  - 1.1.5 数据分析师在企业中扮演的角色 ·········· 8
- 1.2 数据库的基本概念 ·········· 9
  - 1.2.1 企业级关系型数据库 ·········· 9
  - 1.2.2 主键与外键 ·········· 12
  - 1.2.3 维度与度量 ·········· 12
  - 1.2.4 日期分区 ·········· 13
- 1.3 数据分析的一般流程 ·········· 14
  - 1.3.1 定义数据分析目标 ·········· 14
  - 1.3.2 数据预处理 ·········· 15
  - 1.3.3 数据分析与模型搭建 ·········· 16
  - 1.3.4 数据产品上线与维护 ·········· 16
- 本章小结 ·········· 17

第 2 章 TPC-DS 数据分析案例简介 ·········· 19
- 2.1 数据集简介 ·········· 19
- 2.2 数据集结构解析 ·········· 20
  - 2.2.1 store sales 网络 ·········· 20
  - 2.2.2 catalog sales 网络 ·········· 20
  - 2.2.3 website sales 网络 ·········· 20
  - 2.2.4 inventory 网络 ·········· 23
- 2.3 数据集字段解析 ·········· 24
  - 2.3.1 事实表字段解析 ·········· 24
  - 2.3.2 维度表字段解析 ·········· 30
- 2.4 启示与挑战 ·········· 39
- 本章小结 ·········· 39

第二篇 技 能 篇

第3章 企业级数据分析环境的搭建 … 42
3.1 SQL Server 2019 数据库管理工具 … 42
- 3.1.1 SQL Server 2019 安装与配置 … 42
- 3.1.2 新建 TPC-DS 数据库 … 44
- 3.1.3 通过数据导入向导导入 TPC-DS 数据集 … 46
- 3.1.4 通过 Bulk Insert 命令导入 TPC-DS 数据集 … 53
- 3.1.5 通过数据导出向导导出数据 … 56

3.2 Excel Power 插件数据分析工具 … 59
- 3.2.1 Excel Power 插件的调用 … 59
- 3.2.2 Power Pivot 连接 SQL Server 2019 数据库 … 60
- 3.2.3 Power View 与 Power Map 的调用 … 65

3.3 Power BI Desktop 数据分析工具 … 66
- 3.3.1 Power BI Desktop 简介与安装 … 66
- 3.3.2 Power BI Desktop 连接 SQL Server 2019 数据库 … 67

3.4 Tableau Desktop & Prep 数据分析工具 … 69
- 3.4.1 Tableau Desktop & Prep 安装与配置 … 69
- 3.4.2 Tableau Desktop 连接 SQL Server 2019 数据库 … 69
- 3.4.3 Tableau Prep 应用基础 … 74

3.5 Python 数据分析工具 … 80
- 3.5.1 Python 简介与安装 … 80
- 3.5.2 Python 连接 SQL Server 2019 数据库 … 82
- 3.5.3 通过 Python 代码导入 TPC-DS 数据集 … 84

本章小结 … 88

第4章 结构化查询语言 SQL … 90
4.1 SQL 数据查询概述 … 90
4.2 单表查询 … 91
- 4.2.1 投影操作 … 91
- 4.2.2 选择操作 … 96
- 4.2.3 聚集操作 … 102
- 4.2.4 分组操作 … 103
- 4.2.5 排序操作 … 109

4.3 连接查询 … 111
- 4.3.1 等值、非等值连接 … 111
- 4.3.2 自身连接 … 114
- 4.3.3 外连接 … 115
- 4.3.4 多表连接 … 116

4.4 嵌套查询 118
 4.4.1 包含 in 谓词的子查询 119
 4.4.2 带有比较运算符的相关子查询 120
 4.4.3 带有 any 或 all 谓词的子查询 121
 4.4.4 带有 exist 谓词的子查询 122
4.5 集合查询 123
 4.5.1 集合并运算 123
 4.5.2 集合交运算 125
 4.5.3 集合差运算 126
 4.5.4 多值列集合差运算 127
4.6 基于派生表的查询 129
4.7 复杂查询案例解析 132
 4.7.1 复杂查询案例 1 133
 4.7.2 复杂查询案例 2 134
 4.7.3 复杂查询案例 3 136
 4.7.4 复杂查询案例 4 140
 4.7.5 复杂查询案例 5 142
4.8 SQL 语言的其他功能 145
 4.8.1 数据定义 SQL 145
 4.8.2 数据更新 SQL 148
 4.8.3 视图的定义和使用 152
本章小结 154

第 5 章 数据可视化基础 156

5.1 工作界面布局 156
5.2 基本可视化组件 160
 5.2.1 堆积条形图 160
 5.2.2 簇状条形图 165
 5.2.3 折线图 167
 5.2.4 组合图 175
 5.2.5 饼状图与环状图 177
 5.2.6 表格与矩阵 181
 5.2.7 仪表与卡片 187
 5.2.8 基本可视化应用小结 189
5.3 进阶可视化组件 189
 5.3.1 排名图 189
 5.3.2 瀑布图 192
 5.3.3 树状图 194
 5.3.4 直方图 196
 5.3.5 盒须图 198

  5.3.6 散点图 199
  5.3.7 词云图 200
  5.3.8 弦图与桑基图 202
  5.3.9 R & Python 视觉对象 205
  5.3.10 进阶可视化应用小结 207
 5.4 分析板块的应用 208
  5.4.1 汇总功能 208
  5.4.2 模型功能 211
  5.4.3 自定义功能 212
 5.5 仪表板与故事 213
  5.5.1 创建仪表板 213
  5.5.2 创建故事 219
 本章小结 221

第三篇 实 战 篇

第 6 章 用户数据分析与挖掘实战 224
 6.1 引言 224
 6.2 用户宏观监控仪表板设计 225
  6.2.1 设计目的 225
  6.2.2 可视化效果 225
  6.2.3 组件介绍 226
  6.2.4 小结 229
 6.3 用户微观监控仪表板设计 229
  6.3.1 设计目的 229
  6.3.2 可视化效果 229
  6.3.3 组件介绍 230
  6.3.4 小结 232
 6.4 用户价值识别模型（RFM 模型） 232
  6.4.1 背景简介 232
  6.4.2 目标定义与数据获取 233
  6.4.3 数据预处理与分析 235
  6.4.4 建立模型 241
  6.4.5 模型评价与应用 247
  6.4.6 小结 249
 6.5 用户优惠券使用行为预测模型 249
  6.5.1 背景简介 249
  6.5.2 目标定义与特征工程 250

  6.5.3　数值质量诊断与变量描述性统计 ·· 256
  6.5.4　数据预处理 ·· 263
  6.5.5　模型建立与效果评估 ·· 266
  6.5.6　小结 ·· 270
 本章小结 ·· 271

第 7 章　供应链数据分析与挖掘实战 ·· 272
 7.1　引言 ·· 272
 7.2　用户偏好维度供应链监控仪表板设计 ·· 273
  7.2.1　设计目的 ·· 273
  7.2.2　可视化效果 ··· 276
  7.2.3　组件介绍 ·· 277
  7.2.4　小结 ·· 278
 7.3　用户满足维度供应链监控仪表板设计 ·· 278
  7.3.1　设计目的 ·· 278
  7.3.2　可视化效果 ··· 278
  7.3.3　组件介绍 ·· 279
  7.3.4　小结 ·· 281
 7.4　产品需求量预测模型 ·· 281
  7.4.1　背景简介 ·· 281
  7.4.2　数据准备 ·· 281
  7.4.3　数据预分析 ··· 286
  7.4.4　产品行为模式聚类 ·· 290
  7.4.5　时间序列建模与效果评估 ·· 297
  7.4.6　小结 ·· 299
 本章小结 ·· 299

第一篇 预 备 篇

　　企业信息化平台快速积累了大量业务数据，在这些海量数据中蕴含了大量历史数据和有价值的信息，对数据的管理、分析和处理是挖掘数据价值的需要，也是企业发展数字化决策支持的需要。数据分析过程覆盖了企业级数据管理技术、数据分析处理技术、数据可视化技术和数据挖掘技术，需要跨学科、多技术领域的知识和技能训练。本书采用以数据为中心、以需要为驱动的知识体系组织方法，即基于统一的数据集设计面向企业数据分析实践需求的知识与技能训练内容及实践案例，以数据和分析需求为主线组织主体知识与技能。

　　预备篇主要介绍与数据分析相关的基本概念。本篇由第 1、2 章构成，其中第 1 章介绍了数据分析与挖掘的基本概念、在大数据时代背景下数据资产的价值、数据思维的重要性、数据驱动决策的基本方法，以及数据分析师在企业中所扮演的角色；接下来介绍了数据库的基本概念，包括企业级关系型数据库、主键与外键、维度与度量、日期分区等重要的基础知识；然后介绍了数据分析与挖掘的一般工作流程，包括定义数据分析目标、数据预处理、数据分析与模型搭建、数据产品上线与维护等。第 2 章首先介绍了贯穿本书始终的 TPC-DS 数据集的业务结构，主要包括三大销售网络和一个库存网络；接下来对数据集字段进行解析，主要介绍事实表字段和维度表字段；最后提出该数据集对我们企业级数据分析的思考与启示。

第1章 数据分析与数据库的初步认识

本章学习要点：

本章介绍了数据分析和数据库的基本概念。首先简单介绍了在大数据时代背景下数据资产对于企业的重要价值，数据、数据分析、数据挖掘和数据可视化等基本概念，介绍了数据驱动决策的重要意义，以及数据分析师在企业中扮演的角色，将数据分析技能与实际的岗位职责相联系，帮助读者更好地理解企业级数据分析的使命与商业价值；接下来，介绍了与企业级关系型数据库相关的基础概念，包括主键与外键、维度与度量、日期分区等；最后，介绍了数据分析的一般工作流程，包括定义数据分析目标、数据预处理、数据分析与模型搭建、数据产品上线与维护四个步骤。

本章学习目标：

1. 理解数据资产对于现代企业的重要价值；
2. 理解数据、数据分析、数据挖掘与数据可视化的基本含义；
3. 掌握数据驱动决策的内涵及数据分析师在企业中扮演的角色；
4. 掌握企业级关系型数据库的基本概念；
5. 了解数据分析与挖掘的一般工作流程。

1.1 数据分析的基本概念

1.1.1 大数据与数据价值

当代社会，移动互联网技术的快速发展与普及使数据的生产成本大幅降低；大数据时代到来，各行各业正在或即将被大数据的浪潮洗礼。在世界范围内，只要与信息社会接轨，我们随时随地都可能是数据的创造者。当我们用车时，打开滴滴出行，设置出发点、目的地、选择车辆类型、呼叫司机后，便创造了一条出行数据；当我们网购时，打开淘宝或京东，搜索感兴趣的产品、浏览、选择产品类型、添加购物车、支付、评价产品后，便创造了一条消费数据；当我们浏览新闻时，打开今日头条，单击感兴趣的新闻、浏览新闻内容、写下评论后，便创造了一条阅读数据……在全世界的"共同努力"下，每分每秒都有大量的数据生成，全球数据量几乎每两年翻一倍。

大数据到底有多大？一组名为"互联网上一天"的数据告诉我们，一天之中，互联网产生的全部内容可以刻满 1.68 亿张 DVD；发出的邮件有 2940 亿封之多（相当于美国两年的纸质信件的数量）；发出的社区帖子达 200 万个（相当于《时代》杂志 770 年的文字量）；卖出的手机为 37.8 万部，高于全球每天出生的婴儿的数量 37.1 万个……在整个人类文明所获得的全部数据中,有90%是过去两年内产生的。①

大数据有着什么样的价值?全球知名咨询企业麦肯锡表示:"数据,已经渗透到当今每个行业和业务职能领域,成为重要的生产因素。人们对于海量数据的挖掘和运用,预示着新一波生产率增长和用户盈余浪潮的到来。"IBM执行总裁罗睿兰表示:"数据将成为一切行业中决定胜负的根本因素,最终数据将成为人类至关重要的自然资源。"阿里巴巴集团创始人马云表示:"未来三十年数据将取代石油,成为最强大的能源。"在大数据时代,通过分析可靠而及时获取的数据,企业可迅速发掘新市场、吸引并留住有价值的客户、消除成本高昂的运营错误和延迟、更快交付产品、制定出更明智的业务决策,不断超越竞争对手。数据逐渐成为企业在竞争日益激烈的市场中存活和获胜的关键要素。

大数据时代催生了一类新型的人才需求:数据分析人才。在大数据时代,数据分析人才的重要性与日俱增。目前数据分析人才缺口有多大呢?中国商务部数据分析统计部认为,未来中国基础性数据分析人才的缺口将会达到1400万人。数据分析人才在企业内所对应的岗位包括数据分析师、数据挖掘工程师、商业智能工程师等。为方便叙述,在本书中我们将这类人才在企业中的岗位统称为数据分析师,但实际上在不同的企业中,岗位名称不同所承担的工作职责、技能要求略有不同,但同时也有较大的重叠。我们将在1.1.5小节详细探讨数据分析师在企业中所扮演的角色。

以上我们针对大数据时代进行了一些概略的介绍,以帮助读者对大数据时代及数据价值建立初步的认识,同时介绍了大数据时代对数据分析人才的需求。下一小节将针对数据、数据分析与数据挖掘等相关概念展开叙述。

1.1.2 数据、数据分析与数据挖掘

1. 数据

在大数据时代背景下,首先需要明确的自然是"数据"的概念。数据在平时会经常被我们挂在嘴边,无论是完成一篇大学课堂的实证论文、在咨询企业做出一份行业分析报告,还是在私募基金撰写一份投资可行性分析报告,我们往往都需要收集并处理数据,再对其开展分析并最终得出结论。但想必大多数人,特别是非专业人士,很少会留意"数据"的准确定义,它对于我们来说很熟悉,但同时又很陌生。

数据(Data)是对事物的客观记录。数据可分为结构化数据和非结构化数据。非结构化数据,顾名思义,可理解为不规整的、缺乏维护的数据;而在本书讨论范围内的企业级数据往往都是结构化数据,往往是规整的、有明确的获取渠道、存储方式的日常维护的数据。本书不会探讨数据的获取方式和物理存储,而是会着重探讨企业级结构化数据的存在形式。结构化数据通常会形成表,表通常由行、列两个维度构成。其中每列称为一个属性(Attribute)或一个特征(Feature)(以下均称为属性),每行称为一条记录(Record)或一项观测(Observation)(以下均称为记录)。数据所记录的,即每个个体在每个属性上的表现。数据中蕴含着一定的信息,数据是信息的载体。

在此我们举一个简单的、大家都很熟悉的例子。假设某高中数据库中记录着高三学生的部分信息,如表1-1所示。

---

① 大数据时代背景下的大数据到底有多大? https://hn.qq.com/a/20160922/037956.htm.

表 1-1　高三学生的部分信息

姓名	班级类型	考试日期	语文	数学	英语	物理	化学	生物	是否考上名牌大学
小 a	实验班	2019-01-09	95	87	91	85	83	91	是
小 b	普通班	2019-01-09	85	83	91	78	86	94	否
小 c	普通班	2019-01-09	82	73	84	84	79	85	否
...	...	...	...	...	...	...	...	...	...
小 a	实验班	2019-03-20	84	91	95	88	79	84	是
小 b	普通班	2019-03-20	92	77	94	89	85	82	否
小 c	普通班	2019-03-20	84	83	88	79	82	81	否
...	...	...	...	...	...	...	...	...	...
小 a	实验班	2019-05-28	86	89	91	89	85	92	是
小 b	普通班	2019-05-28	84	82	89	93	88	81	否
小 c	普通班	2019-05-28	82	78	86	83	81	79	否
...	...	...	...	...	...	...	...	...	...

表 1-1 记录的是某高中部分高三学生的姓名、班级类型、2019 年历次模拟考试的考试日期、各科单科成绩，以及在最终的高考中是否考上名牌大学等信息。我们以第一行记录为例，它所承载的信息为：姓名为"小 a"的学生，他所在的班级类型是"实验班"，在"2019-01-09"举办的考试中，语文得分 95、数学得分 87、英语得分 91、物理得分 85、生物得分 91，最后考上了名牌大学。

接下来我们特别留意"考试日期"这一列属性。我们在表中一共记录了"2019-01-09""2019-03-20""2019-05-28"三个时间截面的学生基本信息与考试成绩。假设此时我们仅仅取出日期为"2019-01-09"的记录，那么我们就得到了在 2019 年 1 月 9 日进行考试的所有学生的基本信息与考试成绩，这样的数据可称为横截面数据（Cross-Sectional Data），即在同一时间截面上每条记录的所有属性取值，如表 1-2 所示。

表 1-2　参加 2019-01-09 考试的所有学生的基本信息与考试成绩（横截面数据）

姓名	班级类型	考试日期	语文	数学	英语	物理	化学	生物	是否考上名牌大学
小 a	实验班	2019-01-09	95	87	91	85	83	91	是
小 b	普通班	2019-01-09	85	83	91	78	86	94	否
小 c	普通班	2019-01-09	82	73	84	84	79	85	否
...	...	...	...	...	...	...	...	...	...

假设此时我们把小 a 每次模拟考试中的语文成绩提取出来，即得到小 a 在"2019-01-09""2019-03-20""2019-05-28"以及此后若干个时间节点的语文成绩，这样的数据可称为时间序列数据（Time Series Data），即记录了同一属性随时间的变化情况，如表 1-3 所示。

表 1-3　小 a 同学历次语文考试成绩（时间序列数据）

姓名	班级类型	考试日期	语文
小 a	实验班	2019-01-09	95
小 a	实验班	2019-03-20	84
小 a	实验班	2019-05-28	86
...	...	...	...

如果我们将横截面数据和时间序列数据相结合,就得到了面板数据(Panel Data)。面板数据拥有截面和时间序列两个维度(Python 中的经典数据分析工具 Pandas 的命名就是"Panel"和"Data"的结合)。表 1-1 中存储的就是面板数据。

以上我们介绍了最为基础的数据概念,以及我们在日常生活和工作中经常遇到的三种数据类型:面板数据、横截面数据与时间序列数据。在下一部分中将会介绍围绕数据我们可以做些什么。

2. 数据分析

数据本质上是对现实世界的真实反映,可以将其理解为事实(Reality),而数据分析和数据挖掘的目的是从事实中发现现象,再透过现象看其背后的规律或模式。数据分析和数据挖掘本身并不是目的,而是手段,真正的目的是得到事实背后的现象,以及现象背后的本质。在商业世界中,挖掘得到的现象和本质对于商业决策是有利的,具体内容将在后文叙述。需要注意的是,数据分析与数据挖掘是两个不同的概念,但其界限也并非非常清晰,因此不必纠结于它们之间的区别。

数据分析(Data Analysis)指的是使用适当的统计分析方法对收集的大量数据进行分析,提取有用的信息并形成结论,从而对数据加以详细研究和概括总结的过程。数据分析主要侧重于描述现状和分析原因,分析的目的往往比较明确,主要通过对比分析、交叉分析、回归分析等方法展开。数据分析的结果往往是一个统计量结果,如计数、总和、均值等,与实际情景相结合并进行解读后得出恰当的结论。

我们依旧以上一节中高三学生成绩数据为例开展数据分析。假设我们希望了解实验班和普通班的学生哪一类更有可能考上名牌大学,我们可以就班级类别和是否考上名牌大学这两个属性展开二维列联分析,结果如表 1-4 所示。

表 1-4 二维列联分析

班级类别	考上名牌大学	未考上名牌大学
实验班	70%	30%
普通班	35%	65%

如表 1-4 所示,我们发现实验班的学生有 70%都考上了名牌大学,只有 30%没能考上名牌大学;而普通班的学生只有 35%考上了名牌大学,有 65%的学生都没能考上名牌大学。数据分析的过程就是通过分析原始数据得到有价值的信息。在以上数据分析的过程中,我们从原始数据中提取了一条有价值的信息(Information),即"实验班的学生相比于普通班的学生更有可能考上名牌大学"。

但是在实际场景中,仅仅得出上述结论也许并不能完全满足我们的需求,上述分析过程仅仅是在描述现状,但除了"实验班的学生相比于普通班的学生更有可能考上名牌大学"这一信息,我们一无所知。例如,我们可能会关心导致这一现象出现的原因,即为什么实验班的学生会比普通班的学生更可能考上名牌大学。我们还可能会关心能否利用历史数据对未来进行预测,即在给定一名学生在高考前历次模拟考试成绩的情况下,我们能否预测他在高考中考上名牌大学的可能性。要回答这样的问题,表层的描述性数据分析方法就无能为力了,此时我们需要借助数据挖掘手段,透过表象挖掘事实背后的本质。

3. 数据挖掘

数据挖掘（Data Mining）指的是从大量的数据中，通过统计学、机器学习的方法，挖掘出未知的有价值的模式（Pattern）和知识（Knowledge）的过程。

在之前提到的例子中，我们已经知道"实验班的学生相比于普通班的学生更有可能考上名牌大学"，假设此时我们希望探究为什么实验班的学生会比普通班的学生更可能考上名牌大学，我们会尝试挖掘这一现象背后的若干影响因素，并尝试对各个因素的重要性进行排序。例如，实验班学生的学习能力和自信心可能比普通班学生更强，实验班的老师可能比普通班的老师教学能力更强，实验班学生的努力程度可能比普通班学生更强，实验班学生受到身边同学积极努力的正向影响比普通班同学更强……以上种种因素都有可能影响一名学生最终能否考上名牌大学的结果。在识别出所有的潜在因素后，我们可以将其输入模型中，以探究自变量与因变量之间的关系，并且还可以基于此预测一名学生考上名牌大学的概率。当然并不是所有的因素都能够纳入分析，因为并不是所有因素的数据都是可获得的（Available）。

综上，我们可以总结数据分析与数据挖掘之间的联系与区别。数据分析是针对某一明确目的，对数据进行整理和加工，得到有价值的信息的过程；数据挖掘则是在数据分析得到信息的基础上，进一步深入探索以得到有价值的模式和知识的过程。为了能够深入研究数据分析所得出的表层结论，仅仅利用数据分析是不够的，我们往往还需要利用数据挖掘技术手段，但同时数据挖掘还需要以数据分析的结论作为支撑展开。数据分析的重点在于通过观察数据，直接通过人的分析得出相应的结论，这些结论往往是表层的，通常会融入部分人的主观判断；数据挖掘的重点则在于编写算法程序，在数据中发掘和学习深层次的知识规则（Knowledge Discover in Database，KDD），可直接用于预测，其结果往往不会受人的主观判断的影响，从而更加客观。

至此，我们对数据、数据分析与数据挖掘的主要概念进行了介绍。在本书中，我们将会对一个完整的企业级数据集展开数据分析与挖掘，因此充分地对比理解数据分析与数据挖掘的含义是非常必要的。

1.1.3 数据可视化

数据可视化（Data Visualization）是传达数据分析与数据挖掘结论的重要环节，是对所获取信息、知识、模式的图形化展现，其核心目的是清晰、美观、有效地传达与沟通信息。但是，这并不意味着数据可视化就一定因为要实现其功能用途而令人感到枯燥乏味，或者是为了看上去绚丽多彩而显得极其复杂。

数据可视化是科学与艺术的结合，为了有效地传达知识和概念，美学形式与功能需要齐头并进，通过直观地传达关键的信息与特征，实现对于相当稀疏而又复杂的数据集的深入洞察。然而，设计人员往往并不能很好地把握设计与功能之间的平衡，反而做出华而不实的数据可视化形式，无法达到其主要目的，也就无法传达与沟通信息。

一般来讲，我们会通俗地认为数据可视化就是绘制一些图表。然而，对于专业的数据分析师而言，数据可视化往往是汇报工作成果的"最后一公里"，是精心打造的数据产品的最终呈现，是激动人心也是充满挑战的一个环节。美观、鲜明的图表展现出了一名数据分析师的专业技能与审美能力，在一定程度上能够提升数据分析结论的可读性与可靠性。在本书中我们将对比介绍目前业界最常用、功能最为强大的数据可视化工具，培养读者在数据可视化方面的能力。

图 1-1 与图 1-2 是优秀的数据可视化案例展示。

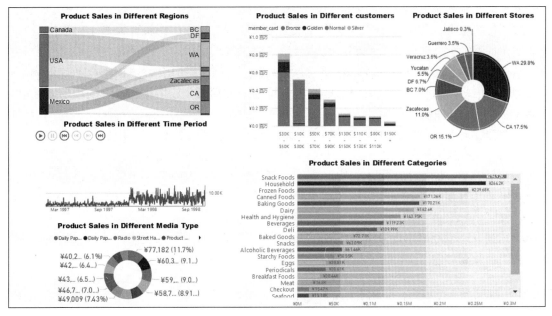

图 1-1　优秀的数据可视化案例 1

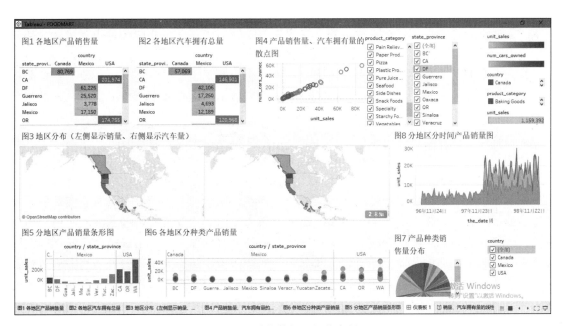

图 1-2　优秀的数据可视化案例 2

1.1.4　数据驱动决策

数据已逐渐成为现代企业最为重要的资产之一，但为什么数据资产对于企业而言是极其重要的呢？如前文所述，数据是对历史事实的客观记录，其中蕴含着大量的信息。对于企业而言，数据是企业历史经营信息的载体。随着移动互联网技术、数据存储技术的快速发展，企业在运营过程中所积累的数据不断膨胀。随着企业掌握的历史信息不断地积累与丰富，其中所蕴含着的经验价值也在不断地增长，无论是成功的还是失败的经验。正所谓以史为鉴，历史越丰富，能够从中学习到的经验也就越丰富。

过去传统企业往往依照经验，甚至是直觉做出决策，这样的决策，缺失了对于市场的洞察，过于依赖经营人员的主观判断，往往会带来极大的经营风险。即使是现在，尽管很多企业已经拥有了大量的数据，也开始逐渐意识到数据驱动决策的重要性，但是由于缺少决策相关的知识和信息，而依然面临着很大的困境。特别是在我国，数据驱动决策的理念还停留在理论和感性层面，缺乏实践经验的强力支撑。

现在专业的数据分析人才正在尝试解决这些痛点。他们正在尝试利用他们的学术训练、科学方法、实践经验、数据敏感度来寻找、挖掘、提取数据中所蕴含的无法通过肉眼直接得知的高价值信息，以寻求更可靠、更客观的决策依据，为企业决策人员提供支持，从而帮助他们做出更具有前瞻性和保障性的经营决策，降低经营失败的风险。学习数据、挖掘数据价值的过程，是一个持续性总结历史经验教训的过程。习得的知识与积累的经验，除了用于总结和反思过去，也能够帮助企业总结归纳其价值链活动中的一般性规律，并将这些规律应用在未来的企业活动中。

1.1.5 数据分析师在企业中扮演的角色

大数据时代不但催生了"数据驱动决策"的前沿概念，也催生了针对一类新兴人才的广阔需求——数据分析师。相较于研发、算法、产品、运营等这些已经演进若干年的职能，数据职能还处于一个非常年轻的阶段。那么这个相对年轻的职能在企业中究竟扮演着什么样的角色呢？

首先需要明确的是，数据分析师实际上并不是企业的"必要"职能。如果没有数据分析师，在短期内企业也可以正常运行，但是在很多地方会出现运营效率低下的情况，长期来看一定是不利于企业发展的。

那么数据分析师的价值体现在哪里呢？我们都知道数据中蕴含着信息，但难点在于准确地了解哪部分数据蕴含着什么信息，这样的信息对于企业而言有着什么样的价值，以及应该运用什么样的数据分析与挖掘技术来提取这些信息。这些是数据分析师需要回答的核心问题。他们在企业中承担着数据驱动决策策略的执行者、推动者、监控者和洞察者的角色。面对海量的用户行为、物流、仓储、竞品、财务、人力资源等企业在日常经营活动中所产生的数据，他们寻觅、探索其中隐藏的知识和规律，以便为市场部门的营销策略、产品部门的需求分析、财务部门的资金调配、人力资源部门的绩效考核、高层决策部门的战略布局等提供大量富有建设性的洞见，同时又保持着数据的中立性。他们是最先从数据中洞察到市场变化的人，他们推动着企业内部各部门团队之间高效的协调运作。

我们以互联网企业中典型的产品功能迭代过程为例来讨论数据分析师在其中所起到的推动作用。数据分析师往往会依据实际业务情况建立若干重要的数据指标，持续监控并分析用户基于某产品的行为数据，尝试找到某种趋势性的规律。在持续若干周的监控过程中，他们发现用户对于某功能的使用频率出现了明显的下滑趋势，在向业务方如实汇报这一情况后，他们开始了更加深入的分析，探索究竟是什么原因导致了该功能用户黏性的下滑。他们发现近期越来越多的用户在进入该功能界面后很短的时间内就退出了该界面，并且在对用户的反馈信息进行文本挖掘后发现，该功能界面由于不稳定容易导致 App 出现闪退 Bug；同时他们也洞察到越来越多的用户在另一款相似产品上花费的时间越来越多，于是猜测可能是某竞品 App 由于功能更加全面、环境更加稳定而得到了用户的青睐。数据分析师得出的结论传递到产品团队和研发团队的同时，推动了产品功能优化方案的敲定、落地实现、测试，以及上线，从而完成了一次产品功能的迭代过程。对于产品功能的优化效果检验，又依赖于数据分析师对于用户行为数据的持续跟进与监控，从而形成一个产品功能迭代的闭环。

在当前企业的组织形态下，特别是在互联网企业中，数据分析与挖掘岗位需要从业者具备数学、统计学、计算机、商学等交叉领域的知识技能，有一定的技术门槛；而业务运营决策岗位对于从业者的数学、统计学、计算机等方面的要求并不太高，但对于商务沟通、决策力、行动力、逻辑思维、商业分析能力提出了较高的要求，因此数据分析与挖掘和业务决策的职能往往是由两个独立的角色分别承担的。但是目前数据分析与挖掘的岗位与业务运营决策岗位也存在着重合的趋势，越来越多的业务运营决策人员被要求掌握数据分析的基本技能，甚至是技术性更强、层次更深的专业技能，而数据分析师也逐渐脱离局限在技术层面的现状，越来越多地被赋予了执行业务决策的职能与管理职能。特别是在数据量庞大的企业中，数据分析技能逐渐成为很多岗位的必备技能。目前来看，数据分析师是一个单独的岗位，是业务运营决策人员与企业运营数据之间的桥梁，但在未来一段时间内数据分析师可能会与实际业务贴合得更加紧密，数据分析职能与经营决策职能之间的界限也会逐渐模糊。

1.2 数据库的基本概念

1.2.1 企业级关系型数据库

在前一节中我们介绍了数据资产对现代企业的重要价值，以及利用数据分析手段从海量数据中获取高价值信息以服务于业务决策的重要性，但我们还没有介绍企业级数据资产是如何存储的。企业级数据库技术为这个问题提供了答案。

企业运用数据库技术存储海量数据。每当一条新的记录产生时，这条记录就会被写入企业级关系型数据库的数据表中进行存储。如果前一节中提及的企业数据资产是一个抽象概念，那么其具象化的体现就是存储于企业级数据库中的海量数据。

企业级关系型数据库往往由若干张数据表组成。如果将一个企业级数据库理解为一个 Excel 文件，那么每个数据表就是 Excel 文件中的表单（Sheet）。或者，我们可以将关系型数据库想象成一个电子化的"文件柜"，存储在数据库中的数据表则可理解为这个庞大"文件柜"中的"文件夹"，而每张数据表中的每行数据则是存储于"文件夹"中的一条记录。

企业级关系型数据库在企业中扮演什么样的角色呢？一般来说，数据分析师的绝大部分工作依托于企业级关系型数据库展开。企业级关系型数据库是整个数据分析流程的底层保障。作为数据分析师，往往不需要担心企业级关系型数据库的搭建与维护问题（这一问题往往由大数据开发人员负责，不属于数据分析师的职责范畴）。数据分析师的核心工作就是充分利用企业级关系型数据库达到数据分析的目的，并辅助决策。

也许我们会产生疑惑，企业级关系型数据库中的"关系型"应该如何理解呢？实际上，数据库中的每个数据表都不是孤立的，它们彼此之间通过主键和外键的标识相互关联。我们来看下面这个例子，如表 1-5 和表 1-6 所示。

表 1-5 订单表

订单 ID	用户 ID	日期	购买产品件数	消费金额
200001	101	20190515	3	300
200002	101	20190516	2	200
200003	102	20190518	8	500
200004	102	20190520	10	800
...	...	...	...	...

表 1-6 用户信息表

用户 ID	性别	年龄	年收入
101	男	28	30 万
102	女	33	40 万
...	...	...	...

表 1-5 为订单表,该表记录了每个用户每个订单的基本信息,包括订单 ID、用户 ID、日期、购买产品件数、消费金额。每个用户可能会有一条或多条记录,因为每个用户可能会下一个或多个订单。表 1-6 为用户信息表,该表记录了用户的个人基本信息,包括用户 ID、性别、年龄、年收入。需要留意的是,该表中每个用户均有且仅有一条记录,因为每个用户只能拥有一套基本信息。

假设我们希望分析不同性别的用户在平均消费金额上的差异,此时我们就需要得到每个用户的性别和消费金额信息,但是这两个字段并未在同一表中,性别字段位于用户信息表中,消费金额字段位于订单表中,所以无法直接展开分析。但是由于订单表和用户信息表中都含有"用户 ID"字段,所以我们可以将该列作为索引将订单表和用户信息表拼接起来,如表 1-7 所示。

表 1-7 拼接后的订单表和用户信息表

用户 ID	订单 ID	日期	购买产品件数	消费金额	性别	年龄	年收入
101	200001	20190515	3	300	男	28	30 万
101	200002	20190516	2	200	男	28	30 万
102	200003	20190518	8	500	女	33	40 万
102	200004	20190520	10	800	女	33	40 万
...	...	...	...	...	...	...	...

我们以用户 ID 作为索引,将订单表和用户信息表的记录拼接起来,得到表 1-7,此时性别和消费金额两个字段位于同一表中,于是就可以分析不同性别在消费金额上的差异了。如图 1-3 所示,两张原始表通过"用户 ID"相互关联,订单表获取了用户信息表中的用户性别信息。另外,如果你熟悉 Excel 的 VLOOKUP 函数,上述连接操作在本质上与 VLOOKUP 是相同的,即从另一张数据表中获取当前数据表中需要但是目前缺失的信息。

接下来我们看一个较为复杂的企业级关系型数据库的例子,如图 1-4 所示。

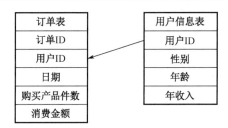

图 1-3　订单表与用户信息表的关联关系

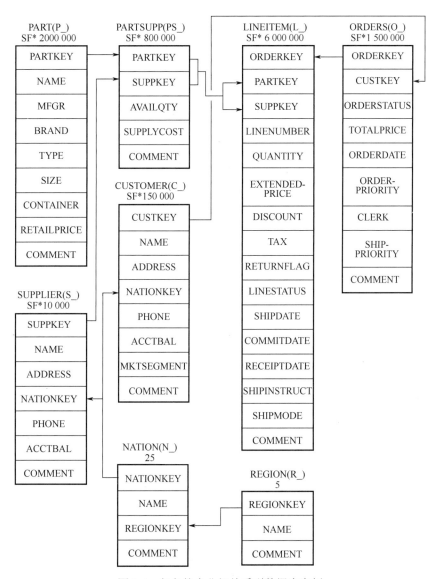

图 1-4　复杂的企业级关系型数据库案例

图 1-4 是一个由 8 张数据表组成的复杂的企业级关系型数据库。我们通过图中的箭头可以看到表与表之间的关联关系，即两张表之间是通过哪个字段相互关联的。我们还可以发现，企业级关系型数据库中的每张数据表都至少会与另外一张数据表有所关联，也就是说，在企业级关系型数据库中通常没有完全孤立的数据表。

1.2.2 主键与外键

在图 1-3 和图 1-4 中，展示数据表连接关系的箭头都是单向的。为什么箭头是单向而不是双向的呢？理解这一点需要我们理解主键与外键的含义。

对于用户信息表而言，"用户 ID"一列是主键，即每个用户的 ID 都能够唯一确定这个用户的一套基本信息，但对于订单表而言，"用户 ID"这一列是外键，每个用户的 ID 会对应着一条或多条消费记录。尽管都含有"用户 ID"这一列，但其意义在订单表和用户信息表中是有明显区别的。

主键可被视为一张数据表的核心骨架，其他列则是为丰富该骨架的信息而存在的；外键可被视为这张数据表与其他数据表寻求关联的依据。既然"用户 ID"是订单表关联用户信息表的外键，那么订单表有没有自己的主键呢？当然有的，答案就是"订单 ID"列。在订单表中，每行都对应着唯一的一个订单 ID。对于初学者而言，有一个较为简单的区分主键与外键的技巧：主键是不允许存在重复值的，而外键往往是可以存在重复值的。

理论上关系型数据库中的所有数据表都可以通过上述拼接操作形成一张庞大的数据表，那么为什么还要在数据库中设计若干张表进行存储，而不使用一张数据表存储所有的信息呢？假设用户信息表仅仅存储了 1000 名用户的基本信息，而订单表记录了这 1000 名用户的 100 000 次购物记录，此时若将订单表和用户信息表合并成一张表进行存储的话，订单表中每行记录的信息都需要再重复存储 100 次，这样做极大地浪费了存储空间。因此，企业往往会将不同类型的信息拆分在不同的数据表中进行存储，在需要进行分析时再创建临时表将部分表拼接并开展分析。

1.2.3 维度与度量

在了解维度与度量的概念之前，首先介绍事实表和维度表的含义。沿用前面两个小节的例子，订单表是一个非常典型的事实表，用户信息表则是一个非常典型的维度表。事实表的基本原则是，不管发生什么都必须如实地记录下来。例如，一个用户仅仅发生了 1 笔交易记录，而另一个用户一共发生了 1000 笔交易记录，那么事实表必须用 1000+1=1001 行记录下所发生的事实。维度表的基本原则是一个维度只能拥有一套信息。例如，不管一个用户发生过 1 笔交易记录还是 1000 笔交易记录，他只能拥有一套个人的基本信息。如果通过数据量来区分事实表和维度表的话，事实表的数据量通常是要大于维度表的数据量的，就如上一节中 1000 名用户的 100 000 次交易记录的例子。

维度与度量的本质是将数据表中存储的字段进行分类。用一个更加熟悉的说法，维度通常指的是名义变量，非连续取值，用于分组或分类；而度量则通常指的是数值变量，连续取值，用于进行求和、求均值、求标准差、求分位数等聚集计算。

事实表中也会存在维度变量，如订单表中的日期这一列，是可以作为维度存在的；同样的，维度表中也会存在度量变量，如年龄和年收入这两列，就是按每个用户的事实情况进行存储的。因此，维度表和事实表其实是一个相对的概念，在考虑订单表和用户信息表间的相互关系时，我们会将以用户 ID 作为外键的表称为事实表，而将以用户 ID 作为主键的表称为维度表。

在此引出聚集计算的含义。聚集计算指的是将度量变量按照某个或者某几个维度变量的取值进行分组聚集计算,如按照性别维度计算出各性别的平均消费金额,或按照用户维度计算出每个用户的总消费金额。聚集计算本质上就是最基础的数据分析。通过分析以上两个分组聚集计算的结果,我们就能够得知哪个性别的消费能力更高,以及哪个用户的消费能力更高。

最后对维度进行更深层次的探讨。维度之间是可以存在嵌套关系的。假设一张维度表存储着各个国家与城市的信息。我们可以按照国家对各国用户的平均消费能力进行分组聚集计算,也可以按照城市对各个城市用户的平均消费能力进行分组聚集计算,还可以先按照国家、再按照城市进行分组聚集计算,此时国家和城市这两个维度就形成了一个层次关系,城市维度是国家维度再下一个层次上的细分。层次关系是严格的,如国家维度为"中国",那么城市维度就一定会包括"北京""上海""广州"等,也一定不会出现"纽约",而"纽约"一定会出现在"美国"这一维度下。识别维度间的层次关系对数据分析而言是非常必要的,因为一个较粗颗粒度的情况并不能帮助我们了解事情的全貌,我们往往需要了解更细颗粒度的情况,这也是可视化图表中下钻功能的基础,具体的内容将在第 5 章中涉及。

1.2.4 日期分区

接下来介绍日期分区的概念。考虑一个电商平台的订单表,假设某用户在 2019 年 5 月 1 日下单,这一条订单信息在当日正式存储在数据库中,当天该订单的状态为"运输中"。如果该订单在 2019 年 5 月 2 日的状态仍旧是"运输中",这一条记录应该如何存储呢?如果该订单在 2019 年 5 月 3 日的状态为"已送达",这一条记录又应该如何存储呢?企业级关系型数据库的实际存储策略如表 1-8 所示。

表 1-8 订单表

订单 ID	用户 ID	下单日期	订单状态	当前日期
10001	001	20190501	运输中	20190501
...	...	...	...	...
10001	001	20190501	运输中	20190502
...	...	...	...	...
10001	001	20190501	已送达	20190503
...	...	...	...	...
10001	001	20190501	已送达	20190504
...	...	...	...	...

如表 1-8 所示,假设当日是 2019 年 5 月 4 日,那么订单表会使用 4 行来记录该订单的基本信息随日期的变化,也就是说,自 2019 年 5 月 1 日起,此后每天都会有一条新的记录用于存储该订单在当日的最新状态。或者说,在 2019 年 5 月 4 日这一日期分区下,订单最新状态会存储在 2019 年 5 月 4 日当日及此前下单的所有订单信息中。假设该电商平台的第一单于 2018 年 1 月 1 日下单,那么在 2019 年 5 月 4 日的日期分区下也会有一条记录用于存储这一订单的最新状态信息。借助日期分区,我们可以返回任一个订单在任一日期的状态。日期分区在企业中是一个非常重要的概念,它的存在使得企业可以存储每个历史节点的状态,企业的历史经营信息也由二维增长为三维。

与日期分区相关的另一个概念是全量表与增量表的概念。上述电商订单信息存储表是一个典型的全量表,进入一个新的日期分区后,此前所有的信息都会做相应的更新,也就是说，每天的数据量相较前一天都会翻一倍。增量表则是在每个新的日期分区，仅仅记录当天新增的记录信息。也就是说，在 2019 年 5 月 4 日的日期分区下，增量表仅仅记录所有在 2019 年 5 月 4 日当日下单的订单信息，而对于 2019 年 5 月 3 日及以前下单的订单信息是不会进行存储的。

为了简化分析问题，本书的实战案例将不会涉及日期分区的问题。但需要注意的是，理解日期分区、全量表与增量表的概念对于入门企业级数据分析是至关重要的。

1.3 数据分析的一般流程

1.3.1 定义数据分析目标

数据分析师通过数据分析技术解决商业问题。不管使用什么样的数据分析技术，其最终目的都是为了更快更好地解决商业问题。数据分析是一个目标导向、结果导向的工作流程。因此，充分理解、准确定义商业问题，并将其转化为一个明确的、可操作的数据分析问题，是数据分析工作流程的首要步骤。不同类型的数据分析技术适用于不同的商业问题，需要数据分析师依据实际工作情况进行判断。

一般来说，数据分析师的工作内容可划分为以下三个类别。

1. 描述性数据分析

描述性数据分析的主要目标在于从多个维度和角度对企业经营现状进行全面的、有重点的描述，也就是所谓的描述现状。例如，在过去的一年内，企业的各个销售渠道在各个月的销售情况如何？企业的各项营销活动的投入产出比如何？企业的这些商业问题，数据分析师往往会将其转化为一个使用多维度监控报表或仪表板对企业的历史经营情况进行全面监控与反映的数据分析问题。

2. 解释性数据分析

解释性数据分析的主要目标在于探究现状背后的原因，是对现状的合理解释，包括统计推断、因果关系、增长推动等。例如，去年 7 月线上销售渠道的销售业绩出现了异常的下滑，究竟是什么原因导致了这一情况的出现？是产品供应不足导致缺货，是用户对于某类产品的兴趣下降，还是竞争者推出了更有吸引力的产品或服务？解释性数据分析往往是在描述性数据分析的基础上展开的。在对历史经营情况进行监控后，数据分析师发现了异常并针对这一异常进行深入剖析，探索该异常情况出现的原因并提出针对性的建议，帮助运营决策人员针对性地改善经营状况。

3. 预测性挖掘建模

预测性挖掘建模的主要目标是通过学习历史数据发现模式，以实现针对未来的预测，它的重点在于寻找规律。例如，在已知过去 5 年各个月销售额的情况下，如何对未来 1 年各月的销售额开展预测？在已知所有用户过去 3 年消费习惯的情况下，能否预测哪些用户在未来 1 个月内会再次消费？在预测性挖掘建模工作中，数据分析师并不像前两类工作那样仅仅局限于事后总结，而是将其职能扩大至事前预测，最大化历史数据的价值，为决策提供更大的支持。

实现事前精准预测的价值体现在哪里呢？以产品需求量预测为例，如果仓库存货量过少，大量的缺货会严重影响物流效率并降低用户满意度；如果仓库存货量过多，大量的存货堆积将会显著提高仓储成本，降低利润。因此，若能够实现针对每类产品在未来一段时间内需求量的精准预测，就能够为进货决策提供可靠的支持，从而保障供应链效率、提高用户满意度，以及高效控制成本。

再以用户优惠券使用行为预测为例。优惠券的发放能够刺激用户消费，但是由于不同用户在黏性及消费习惯等方面存在差异，所以只有一部分用户会使用优惠券进行消费。如果将优惠券投放到很大概率不会使用优惠券进行消费的用户手中，那么这部分优惠券就未能达到预期效果，这是优惠券投放团队不愿意看到的。因此，如果能够建立用户行为预测模型，通过用户使用优惠券的历史行为记录及该用户的基本属性特征实现针对用户优惠券使用行为的预测，那么就能够在一定程度上提高优惠券投放的响应率和命中率，从而最大限度地提高用户消费刺激的效率，减少资金浪费。

将商业问题转化为数据分析问题的过程对于数据分析师的业务理解能力是一个较高的考验，工作经验在其中往往会发挥较大的作用。在定义数据分析目标的整个过程中，数据分析师应与业务方（或者说是数据分析的需求方）保持紧密通畅的沟通。如果数据分析师对于商业问题和数据分析问题之间相互转换的理解与业务方的理解有出入，那么就会给整个数据分析工作带来困难，会大大降低原始数据的质量，甚至使得最终的分析结果无法有效地支持决策。

强调定义数据分析目标的目的也在于，确定分析什么问题，往往比确定用什么方法更重要。对于一个明确的数据分析需求，在着手分析之前，首先要思考清楚为什么进行这样的分析，它能够为团队带来什么样的价值，然后再着手开始分析。如果不定义目标就开始分析，这样的分析是盲目的、无效的。这要求数据分析师不仅在技术上能够胜任工作，还需要拥有独立思考尤其是批判性思考的能力。

1.3.2 数据预处理

在将商业问题转化为一个可操作的数据分析问题后，数据分析师就可以着手进行后续的数据预处理工作了。数据预处理是整个数据分析工作流程中至关重要的一个环节，因为该环节决定了原始数据的质量，也决定了最终数据产品质量的天花板。

描述性数据分析与解释性数据分析的数据预处理过程与实际的分析过程的界限并不明显。有时数据预处理的过程就是逐步深入分析的过程。随着分析的逐步深入，返回数据获取步骤重新调整源数据也是非常常见的。

在预测性挖掘建模过程中，数据预处理的过程相较于其他的数据分析过程而言，一般会独立出来。原始数据的质量对于最终模型的预测能力有着关键性的影响，因此在获取原始数据后，针对原始数据的预处理通常包含以下几个步骤。

（1）数据质量诊断：如空缺值、不合理取值、逻辑错误识别与剔除等。

（2）数据探索与描述性预分析：探索各个变量的描述性统计特征，以期对数据形成一个更加深刻的理解。

（3）特征工程：依据实际的建模需求对输入模型的变量进行筛选、新增与组合，保障输入模型的变量是有足够的预测能力的，且不遗漏任何一个可能会对因变量产生解释作用的变量。

（4）测试集与训练集划分：测试集用来检验模型精度，训练集用来训练模型。

以上数据预处理步骤可依据实际的工作情况进行调整，这往往会占用数据分析师整个工作流程的 60%～70%的时间。

1.3.3 数据分析与模型搭建

数据分析与模型搭建是整个数据分析工作流程中的核心步骤，对数据分析师的数学、统计学、编程、数据可视化、逻辑分析等方面的能力都提出了较高的要求。在这一步中，数据分析师会大量使用编程语言及可视化工具对数据进行分析处理与建模。

在描述性数据分析过程中，数据分析师往往会将业务方关心的若干个核心指标按照不同的维度进行拆分，制作自动化报表或可视化仪表板，对业务开展情况进行有逻辑、有层次的描述。

在解释性数据分析过程中，数据分析师往往会采用描述统计、相关性分析、回归分析等数据分析方法对业务方所关心的问题进行深入剖析，探究导致现象出现的原因并将整个探索过程加以记录。

在预测性挖掘建模过程中，数据分析师会依据业务需求和数据特点，选择不同的机器学习算法，运用训练集训练模型，再利用测试集对模型的精度进行验证。

整个数据分析与模型搭建过程是一个持续性改进的过程，对于任何一个数据分析问题，都很难一次性建立起一个完美和耐用的数据分析模型。例如，在预测性挖掘建模过程中，数据分析师可能发现模型存在欠拟合或者过拟合的情况，那么，此时就需要返回先前的步骤执行误差分析，也就是探究预测模型与真实情况发生偏差的原因，包括验证商业问题定义的合理性、数据的准确性、变量的解释能力、算法选取的合理性等。

1.3.4 数据产品上线与维护

数据分析师最终的产出通常被称为数据产品，包括用于反映并监控运营情况的自动化报表与可视化仪表板、解释异常原因或专题性探究的数据分析报告、预测未来并支持自动化决策的数据模型等。

在描述性数据分析的收尾阶段，数据分析师需要检验报表和仪表板是否达到了充分反映现状的商业目标，维度的选择是否恰当，度量的聚集计算是否准确，可视化图表是否清晰美观等。

在解释性数据分析的收尾阶段，数据分析师需要检验选择的分析方法是否恰当，得出的结论是否具有较高的可靠性，是否具备较高的可读性与启发性等。

在预测性挖掘建模的收尾阶段，数据分析师需要检验模型的预测结果能否达到预期效果，选择的算法是否是最优的，是否在建模过程中遗漏了重要的因素，模型是否有进一步优化的可能等。

在任何数据产品上线前，数据分析师一定要与业务方充分沟通，检验数据产品是否符合他们的预期要求，对于不足的地方可再次进行修改和完善。在数据产品上线后，数据分析师也需要对数据产品进行持续的监控，保障数据产品质量的稳定性。如数据产品出现问题，数据分析师需根据实际情况进行调整与完善。

综上，我们将数据分析师的工作按照一般情况划分为了三个主要类别，并分别定义了企业级数据分析需要遵循的一般工作流程。在传统的认知中,第三个步骤,即数据分析与模型搭建这一部分是最为重要,也是技术性最强的步骤,然而事实却并非如此。单就时间分配来说,这一部分甚至只会消耗数据分析师所有工作时间的 10%~20%,而大量的时间往往会用于数据预处理和误差分析等环节。

本章小结

数据的价值在于管理、分析和挖掘,从企业海量数据中去抽象建模、以多维视角观察数据模式、挖掘数据内在规律是企业数据价值的体现。本书提出了以数据库为管理平台、以数据分析为目标、以需求构建技术框架的指导思想,为读者构建数据分析所需要的知识结构,使读者了解在数据分析的不同阶段需要的不同知识与技能,为掌握数据分析方法打下基础。

案例实践

案例实践如图 1-5 所示。

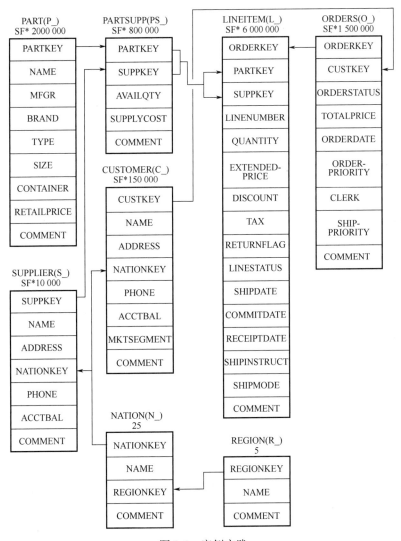

图 1-5 案例实践

（1）指出图1-5中数据库各表间的主外键约束关系。例如，指出哪张表的哪个字段是该表的主键，哪张表的哪个字段是该表的外键、该字段与哪张表的哪个字段相关联。

（2）假设此时业务方希望得到每个国家的平均订单总额，应该将哪两张数据表相关联以获取必要信息？

案例实践1-2

结合自身学科背景，分别设计一个描述性、解释性和预测性的数据分析任务，说明在数据分析各流程需要解决的核心问题和所需的技术支持。

第 2 章　TPC-DS 数据分析案例简介

本章学习要点：

数据分析与挖掘技术有着很强的实践性，仅仅停留在纸上谈兵的阶段是不够的。本章介绍了将会贯穿全书始终的实战案例——TPC-DS 数据集，一个与真实情景高度相仿的企业级数据集。本章首先对 TPC-DS 数据集中的四个业务网络结构进行了介绍，接下来对各数据表的关键字段语义和字段之间的关键数量关系进行了定义，最后由 TPC-DS 数据集引申到真实的企业级数据分析场景，探讨了 TPC-DS 数据集数据分析任务背后的启示与挑战，为后续的数据分析案例实战进行了铺垫。

本章学习目标：

1. 理解 TPC-DS 数据集的业务网络结构；
2. 掌握 TPC-DS 数据集各数据表的关键字段语义及字段之间的关键数量关系；
3. 理解 TPC-DS 数据集对于企业级数据分析的启示与挑战。

2.1　数据集简介

TPC-DS 数据集是事务性能管理委员会（Transaction Processing Performance Council, TPC）发布的用户数据库评测的基准之一，是用于评测决策支持系统的标准测试集。该测试集包含对大数据集的统计、报表生成、联机查询、数据挖掘等复杂应用，测试用的数据和值有所倾斜，但与真实数据所体现的趋势一致。

TPC-DS 是一个与真实场景非常接近的数据集。在本书中，我们将其视为一个快消行业龙头企业的数据库，主要通过门店（store）、目录（catalog）和网络（website）三个渠道向世界各地的用户提供产品。

TPC-DS 数据集共拥有 7 张事实表，包括商店销售（store_sales）、商店退货（store_returns）、目录销售（catalog_sales）、目录退货（catalog_returns）、网络销售（web_sales）、网络退货（web_returns）和库存（inventory）表。前 6 张事实表记录了用户在三个渠道（store、catalog、website）的购买与退货行为，inventory 表则是针对目录和网站渠道的库存信息表。

此外，TPC-DS 数据集还拥有 17 张维度表，包括商店信息（store）、呼叫中心（call_center）、目录细节（catalog_page）、网站细节（web_site）、网页细节（web_page）、存货仓库（warehouse）、客户（customer）、客户地址（customer_address）、特定人群（customer_demographics）、家庭人群（household_demographics）、产品构成（item）、收入范围（income_band）、促销信息（promotion）、退货原因（reason）、运送模式（ship_mode）、精确至日的时间表（data_dim）和精确至秒的时间表（time_dim）。

从数据逻辑结构来看，TPC-DS 数据集采用星型模式来表示事实和维度的关系，多个事实表共享维度表，即商店渠道、目录渠道和网站渠道的销售和退货事实表共享日期、时间、店铺、用户等维度表。

2.2 数据集结构解析

通过数据库结构关系图来了解 TPC-DS 数据集结构是一种直观和简洁的方式。如果将 24 张数据表呈现在一个数据库关系图中，会使整个关系图变得过于复杂而难以理解，因此我们将 TPC-DS 数据集划分为四个网络，分别是 store sales 网络、catalog sales 网络、website sales 网络与 inventory 网络。

2.2.1 store sales 网络

store sales 网络（门店销售网络）可理解为 TPC-DS 的快消业务，可以将其类比为日本大型零售商无印良品的线下店铺或者苹果、微软等技术企业的线下专卖店。所有的产品直接经由门店销售，用户光顾线下门店后直接购买产品。store sales 网络数据库结构图如图 2-1 所示。

store sales 网络以销售事实表和退货事实表为核心，data_dim 和 time_dim 表为事实表提供了时间维度的信息；customer 表、customer_demographic 表、customer_address 表、household_demographics 表、income_band 表五张表为事实表提供了用户维度的信息；item 表为事实表提供了产品维度的信息；promotion 表为销售事实表提供了产品促销维度的信息，而 reason 表则为退货事实表提供了产品退货维度的信息。

2.2.2 catalog sales 网络

catalog sales 网络（目录销售网络），在 20 世纪是用户通过查阅"目录购物商场"定期发行的购物目录，拨打"商场"话务中心的电话订购，再由专业快递企业提供快捷优质的送货上门服务，先收货后付款的购物方式。随着国际互联网的出现，目录销售已经从邮寄印刷品发布产品信息发展成为利用互联网进行在线产品信息传播的方式。catalog sales 网络数据库结构图如图 2-2 所示。

catalog sales 网络总体上与 store sales 网络的结构是相似的，不同的是 catalog_page 表与 call_center 表提供了销售事实表的额外信息；warehouse 表提供了产品的库存信息；ship_mode 表提供了产品运送至用户处的运输信息。

2.2.3 website sales 网络

website sales 网络（网站销售网络）则可理解为 TPC-DS 的电商业务，可将其视为大型企业的官网平台，用户在官网浏览产品并直接购买感兴趣的产品。website sales 网络数据库结构图如图 2-3 所示。

Website sales 网络与 catalog sales 网络也大体上相似，区别在于 web_page 表和 web_site 表替代了 catalog 网络中 catalog_page 表与 call_center 表所提供的信息。

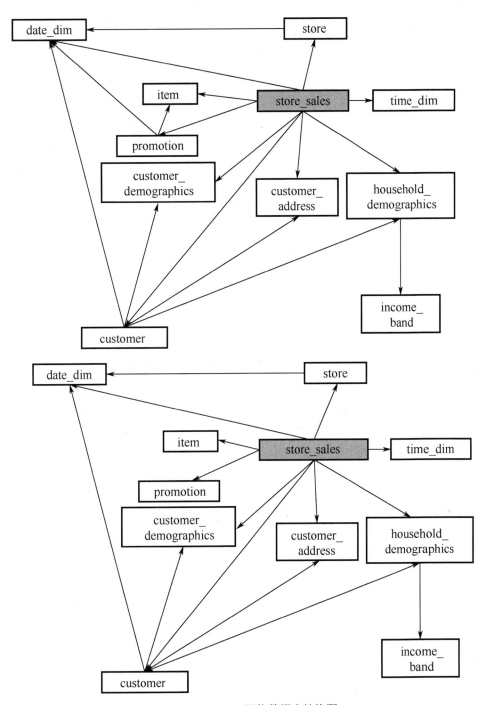

图 2-1 store sales 网络数据库结构图

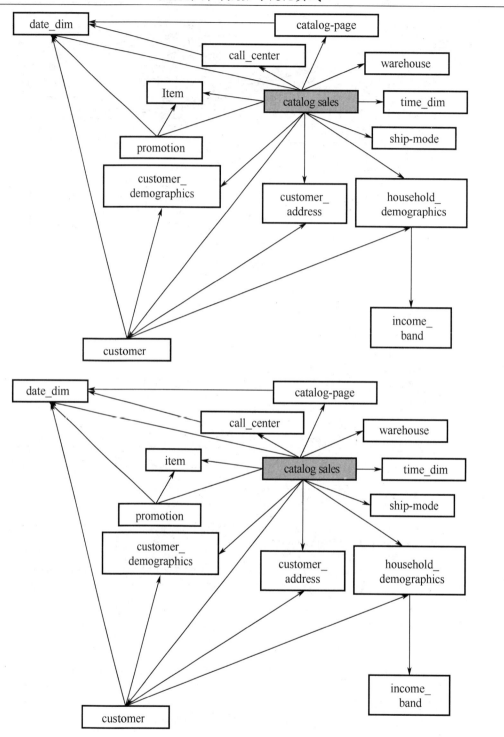

图 2-2　catalog sales 网络数据库结构图

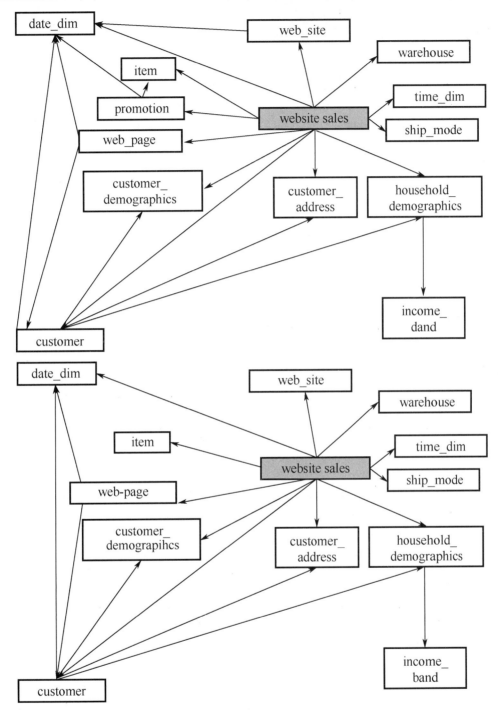

图 2-3 website sales 网络数据库结构图

2.2.4 inventory 网络

inventory 网络（库存网络），记录了各件产品的库存信息。由于 store sales 网络的产品由各个店铺直接存储，无须经由库存网络中转，因此库存网络往往与 catalog sales 网络和 website sales 网络密切关联。inventory 网络数据库结构图如图 2-4 所示。

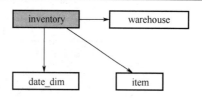

图 2-4 inventory 网络数据库结构图

inventory 网络包括时间、产品和库房三个维度的信息，这三个维度的信息与库存数量共同构成该网络的事实记录，即在 a 时间点、存储在 b 库房的 c 产品有 d 个产品可供出售。

2.3 数据集字段解析

在以下两小节中，我们将分别对 TPC-DS 数据集中事实表和维度表字段含义进行解析，以方便读者快速了解存储逻辑与相应的商业语义。需要注意的是，数据分析师在新入职企业时，往往都需要经历这样一个快速熟悉业务和数据表结构的过程。

2.3.1 事实表字段解析

如前文所述，TPC-DS 数据集共包含 7 张事实表，囊括了 store、catalog、website 三大销售渠道的销售、退货信息及库存信息，构成了整个数据集的核心部分。

门店销售事实表（store_sales 表）是 store sales 网络的核心事实表，记录了门店销售网络核心的销售事实。

该表第一列为 store_sales 表各列的名称，所有列的命名均以 store_sales 表名称的首字母缩写 "ss" 作为前缀；又如，在 store_returns 表中所有列均以 "sr" 开头，其余表以同样的规则进行命名，以区分各表中重复命名的字段。

前缀后的字段名称代表了该字段存储信息的语义。首先，所有数据类型为 "identifier" 的字段均为该表的主键或外键，其取值仅用于标识，无实际语义。主键已经单独标识出来，主键列不能存在空缺值，其他列均可以存在空缺值。所有未标识为 "identifier" 的字段且未标识为主键的字段为该表的外键，外键列标出了与 store_sales 表主外键相关联的其他表的主外键字段名称。

第二列为该字段存储信息的数据类型，除上文提到的 "identifier" 以外，"integer" 表示整数型，"decimal" 表示小数型，"date" 表示日期型，"char" 和 "varchar" 均表示字符型。

以第一行为例，ss_sold_date_sk 列为 store_sales 表的外键，表示该笔销售发生的日期，而与之相关联的为 data_dim 表的 d_date_sk 列，说明 store_sales 表与 data_dim 表通过各自表的 "date_sk" 列相互关联。4.2 节中的数据表间的连线即表示了此处的主外键关联信息。

标识不为 "identifier" 的字段取值均具有实际的商业语义，可通过字段的英文命名与最后一列的取值举例相结合进行判断。一般来说，数值型字段通常为度量值，字符型字段通常为维度值。

其中核心字段的数量关系如下：

总销售金额=销售数量×销售单价=销售折扣+销售净值

ss_ext_sales_price = ss_quantiy * ss_sales_price = ss_ext_discount_amt + ss_net_paid

第 2 章 TPC-DS 数据分析案例简介

销售净值（含税）=销售净值+税收
ss_net_paid_inc_tax = ss_net_paid + ss_ext_tax
净利润=销售净值-批发成本
ss_net_profit = ss_net_paid - ss_ext_wholesale_cost
store_sales 表如表 2-1 所示。

表 2-1 store_sales 表

列名	数据类型	空缺值	主键	外键	举例
ss_sold_date_sk	identifier			d_data_sk	245151
ss_dole_time_sk	identifier			t_time_sk	54881
ss_item_sk	identifier	N	Y	i_item_sk,sr_item_sk	1
ss_customer_sk	identifier			c_customer_sk	37221
ss_cdemo_sk	identifier			cd_demo_sk	1406751
ss_hdemo_sk	identifier			hd_demo_sk	1881
ss_addr_sk	identifier			ca_address_sk	7811
ss_store_sk	identifier			s_store_sk	8
ss_promo_sk	identifier			p_promo_sk	48
ss_ticket_number	identifier	N	Y	sr_ticket_number	554
ss_quantity	integer				35
ss_wholesale_cost	decimal				5.4
ss_list_price	decimal				9.34
ss_sales_price	decimal				3.64
ss_ext_discount_amt	decimal				78.98
ss_ext_sales_price	decimal				127.4
ss_ext_wholesale_cost	decimal				189
ss_ext_list_price	decimal				326.9
ss_ext_tax	decimal				1.93
ss_coupon_amt	decimal				78.98
ss_net_paid	decimal				48.42
ss_net_paid_inc_tax	decimal				50.35
ss_net_profit	decimal				-140.58

store_returns 表（门店退货事实表）是 store sales 网络的核心事实表，记录了门店销售网络核心的销售退货事实。该表结构与 store_sales 表非常相似，其核心字段数量关系如下：

净损失=退货金额（含税）+退货费用+退货运费-返还金-惩罚金-信用金
sr_net_loss = sr_return_amt_inc_tax + sr_fee + sr_return_ship_cost - sr_refunded_cash - sr_reversed_charge - sr_store_credit

store_returns 表如表 2-2 所示。

表 2-2 store_returns 表

列名	数据类型	空缺值	主键	外键	举例
sr_returned_date_sk	identifier			d_date_sk	2451794
sr_return_time_sk	identifier			t_time_sk	40096
sr_item_sk	identifier	N	Y	i_item_sk,ss_item_sk	1
sr_customer_sk	identifier			c_customer_sk	7157

续表

列名	数据类型	空缺值	主键	外键	举例
sr_cdemo_sk	identifier			cd_demo_sk	910283
sr_hdemo_sk	identifier			hd_demo_sk	6421
sr_addr_sk	identifier			ca_address_sk	37312
sr_store_sk	identifier			s_store_sk	8
sr_reason_sk	identifier			r_reason_sk	16
sr_ticket_number	identifier	N	Y	ss_ticket_number	9750
sr_return_quantity	integer				41
sr_return_amt	decimal				72.57
sr_return_tax	decimal				6.53
sr_return_amt_inc_tax	decimal				79.1
sr_fee	decimal				68.35
sr_return_ship_cost	decimal				526.03
sr_refunded_cash	decimal				27.57
sr_reversed_charge	decimal				5.4
sr_store_credit	decimal				39.6
sr_net_loss	decimal				600.91

catalog_sales 表（目录销售事实表）是 catalog sales 网络的核心事实表，记录了目录销售网络核心的销售事实。其核心字段的数量关系与 store_sales 表相似，故在此略去。

catalog_sales 表如表 2-3 所示。

表 2-3　catalog_sales 表

列名	数据类型	空缺值	主键	外键	举例
cs_sold_date_sk	identifier			d_date_sk	2450816
cs_sold_time_sk	identifier			t_time_sk	33151
cs_ship_date_sk	identifier			d_date_sk	2450886
cs_bill_customer_sk	identifier			c_customer_sk	96466
cs_bill_cdemo_sk	identifier			cd_demo_sk	1840163
cs_bill_hdemo_sk	identifier			hd_demo_sk	3060
cs_bill_addr_sk	identifier			ca_address_sk	29157
cs_ship_customer_sk	identifier			c_customer_sk	96466
cs_ship_cdemo_sk	identifier			cd_demo_sk	1840163
cs_ship_hdemo_sk	identifier			hd_demo_sk	3060
cs_ship_addr_sk	identifier			ca_address_sk	29157
cs_call_center_sk	identifier			cc_call_center_sk	4
cs_catalog_page_sk	identifier			cp_catalog_page_sk	39
cs_ship_mode_sk	identifier			sm_ship_mode_sk	13
cs_warehouse_sk	identifier			w_warehouse_sk	4
cs_item_sk	identifier	N	Y	i_item_sk,cr_item_sk	1
cs_promo_sk	identifier			p_promo_sk	261
cs_order_number	identifier	N	Y	cr_order_number	94
cs_quantity	integer				45
cs_wholesale_cost	decimal				41.31
cs_list_price	decimal				85.92

续表

列名	数据类型	空缺值	主键	外键	举例
cs_sales_price	decimal				5.15
cs_ext_discount_amt	decimal				3634.65
cs_ext_sales_price	decimal				231.75
cs_ext_wholesale_cost	decimal				1858.95
cs_ext_list_price	decimal				3866.4
cs_ext_tax	decimal				4.63
cs_coupon_amt	decimal				0
cs_ext_ship_cost	decimal				1353.15
cs_net_paid	decimal				231.75
cs_net_paid_inc_tax	decimal				236.38
cs_net_paid_inc_ship	decimal				1584.9
cs_net_paid_inc_ship_tax	decimal				1589.53
cs_net_profit	decimal				-1627.20

catalog_returns 表（目录退货事实表）是 catalog Sales 网络的核心事实表，记录了目录销售网络核心的销售退货事实。其核心字段的数量关系与 store_returns 表相似，故在此略去。catalog_returns 表如表 2-4 所示。

表 2-4 catalog_returns 表

列名	数据类型	空缺值	主键	外键	举例
cr_returned_date_sk	identifier			d_date_sk	2451206
cr_returned_time_sk	identifier			t_time_sk	74269
cr_item_sk	identifier	N	Y	i_item_sk,cs_item_sk	1
cr_refunded_customer_sk	identifier			c_customer_sk	49798
cr_refunded_cdemo_sk	identifier			cd_demo_sk	582799
cr_refunded_hdemo_sk	identifier			hd_demo_sk	6647
cr_refunded_addr_sk	identifier			ca_address_sk	6495
cr_returning_customer_sk	identifier			c_customer_sk	62208
cr_returning_cdemo_sk	identifier			cd_demo_sk	650540
cr_returning_hdemo_sk	identifier			hd_demo_sk	426
cr_returning_addr_sk	identifier			ca_address_sk	2665
cr_call_center_sk	identifier			cc_call_center_sk	2
cr_catalog_page_sk	identifier			cp_catalog_page_sk	180
cr_ship_mode_sk	identifier			sm_ship_mode_sk	3
cr_warehouse_sk	identifier			w_warehouse_sk	4
cr_reason_sk	identifier			r_reason_sk	28
cr_order_number	identifier	N	Y	cs_order_number	12691
cr_return_quantity	integer				6
cr_return_amount	decimal				1.14
cr_return_tax	decimal				0.09
cr_return_amt_inc_tax	decimal				1.23
cr_fee	decimal				11.66
cr_return_ship_cost	decimal				9.24
cr_refunded_cash	decimal				0.03

续表

列名	数据类型	空缺值	主键	外键	举例
cr_reversed_charge	decimal				0.51
cr_store_credit	decimal				0.6
cr_net_loss	decimal				20.99

web_sales 表（网站销售事实表）是 website sales 网络的核心事实表，记录了网站销售网络核心的销售事实。其核心字段的数量关系与 store_sales 表相似，故在此略去。

web_sales 表如表 2-5 所示。

表 2-5 web_sales 表

列名	数据类型	空缺值	主键	外键	举例
ws_sold_date_sk	identifier			d_date_sk	24518
ws_sold_time_sk	identifier			t_time_sk	50687
ws_ship_date_sk	identifier			d_date_sk	24519
ws_item_sk	identifier	N	Y	item_sk,wr_item_sk	1
ws_bill_customer_sk	identifier			c_customer_sk	42144
ws_bill_cdemo_sk	identifier			cd_demo_sk	94956
ws_bill_hdemo_sk	identifier			hd_demo_sk	176
ws_bill_addr_sk	identifier			ca_address_sk	25545
ws_ship_customer_sk	identifier			c_customer_sk	69179
ws_ship_cdemo_sk	identifier			cd_demo_sk	82453
ws_ship_hdemo_sk	identifier			hd_demo_sk	146
ws_ship_addr_sk	identifier			ca_address_sk	47962
ws_web_page_sk	identifier			wp_web_page_sk	47
ws_web_site_sk	identifier			web_site_sk	20
ws_ship_mode_sk	identifier			sm_ship_mode_sk	8
ws_warehouse_sk	identifier			w_warehouse_sk	2
ws_promo_sk	identifier			p_promo_sk	99
ws_order_number	identifier	N	Y	wr_order_number	3266
ws_quantity	integer				1
ws_wholesale_cost	decimal				72.33
ws_list_price	decimal				117.8
ws_sales_price	decimal				68.37
ws_ext_discount_amt	decimal				49.52
ws_ext_sales_price	decimal				68.37
ws_ext_wholesale_cost	decimal				72.33
ws_ext_list_price	decimal				117.89
ws_ext_tax	decimal				2.05
ws_coupon_amt	decimal				0
ws_ext_ship_cost	decimal				10.61
ws_net_paid	decimal				68.37
ws_net_paid_inc_tax	decimal				70.42
ws_net_paid_inc_ship	decimal				78.98
ws_net_paid_inc_ship_tax	decimal				81.03
ws_net_profit	decimal				-3.96

web_returns 表（网站退货事实表）是 website sales 网络的核心事实表，记录了网站销售网络核心的销售退货事实。其核心字段的数量关系与 store_return 表相似，故在此略去。

web_returns 表如表 2-6 所示。

表 2-6 web_returns 表

列名	数据类型	空缺值	主键	外键	举例
wr_returned_date_sk	identifier			d_date_sk	2451216
wr_returned_time_sk	identifier			t_time_sk	54701
wr_item_sk	identifier	N	Y	i_item_sk,ws_item_sk	1
wr_refunded_customer_sk	identifier			c_customer_sk	64568
wr_refunded_cdemo_sk	identifier			cd_demo_sk	912221
wr_refunded_hdemo_sk	identifier			hd_demo_sk	7074
wr_refunded_addr_sk	identifier			ca_address_sk	20327
wr_returning_customer_sk	identifier			c_customer_sk	64568
wr_returning_cdemo_sk	identifier			cd_demo_sk	912221
wr_returning_hdemo_sk	identifier			hd_demo_sk	7074
wr_returning_addr_sk	identifier			ca_address_sk	20327
wr_web_page_sk	identifier			wp_web_page_sk	31
wr_reason_sk	identifier			r_reason_sk	2
wr_order_number	identifier	N	Y	ws_order_number	15938
wr_return_quantity	integer				14
wr_return_amt	decimal				286.44
wr_return_tax	decimal				2.86
wr_return_amt_inc_tax	decimal				289.3
wr_fee	decimal				37.9
wr_return_ship_cost	decimal				89.46
wr_refunded_cash	decimal				197.64
wr_reversed_charge	decimal				73.7
wr_account_credit	decimal				15.1
wr_net_loss	decimal				130.22

库存表（inventory 表）是 inventory 网络的核心事实表，其记录的信息为某类产品（item）在某个时间节点（date）在某个库房（warehouse）有多少可用库存（quantity on hand）。实际的电商平台或大型快消企业的 inventory 网络会更加复杂，会包括库房间的转运、从上游供应商进货及向用户供货等信息，TPC-DS 数据集在库存一侧做出了较大的简化，仅仅保留了商品可用库存的信息。

inventory 表如表 2-7 所示。

表 2-7 inventory 表

列名	数据类型	空缺值	主键	外键	举例
inv_date_sk	identifier	N	Y	d_date_sk	2450815
inv_item_sk	identifier	N	Y	i_item_sk	1
inv_warehouse_sk	identifier	N	Y	w_warehouse_sk	1
inv_quantity_on_hand	integer				10

2.3.2 维度表字段解析

TPC-DS 数据集共包含 17 个维度表，它们为事实表的记录提供了更加细致和丰富的信息，为数据分析师的分析提供了丰富的拆解维度。有些维度表为以上四个网络所共用，有些维度表则是由某个网络所特有的。

store 表（门店信息表）是 store sales 表的重要维度表，记录了用户所光顾的门店的详细信息，包括营业时间、地理位置、细分市场、经理人等。

store 表如表 2-8 所示。

表 2-8 store 表

列名	数据类型	空缺值	主键	外键	举例
s_store_sk	identifier	N	Y		1
s_store_id	char	N			aaaaaaaaba
s_rec_start_date	date				1997/3/13
s_rec_end_date	date				
s_closed_date_sk	identifier			d_date_sk	2451189
s_store_name	varchar				ought
s_number_employees	integer				245
s_floor_space	integer				5250760
s_hours	char				8am-4pm
s_manager	varchar				william ward
s_market_id	integer				2
s_geography_class	varchar				unknown
s_market_desc	varchar				enough high areas
s_market_manager	varchar				charles bartley
s_division_id	integer				1
s_division_name	varchar				unknown
s_company_id	integer				1
s_company_name	varchar				unknown
s_street_number	varchar				767
s_street_name	varchar				spring
s_street_type	char				wy
s_suite_number	char				suite 250
s_city	varchar				midway
s_county	varchar				williamson
s_state	char				tn
s_zip	char				31904
s_country	varchar				united states
s_gmt_offset	decimal				-5
s_tax_precentage	decimal				0.03

call_center 表（电话中心表）是 catalog sales 表的重要维度表，记录了联系用户的电话中心的基本信息，包括地理位置、工作时间、经理人、细分市场等。

call_center 表如表 2-9 所示。

表 2-9 call_center 表

列名	数据类型	空缺值	主键	外键	举例
cc_call_center_sk	integer	N	Y		5
cc_call_center_id	char	N			aaaaaaaae
cc_rec_start_date	date				2000/1/2
cc_rec_end_date	date				2001/12/31
cc_closed_date_sk	integer			d_date_sk	
cc_open_date_sk	integer			d_date_sk	2451063
cc_name	varchar				north midwest
cc_class	varchar				small
cc_employees	integer				3
cc_sq_ft	integer				795
cc_hours	char				8am-8am
cc_manager	varchar				larry mccray
cc_mkt_id	integer				2
cc_mkt_class	char				most historical
cc_mkt_desc	varchar				blue, due beds
cc_market_manager	varchar				gary colburn
cc_division	integer				4
cc_division_name	varchar				ese
cc_company	integer				3
cc_company_name	char				pri
cc_street_number	char				463
cc_street_name	varchar				pine ridge
cc_street_type	char				rd
cc_suite_number	char				suite u
cc_city	varchar				midway
cc_county	varchar				williamson
cc_state	char				tn
cc_zip	char				31904
cc_country	varchar				united states
cc_gmt_offset	decimal				-5
cc_tax_percentage	decimal				0.11

catalog_page 表（目录页面表）是 catalog sales 表的重要维度表，该表记录了用户所访问的目录页面的基本信息，包括起止时间、所属部门、目录页数、额外描述等。

catalog_page 表如表 2-10 所示。

表 2-10 catalog_page 表

列名	数据类型	空缺值	主键	外键	举例
cp_catalog_page_sk	integer	N	Y		1
cp_catalog_page_id	char(	N			aaaaaaa
cp_start_date_sk	integer			d_date_sk	2450815
cp_end_date_sk	integer			d_date_sk	2450996
cp_department	varchar				departm

续表

列名	数据类型	空缺值	主键	外键	举例
cp_catalog_number	integer				1
cp_catalog_page_number	integer				1
cp_description	varchar				in general basic
cp_type	varchar				bi-annual

web_site 表（网站信息表）是 website sales 网络中的重要维度表，记录了用户所登录网站的基本信息，包括网站类别、管理人、细分市场等。

web_site 表如表 2-11 所示。

表 2-11　web_site 表

列名	数据类型	空缺值	主键	外键	举例
web_site_sk	integer	N	Y		2
web_site_id	char	N			aaaaaaaaca
web_rec_start_date	date				1997/8/16
web_rec_end_date	date				2000/8/15
web_name	varchar				site_0
web_open_date_sk	integer			d_date_sk	2450798
web_close_date_sk	integer			d_date_sk	2447148
web_class	varchar				unknown
web_manager	varchar				tommy jones
web_mkt_id	integer				6
web_mkt_class	varchar				completely Excellent
web_mkt_desc	varchar				lucky passengers
web_market_manager	varchar				david myers
web_company_id	integer				4
web_company_name	char				ese
web_street_number	char				358
web_street_name	varchar				ridge wilson
web_street_type	char				cir.
web_suite_number	char				suite 150
web_city	varchar				midway
web_county	varchar				williamson
web_state	char				tn
web_zip	char				31904
web_country	varchar				united states
web_gmt_offset	decimal				-5
web_tax_percentage	decimal				0.10

web_page 表（页面信息表）是 website sales 网络中的重要维度表，记录了用户浏览的各个页面的详细信息，包括起止时间、访问用户、页面类型、页面链接等。

web_page 表如表 2-12 所示。

表 2-12 web_page 表

列名	数据类型	空缺值	主键	外键	举例
wp_web_page_sk	integer	N	Y		2
wp_web_page_id	char	N			aaaaaaa
wp_rec_start_date	date				1997/9/3
wp_rec_end_date	date				2000/9/2
wp_creation_date_sk	integer			d_date_sk	2450814
wp_access_date_sk	integer			d_date_sk	2452580
wp_autogen_flag	char				n
wp_customer_sk	integer			c_customer_sk	
wp_url	varchar				www.fo.com
wp_type	char				protected
wp_char_count	integer				1564
wp_link_count	integer				4
wp_image_count	integer				3
wp_max_ad_count	integer				4

warehouse 表（库房信息表）是 catalog sales 网络、website sales 网络及 inventory 网络中重要的维度表。该表记录了 TPC-DS 所有库房的名称、地理位置等基本信息。该表并未在 store sales 网络中出现，因为在 store sales 网络中销售的商品通常直接从供应商运往店面，并不需要经由专门的库房存储。

warehouse 表如表 2-13 所示。

表 2-13 warehouse 表

列名	数据类型	空缺值	主键	外键	举例
w_warehouse_sk	integer	N	Y		1
w_warehouse_id	char	N			AAAAAAAABAAAA
w_warehouse_name	varchar				Conventional childr
w_warehouse_sq_ft	integer				977787
w_street_number	char				651
w_street_name	varchar				6th
w_street_type	char				Parkway
w_suite_number	char				Suite 470
w_city	varchar				Fairview
w_county	varchar				Williamson County
w_state	char				TN
w_zip	char				35709
w_country	varchar				United States
w_gmt_offset	decimal				-5.00

customer 表（用户表）记录了在 TPC-DS 有过消费记录的所有用户的基本信息，包括称谓、姓名、年龄、国家、邮箱地址等。customer 表与 customer_address 表、customer_demographics 表、household_demographic 表均有关联，以上 4 张表可以共同构成一个完整的用户画像。

customer 表如表 2-14 所示。

表 2-14 customer 表

列名	数据类型	空缺值	主键	外键	举例
c_customer_sk	integer	N	Y		1
c_customer_id	char	N			AAAAAAA
c_current_cdemo_sk	integer			cd_demo_sk	980124
c_current_hdemo_sk	integer			hd_demo_sk	7135
c_current_addr_sk	integer			ca_address_sk	32946
c_first_shipto_date_sk	integer			d_date_sk	2452238
c_first_sales_date_sk	integer			d_date_sk	2452208
c_salutation	char				Mr.
c_first_name	char				Javier
c_last_name	char				Lewis
c_preferred_cust_flag	char				Y
c_birth_day	integer				9
c_birth_month	integer				12
c_birth_year	integer				1936
c_birth_country	varchar				CHILE
c_login	char				abc
c_email_address	char				Javier.Le@
c_last_review_date	char				2452508

customer_address 表（用户住址表）记录了每一个用户的详细住址信息，包括国家、州、邮政编码等信息。

customer_address 表如表 2-15 所示。

表 2-15 customer_address 表

列名	数据类型	空缺值	主键	外键	举例
ca_address_sk	integer	N	Y		1
ca_address_id	char	N			AAAAAAAABAAAA
ca_street_number	char				18
ca_street_name	varchar				Jackson
ca_street_type	char				Parkway
ca_suite_number	char				Suite 280
ca_city	varchar				Fairfield
ca_county	varchar				Maricopa County
ca_state	char				AZ
ca_zip	char				86192
ca_country	varchar				United States
ca_gmt_offset	decimal				-7
ca_location_type	char				condo

customer_demographics 表（用户特征表）记录了每个用户的人口统计学特征，包括性别、婚姻状况、教育水平、预计消费能力、信用状况等信息。

customer_demographics 表如表 2-16 所示。

表 2-16 customer_demographics 表

列名	数据类型	空缺值	主键	外键	举例
cd_demo_sk	integer	N	Y		1
cd_gender	char				M
cd_marital_status	char				M
cd_education_status	char				Primary
cd_purchase_estimate	integer				500
cd_credit_rating	char				Good
cd_dep_count	integer				0
cd_dep_employed_count	integer				0
cd_dep_college_count	integer				0

household_demographics 表（用户家庭表）记录了每个用户的家庭特征，包括家庭收入水平、购买潜力、私家车数量等信息。

household_demographics 表如表 2-17 所示。

表 2-17 household_demographics 表

列名	数据类型	空缺值	主键	外键	举例
hd_demo_sk	integer	N	Y		1
hd_income_band_sk	integer			ib_income_bank_sk	2
hd_buy_potential	char				0～500
hd_dep_count	integer				0
hd_vehicle_count	integer				0

item 表（商品信息表）是这四大网络的共用事实表，记录了 TPC-DS 出售的所有商品的上架日期、下架日期、销售单价、进货成本、品牌、种类、制造商、尺寸、规格、颜色、计量单位、容器、名称等方面的信息。item 表与三大销售网络的销售、退货事实表和库存表及 promotion 表之间存在关联，分别记录了出售的、退货的、在库房存储的及正在促销的商品的明细信息。

item 表如表 2-18 所示。

表 2-18 item 表

列名	数据类型	空缺值	主键	外键	举例
i_item_sk	integer	N	Y		1
i_item_id	char	N			AAAAAAAABAAAA
i_rec_start_date	date				1997/10/27
i_rec_end_date	date				NULL
i_item_desc	varchar				Powers will not get influences
i_current_price	decimal				27.02
i_wholesale_cost	decimal				23.23
i_brand_id	integer				5003002
i_brand	char				exportischolar #2
i_class_id	integer				3
i_class	char				pop

续表

列名	数据类型	空缺值	主键	外键	举例
i_category_id	integer				5
i_category	char				Music
i_manufact_id	integer				52
i_manufact	char				ableanti
i_size	char				N/A
i_formulation	char				3663peru009490160959
i_color	char				spring
i_units	char				Tsp
i_container	char				Unknown
i_manager_id	integer				6
i_product_name	char				ought

income_band 表（收入等级表）与 household_demographics 表相关联，记录了每个收入水平的收入上线及收入下线。

income_band 表如表 2-19 所示。

表 2-19 income_band 表

列名	数据类型	空缺值	主键	外键	举例
ib_income_band_sk	integer	N	Y		1
ib_lower_bound	integer				0
ib_upper_bound	integer				1000

promotion 表（促销活动表）记录了针对每个商品所开展的营销活动，包括开始结束日期、营销成本及采取的具体营销措施。需特别注意的是，营销措施采用二元哑变量编码，即分别判断某类产品是否使用了某类营销手段，分别使用"Y"和"N"进行表示。

promotion 表如表 2-20 所示。

表 2-20 promotion 表

列名	数据类型	空缺值	主键	外键	举例
p_promo_sk	integer	N	Y		1
p_promo_id	char	N			AAAAAAAABAAAA
p_start_date_sk	integer			d_date_sk	2450164
p_end_date_sk	integer			d_date_sk	2450185
p_item_sk	integer			i_item_sk	10022
p_cost	decimal				1000
p_response_target	integer				1
p_promo_name	char				ought
p_channel_dmail	char				Y
p_channel_email	char				N
p_channel_catalog	char				N
p_channel_tv	char				N
p_channel_radio	char				N
p_channel_press	char				N
p_channel_event	char				N
p_channel_demo	char				N

续表

列名	数据类型	空缺值	主键	外键	举例
p_channel_details	varchar				Men will not say merely.
p_purpose	char				Unknown
p_discount_active	char				N

reason 表（退货原因表）记录了用户退货行为的具体原因，与三大销售网络的 return 表直接关联。

reason 表如表 2-21 所示。

表 2-21 reason 表

列名	数据类型	空缺值	主键	外键	举例
r_reason_sk	integer	N	Y		1
r_reason_id	char	N			AAAAAAAABAAAAAAA
r_reason_desc	char				Package was damaged

ship_mode 表（运输方式表）记录了 catalog sales 与 website sales 两大销售网络每份订单采取的运货方式、运货代码、快递企业等信息。

ship_mode 表如表 2-22 所示。

表 2-22 ship_mode 表

列名	数据类型	空缺值	主键	外键	举例
sm_ship_mode_sk	integer	N	Y		1
sm_ship_mode_id	char	N			AAAAAAAABAAAAA
sm_type	char				EXPRESS
sm_code	char				AIR
sm_carrier	char				UPS
sm_contract	char				YvxVaJI10

date_dim 表（日期信息表）是 TPC-DS 数据集中的关键表，其他表中所有日期维度的信息均会关联到该表中，除具体日期以外，还会记录当天属于哪年、哪个月份、哪个季度、当月的第几天、当周的第几天，是否是节假日，是否是周末等信息，丰富的日期维度允许数据分析师从各种不同的角度对日期信息进行拆解分析。

date_dim 表如表 2-23 所示。

表 2-23 date_dim 表

列名	数据类型	空缺值	主键	外键	举例
d_date_sk	integer	N	Y		2415022
d_date_id	char	N			AAAAAAAAOKJNEC
d_date	date				1900/1/2
d_month_seq	integer				0
d_week_seq	integer				1
d_quarter_seq	integer				1
d_year	integer				1900
d_dow	integer				1

续表

列名	数据类型	空缺值	主键	外键	举例
d_moy	integer				1
d_dom	integer				2
d_qoy	integer				1
d_fy_year	integer				1900
d_fy_quarter_seq	integer				1
d_fy_week_seq	integer				1
d_day_name	char				Monday
d_quarter_name	char				1900Q1
d_holiday	char				N
d_weekend	char				N
d_following_holiday	char				Y
d_first_dom	integer				2415021
d_last_dom	integer				2415020
d_same_day_ly	integer				2414657
d_same_day_lq	integer				2414930
d_current_day	char				N
d_current_week	char				N
d_current_month	char				N
d_current_quarter	char				N
d_current_year	char				N

time_dim 表（时刻信息表）是 date_dim 表的延伸。date_dim 表的最细颗粒度为日期，而 time_dim 表的最细颗粒度精确到了秒，即将每天拆解为小时、分钟和秒，为数据分析师提供了更加细致的时间信息拆解维度。

time_dim 表如表 2-24 所示。

表 2-24　time_dim 表

列名	数据类型	空缺值	主键	外键	举例
t_time_sk	integer	N	Y		0
t_time_id	char	N			AAAAAAAABAAAAAAA
t_time	integer				0
t_hour	integer				0
t_minute	integer				0
t_second	integer				0
t_am_pm	char				AM
t_shift	char				third
t_sub_shift	char				night
t_meal_time	char				Null

2.4 启示与挑战

在 2.2 节中，我们将 TPC-DS 数据集的 24 个数据表依据不同业务群体划分为了四个网络，体现了业务与数据表之间的对应关系。实际上，若抛开实际业务及数据库结构关系，尝试单独理解这 24 个数据表的含义是较困难的。业务逻辑在数据库层面的体现就是数据库中的数据表间关系，将业务逻辑与数据表逻辑相结合进行理解能够帮助读者将 TPC-DS 数据集理解得更加准确和透彻。

不同的业务网络一定有其独有的事实表（例如，store sales 网络有其独有的 store_sales 表和 store_return 表），同样的，不同的业务网络也会有其独特的维度表（例如，website sales 网络中的 web_page 表），同时不同的业务网络也可能会共用同一个维度表（例如，三大销售网络都会共用 customer 表）。

为了方便学习，我们选择的 TPC-DS 数据集是高度简化的企业级数据库，大型企业的实际情况会更加错综复杂。TPC-DS 数据集涉及的四大销售网络在大型企业中通常会使用集群的概念来替代，其对应的业务体系可以称之为业务部门或者事业部。不同的事业部会拥有自己的数据集群，简单来讲就是不同的业务体系都会有其独有的数据表群支撑，由各自的业务团队进行运营支持，而每个业务团队也会有专门负责该业务的数据分析团队，由他们专门负责某项业务的数据分析与决策驱动。

不同业务网络所需要考虑的问题和思考问题的角度有很大的区别，供应链库存网络与三大销售网络的运营目标和运营方法论之间存在着天壤之别。门店销售业务、目录销售业务与电商销售业务虽然在业务上相似，但是在运营策略、促销手段、用户留存等方面也存在很大的区别。

各位读者将来进入企业后承担的很有可能是针对某项具体业务，甚至是某个具体环节的数据分析工作。在本书中，针对 TPC-DS 数据集所进行的分析是多角度的，涵盖了从库存到营销、到售后的整个价值链环节，包括面向用户分析及面向产品分析两个主要的分析维度。相信在熟悉、理解各个业务网络之后，读者也能够从一个高屋建瓴的视角俯瞰整个企业的运营逻辑，为未来的职场生涯打下晋升的基础。这也是 TPC-DS 数据集最具有挑战性和成长性的地方。

本章小结

TPC-DS 是数据库学术界和产业界使用的工业基准（Benchmark）数据集，有标准的数据表结构、数据生成器及测试查询，是数据库产品性能测试的公共基准。TPC-DS 数据集复杂性较高，与企业实际数据库结构相似度较高，能够较好地模拟企业真实的数据分析需求，其较为全面的维度也给了不同学科背景的用户模拟不同分析场景提供了支持。本书以 TPC-DS 数据集作为贯穿始终的数据集，通过数据分析案例设计演示在企业数据集上的数据分析与数据可视化实现技术，为读者建立模拟实战环境，增强读者数据分析技术的实际应用能力。

案例实践

基于 website sales 网络，模拟电子商务网站销售主题，设计一个数据分析任务。说明支持数据分析任务所需要的表、表之间的关系，分析所使用的度量属性、维属性、维层次结构，定义数据分析的计算方法，设计数据分析的基本输出结构和形式。

第二篇 技 能 篇

　　企业级数据分析面对的是海量数据的分析处理及数据分析结果可视化展现过程，需要建立以企业级数据库为中心的数据分析平台，通过数据库管理数据、转换数据，为数据分析提供数据预处理和分析数据视图，为数据分析及数据可视化技术提供数据来源与支持。BI 数据分析工具提供了对复杂数据的分析处理能力和数据分析可视化功能，实现了分析数据建模、多维分析及可视化数据展现功能。Python 语言提供了数据挖掘技术支持，实现了复杂分析数据建模和数据挖掘功能。这些工具提供了数据分析与数据可视化技术的基本技能，也是学习数据分析与数据可视化技术的基础。

　　技能篇主要介绍企业级数据分析所需要的若干实践技能。本篇由第 3、4、5 章构成，其中第 3 章介绍了如何在个人计算机上搭建企业级数据分析环境，包括后台数据库与前台数据分析工具的安装配置及前后台工具之间的连接集成。第 4 章基于 TPC-DS 数据集讲解了 SQL 基础语法结构，并应用 SQL 解决若干复杂的查询问题。第 5 章介绍了 Excel Power 插件、Power BI Desktop，以及 Tableau Desktop 的数据可视化方法，并将其应用到针对 TPC-DS 数据集的分析过程。

第 3 章　企业级数据分析环境的搭建

本章学习要点：

本章作为技能篇的第一个章节，介绍了五种目前企业中应用最为广泛的数据分析工具的安装配置及基本使用方法。本章带领读者完成了 SQL Server 2019 数据库管理工具的安装与配置、TPC-DS 数据表结构的创建、主外键约束的设置及 TPC-DS 平面数据文件的导入；接下来介绍了 Excel Power 插件、Power BI Desktop、Tableau Desktop 及 Tableau Prep 的基本使用方法；最后介绍了如何运用编程语言 Python 实现 SQL Server 2019 的远程操作，并运用 Python 代码实现了 TPC-DS 数据集的导入任务。至此成功完成了一系列企业级数据分析环境的搭建工作，实现了前台数据分析工具对后台数据库的访问，为后续章节的学习打下了基础。

本章学习目标：

1. 掌握 SQL Server 2019 数据库管理工具、Excel Power 插件、Power BI Desktop、Tableau Desktop & Prep、Python 等数据分析工具的安装与配置方法；
2. 理解 TPC-DS 建表及主外键约束设置的 SQL 语句含义；
3. 掌握将 TPC-DS 数据集导入 SQL Server 2019 的三种方法；
4. 掌握使用 Excel Power Pivot、Power BI Desktop、Tableau Desktop & Prep 及 Python 连接 SQL Server 2019 数据库平台并获取 TPC-DS 数据集的方法；
5. 了解 Tableau Prep 的基本使用方法。

3.1　SQL Server 2019 数据库管理工具

3.1.1　SQL Server 2019 安装与配置

SQL Server 2019 是一个以数据库为中心的综合数据管理与分析处理的平台，包括数据库引擎、Analysis Services、Integration Service、Report Service 等服务组件，支持包括数据库应用、OLAP 应用、数据挖掘应用和报表服务应用等不同层次的数据服务，与商业智能（Business Intelligewce, BI）相结合，可以进一步支持可视化数据分析功能。在本书中，由于篇幅所限，我们将只涉及数据库引擎的使用。

SQL Server 2019 提供了 Windows 平台版本，并且从 2019 版本开始提供了 Windows、Linux 和 Containers 容器安装支持[①]。SQL Server 2019 需要独立安装 SQL Server 2019 数据库、SQL Server Management Studio 管理工具和 SQL Server Data Tools 数据集成工具。使用苹

---

① https://www.microsoft.com/en-us/sql-server/sql-server-2019.

第 3 章　企业级数据分析环境的搭建

果计算机的读者，可通过先安装 Windows 10 虚拟机后再安装 SQL Server 2019 实现数据分析功能，也可以通过安装 Docker 的方式在 Mac 计算机上部署 SQL Server 2019[①]，本书以使用 Windows 操作系统的计算机为例演示相关的安装、配置与操作。

在本书中，SQL Server 2019 将会扮演一个核心的角色。所有后文介绍的数据分析工作都将围绕着 SQL Server 2019 数据库平台展开。在第 2 章中详细介绍过的 TPC-DS 数据集将会被完整地导入 SQL Server 2019 数据库中，以模拟企业级真实数据库引擎。

SQL Server 2019 需要读者登录微软官网进行下载[②]，SQL Server 2019 需要读者登录微软官网进行下载。选择安装 Developer 版本即可永久免费使用 SQL Server 2019 数据库引擎功能。具体的安装步骤详见本书配套 PPT 第 3 章的相关内容。

安装完成后，从菜单栏打开 SQL Server Management Studio（SSMS）。SSMS 是 SQL Server 2019 数据库的平台端，本书所有围绕 SQL Server 2019 数据库的操作都将在此客户端展开。SSMS 登录界面如图 3-1 所示。

图 3-1　SSMS 登录界面

单击【连接】后，SSMS 主界面如图 3-2 所示。

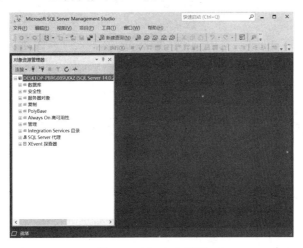

图 3-2　SSMS 主界面

---

① https://docs.microsoft.com/zh-cn/sql/linux/quickstart-install-connect-docker?view=sqlallproducts-allversions&pivots=cs1-bash.

② https://www.microsoft.com/en-us/SQL-Server/SQL-Server-2019.

在本书的实践体系中，SQL Server 2019 数据库用于模拟企业级数据库平台，但是新安装完成的 SQL Server 2019 数据库仅仅是一个数据库平台而已，其中还没有数据；为了完成本书的实践任务，除了安装 SQL Server 2019 数据库，我们还需要在 SQL Server 2019 数据库平台上建立 TPC-DS 数据库，并将 TPC-DS 数据集导入 TPC-DS 数据库中，从而搭建起有企业级数据存储的仿真数据库实践体系。TPC-DS 数据集由 24 个.dat 文件存储，存储 24 个数据表。

本章将会介绍三种将 TPC-DS 数据集导入 SQL Server 2019 数据库中的方法，分别是通过 SSMS 内置的数据导入向导手动导入平面数据文件的方法、通过 Bulk Insert 命令自动导入平面数据文件的方法，以及通过外置 Python 代码远程操作 SQL Server 2019 数据库自动平面数据导入的方法。在 3.1.2 小节与 3.1.3 小节中，我们将为读者介绍前两种导入平面数据文件的方法；在第 3.5 节讲解 Python 的配置与使用过程中，我们将为读者介绍通过外置 Python 代码远程操作 SQL Server 2019 数据库实现平面数据导入的方法。

3.1.2 新建 TPC-DS 数据库

在将 TPC-DS 数据集导入 SQL Server 2019 数据库平台前，需要首先搭建 TPC-DS 数据库架构。右击界面左上角【数据库】选项卡，在下拉菜单中单击【新建数据库】选项卡，如图 3-3 所示。

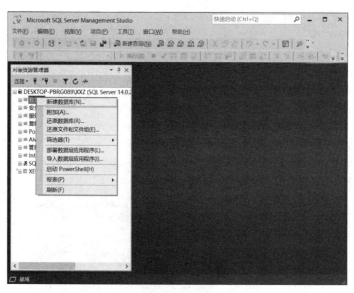

图 3-3　新建数据库

接下来，在【数据库名称】空白窗口填写 "TPC-DS" 后，单击【确定】按钮即可实现数据库命名，如图 3-4 所示。

下一步，单击【数据库】选项卡左侧的 "+" 符号，可以看到新建后的 TPC-DS 数据集；再单击【TPC-DS】选项卡左侧的 "+" 符号，继续单击【表】选项卡左侧的 "+" 符号，可以看到除系统表等默认表以外，并没有实质性的数据表，如图 3-5 所示。

第 3 章　企业级数据分析环境的搭建　　45

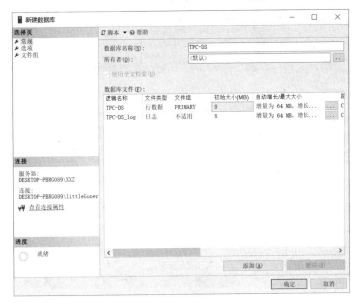

图 3-4　数据库命名

图 3-5　空白的 TPC-DS 数据库

在图 3-5 的基础上，右击【TPC-DS】选项卡，在下拉菜单中选择【新建查询】按钮，随后弹出 TPC-DS 数据库查询界面，如图 3-6 所示。

至此我们完成了 TPC-DS 数据库的创建，步骤非常简单。但是此时的数据库中并没有表也没有数据，在接下来的两个小节中将会介绍如何搭建 TPC-DS 数据库的框架并导入数据。

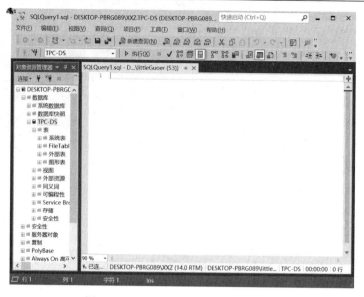

图 3-6　新建 TPC-DS 查询与查询界面

3.1.3　通过数据导入向导导入 TPC-DS 数据集

SSMS 提供数据导入向导功能以实现文本文件的导入，其核心是在已经搭建完成的数据库框架上，按照向导的指引，通过鼠标操作完成数据导入。TPC-DS 数据集拥有 24 张数据表，采用数据导入向导导入数据意味着需要重复执行向导流程 24 次，耗时较长。但是数据导入向导的方式使得数据导入的过程更加直观与灵活，能够胜任一些定制化的数据导入需求。

在执行数据导入向导功能前，首先将附录文件中"数据导入向导脚本"部分的 SQL 建表命令复制进入 TPC-DS 数据库的查询界面中，执行后，即可实现 TPC-DS 数据表的创建。执行命令成功后，右击左侧【TPC-DS】数据库，在弹出的选项卡中单击【刷新】按钮，可以看到 TPC-DS 的 24 张数据表已经搭建完毕。执行成功，结果如图 3-7 所示。

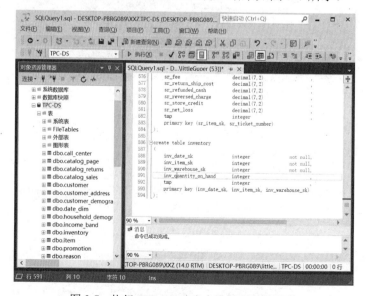

图 3-7　执行 TPC-DS 建表命令并刷新数据表

第 3 章　企业级数据分析环境的搭建　　47

　　尽管此时 TPC-DS 数据集的框架已经搭建完毕，但是数据还没有导入。我们选择右击左侧第一个数据表 call_center，在弹出的选项卡中选择【编辑前 200 行】选项，实现数据表数据预览。可以看到 call_center 数据表所有列均为空值，数据还未导入。执行结果如图 3-8 所示。

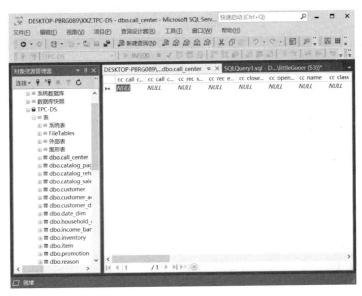

图 3-8　call_center 数据表预览

　　至此我们已经完成建表操作，但是 24 张数据表彼此之间还是孤立的。在第 2 章介绍 TPC-DS 数据集结构时，介绍过各表间的关联关系。在建表语法中，我们声明了各表主键，但是还未建立各表之间的关联关系。接下来我们将主外键约束设置 SQL 命令输入 TPC-DS 查询界面中并执行。执行成功，结果如图 3-9 所示。

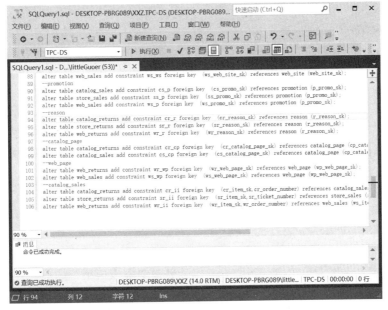

图 3-9　执行主外键约束设置 SQL 命令

至此，我们完成了 TPC-DS 数据库建表及主外键约束的设置。系统性的 SQL 语法讲解将在第 4 章中展开，在此我们以 store 表为例简要为读者介绍 SQL 建表命令的基本含义。

```
1.   create table store
2.   (
3.      s_store_sk              integer          not null,
4.      s_store_id              char(16)         not null,
5.      s_rec_start_date        date             ,
6.      s_rec_end_date          date             ,
7.      s_closed_date_sk        integer          ,
8.      s_store_name            varchar(50)      ,
9.      s_number_employees      integer          ,
10.     s_floor_space           integer          ,
11.     s_hours                 char(20)         ,
12.     s_manager               varchar(40)      ,
13.     s_market_id             integer          ,
14.     s_geography_class       varchar(100)     ,
15.     s_market_desc           varchar(100)     ,
16.     s_market_manager        varchar(40)      ,
17.     s_division_id           integer          ,
18.     s_division_name         varchar(50)      ,
19.     s_company_id            integer          ,
20.     s_company_name          varchar(50)      ,
21.     s_street_number         varchar(10)      ,
22.     s_street_name           varchar(60)      ,
23.     s_street_type           char(15)         ,
24.     s_suite_number          char(10)         ,
25.     s_city                  varchar(60)      ,
26.     s_county                varchar(30)      ,
27.     s_state                 char(2)          ,
28.     s_zip                   char(10)         ,
29.     s_country               varchar(20)      ,
30.     s_gmt_offset            decimal(5,2)     ,
31.     s_tax_precentage        decimal(5,2)     ,
32.     primary key (s_store_sk)
33.   );
```

SQL 建表命令与第 2 章中所介绍的表字段名称与数据类型是一一对应的。"create table store"表示创建一个名为"store"的表；括号中的每一行分别定义了 store 表每一列的名称、数据类型和字符长度，以及是否可以存在空缺值。如第一行表示该列名称为"s_store_sk"，数据类型为整数型"integer"，不可以存在空缺值"not null"，其他行同理。"primary key (s_store_sk)"用于声明该表的主键为 s_store_sk。

接下来我们以 store 表为例介绍设置主外键约束 SQL 代码的基本含义。

1. **alter table** store_returns **add constraint** sr_s **foreign key**（sr_store_sk）**references** store (s_store_sk);
2. **alter table** store_sales **add constraint** ss_s **foreign key**（ss_store_sk) **references** store (s_store_sk);

在第 2 章中我们介绍过，store 表作为维度表，其主键为 s_store_sk，分别与 store_returns 表的 sr_store_sk 列和 store_sales 表的 ss_store_sk 列有主外键约束关系。以上代码的含义为：为 store_returns 表建立一个新的外键，命名为"sr_s"，该外键是 sr_store_sk 列，与 store 表的 s_store_sk 键建立了主外键关系。store_sales 表同理。

在介绍完建表与主外键约束设置的命令后，我们继续以 store 表为例演示如何使用 SSMS 内置的数据导入向导导入 TPC-DS 数据集，其余表的导入过程与之相似。右击【TPC-DS】选项卡，在下拉菜单中选择【任务】→【导入数据】，如图 3-10 所示。

图 3-10 新建数据导入任务

随后进入 SQL Server 导入和导出向导界面，在数据源处选择【Flat File Source】，即平面文件数据源，接下来单击【浏览】，找到 TPC-DS 数据集所在文件夹，找到 store 表文件并单击【打开】。注意，需要在右下角数据类型选项卡选择【所有文件】才能找到 .dat 格式文件，处理过程如如图 3-11 所示。

接下来，在【常规】选项卡中取消【在第一个数据行中显示列名称】的勾选，切换至【列】选项卡，在列分隔符处选择【竖线{|}】，单击【重置列】并【刷新】后看到所有列已准确分布。由于源数据文件采用"竖线{|}"分隔各列，因此以"竖线{|}"作为列分隔符能够将

表内各列分开,处理过程如图 3-12 所示。

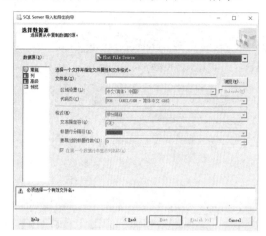

图 3-11　浏览源数据

图 3-12　分列处理

接下来,切换至【高级】选项卡,该界面可对该表的每一列进行自定义。store 表共有 28 列,但是在此处显示 store 表共有 29 列,这是因为所有 TPC-DS 的原数据最后一列均为"|", SQL Server 2019 数据库在读取数据时会默认最后一个"|"右侧还会有一列数据,但实际上这一列数据为空值,因此此处的列数会比数据的实际列数多一列。特别需要注意的是右侧【OutputColumnWidth】行表示该列最大字符宽度,取值默认为 50,但是在建表命令中,我们注意到【列 11】【列 12】【列 19】与【列 22】的字符宽度分别为 100、100、60 与 60,因此,需要将这四列的字符宽度手动上调,否则将会导致数据导入失败。对于 TPC-DS 的 24 张数据表,integer、decimal、date 等数据类型不存在字符问题,对于数据类型为 char、varchar 的字段都需要进行字符宽度检查并进行相应的手动调整。处理完成后可切换至【预览】选项卡进行预览,以确保各列正常。处理过程如图 3-13 所示。

第 3 章 企业级数据分析环境的搭建　51

图 3-13　列宽调整

随后，单击【next】，选择导入目标为【SQL Server native client 11.0】，在下一界面继续单击【编辑映射】，处理过程如图 3-14 所示。

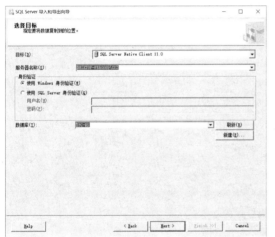 

图 3-14　选择导入目标

在【编辑映射】界面中，除第 29 列的目标中默认为"忽略"以外，其余列需要将列名称与列序号实现一一对应，进行这一步操作是为了解决前一个步骤中提到的原数据多一列空值的问题。在下一界面的右下角【出错时（全局）】与【截断时（全局）】选项卡中，全部将【失败】选项更改为【忽略】，接下来单击【Finish】即可，处理过程如图 3-15 所示。

最后进入数据导入界面并显示数据导入成功，单击【Close】退出数据导入向导，如图 3-16 所示。

返回 SSMS 数据库界面，右击 store 表，选择【编辑前 200 行】选项，验证了 store 表的 12 行数据已经全部导入 TPC-DS 数据库中，结果如图 3-17 所示。

本小节以 store 表为例演示了如何使用数据导入向导导入平面文件数据，其余表的数据导入操作同理，不再赘述。

图 3-15　编辑映射

图 3-16　数据导入成功

需要特别注意的是，请读者务必按照视频中的顺序依次导入各数据表的数据。由于主外键约束限制的存在，在导入某数据表时，必须保证该表所有外键所在表的数据必须已经导入数据库中。以 store_sales 表的导入为例，需要先将没有外键连接的维度表如 date_dim、time_dim、customer_demographics、customer_address、income_band 及 item 等表导入，再将需要上述维度的第二层次维度表如 customer、promotion、store 与 household_demographics 等表导入，最后才能成功导入 store_sales 表，如图 3-18 所示。

本小节以 store 表为例，演示了如何使用数据导入向导导入平面文件数据，其余表的数据导入操作同理，不再赘述。具体的导入过程可参考本书配套视频"通过数据导入向导导入数据"中的相关内容。

SQL Server 2019 数据库管理工具是本书实践体系的核心，用于模拟企业级数据集存储平台。本书的案例数据——TPC-DS 数据集已经存储于 SQL Server 2019 数据库平台中，现在我们可以通过 SQL 语句直接在数据库端完成一系列的数据查询与分析操作。

第 3 章 企业级数据分析环境的搭建　　53

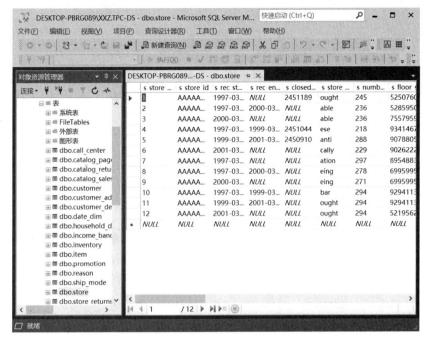

图 3-17　store 表数据导入成功

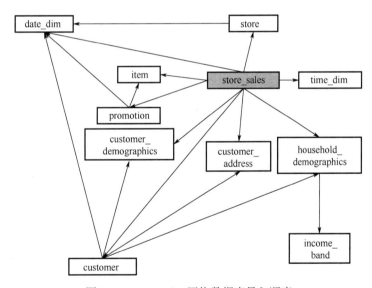

图 3-18　store_sales 网络数据表导入顺序

3.1.4　通过 Bulk Insert 命令导入 TPC-DS 数据集

　　在上一小节中介绍的数据导入向导的数据导入方式，尽管能够有效地处理原数据会被识别出多一列空值的问题，但是完成所有 24 张数据表的导入工作耗时较长、效率较低。本小节将会介绍使用 Bulk Insert 命令自动导入 TPC-DS 数据集的方法。

　　为了避免不同的数据导入命令之间产生冲突，我们关闭所有 TPC-DS 数据库的查询界面；右击【TPC-DS】选项卡，在下拉菜单中选择【删除】。接下来重新按照 3.1.2 的步骤新建 TPC-DS 数据库。新建查询后将适用于 Bulk Insert 命令的建表命令和主外键约束设置命令分别复制到查询界面并执行，操作过程如图3-19所示。

图3-19　重新建立数据表结构与主外键约束

适用于Bulk Insert命令的建表命令示例代码如下所示。

1. **create table** store
2. (
3. 　　s_store_sk　　　　　**integer**　　　　not null,
4. 　　s_store_id　　　　　**char**(16)　　　　not null,
5. 　　s_rec_start_date　　**date**　　　　　　,
6. 　　s_rec_end_date　　　**date**　　　　　　,
7. 　　s_closed_date_sk　　**integer**　　　　,
8. 　　s_store_name　　　　**varchar**(50)　　,
9. 　　s_number_employees　**integer**　　　　,
10. 　　s_floor_space　　　**integer**　　　　,
11. 　　s_hours　　　　　　**char**(20)　　　　,
12. 　　s_manager　　　　　**varchar**(40)　　,
13. 　　s_market_id　　　　**integer**　　　　,
14. 　　s_geography_class　**varchar**(100)　　, --11th
15. 　　s_market_desc　　　**varchar**(100)　　, --12th
16. 　　s_market_manager　 **varchar**(40)　　,
17. 　　s_division_id　　　**integer**　　　　,
18. 　　s_division_name　　**varchar**(50)　　,
19. 　　s_company_id　　　　**integer**　　　　,
20. 　　s_company_name　　　**varchar**(50)　　,
21. 　　s_street_number　　**varchar**(10)　　,
22. 　　s_street_name　　　**varchar**(60)　　, --19th
23. 　　s_street_type　　　**char**(15)　　　　,
24. 　　s_suite_number　　 **char**(10)　　　　,
25. 　　s_city　　　　　　　**varchar**(60)　　, --22th

26.　　s_county　　　　　　varchar(30)　　　　,
27.　　s_state　　　　　　　char(2)　　　　　　,
28.　　s_zip　　　　　　　　char(10)　　　　　 ,
29.　　s_country　　　　　　varchar(20)　　　　,
30.　　s_gmt_offset　　　　 decimal(5,2)　　　　,
31.　　s_tax_precentage　　 decimal(5,2)　　　　,
32.　　**tmp**　　　　　　　　**integer**　　　　　　　,
33.　　**primary key** (s_store_sk)
34.　　);

此处的建表命令与前一小节中介绍的建表命令几乎相同，唯一的区别在于第 32 行多加了一列命名为 tmp 的占位符，用于存储多识别出来的空值列。

接下来我们输入并执行 Bulk Insert 命名，实现平面数据文件向 SQL Server 2019 数据库的自动化导入。导入过程很快就完成了（注意需要将各个平面文件的路径修改为读者自己的路径），如图 3-20 所示。

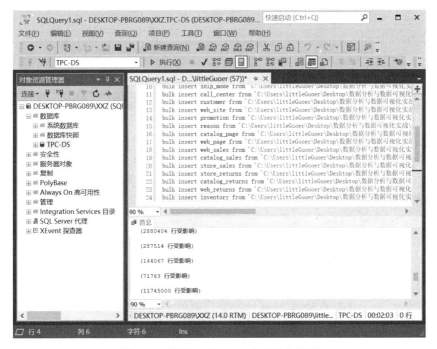

图 3-20　使用 Bulk Insert 命令导入数据

Bulk Insert 示例命令如下所示。

1. Bulk Insert date_dim **from** '...' **with** (fieldterminator='|',rowterminator='0x0a');

该命令的含义为：将存储于某个路径的文件导入到数据库的指定表中，以"|"符号作为分隔符，以"0x0a"符号作为换行符（一般情况下使用"\n"作为换行符，本例属于特殊情况），其中"…"处为读者计算机中相应文件的路径。

在数据导入完成后，我们需要执行删除列命名以删除占位列"tmp"。输入并执行删除列命令，如图 3-21 所示。

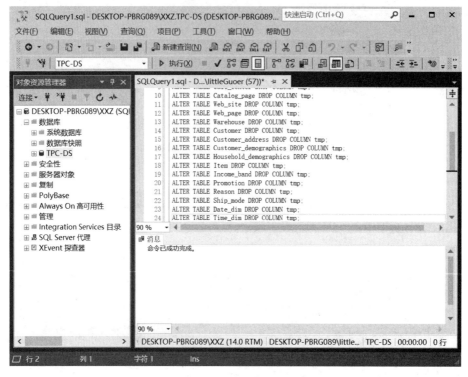

图 3-21　删除占位列

至此我们通过两种方法完成了 TPC-DS 数据库结构的搭建及数据的导入。显然 Bulk Insert 命令可以在极短的时间内自动完成数据导入，但是在面对多余空值列的问题时我们只能通过修改建表命令来达成数据导入的目的；而数据导入向导导入的操作过程虽然非常麻烦，但对于多余空值列这一问题却给出了具有灵活性的解决方案。

3.1.5　通过数据导出向导导出数据

在本节中，我们将补充如何使用数据导出向导将 SQL Server 2019 数据库中的数据导出。在数据库界面右击【TPC-DS】按钮，在下拉菜单中选择【任务】选项，继续单击【导出数据】按钮，如图 3-22 所示。

在弹出的界面中的【数据源】处选择【SQL Server Native Client 11.0】选项，在【选择目标】界面选择【Flat File Destination】选项，接下来单击【浏览】选择文件存储的路径，在文件类型中选择【CSV 文件(*.csv)】选项。本例中以导出 store 表为例，在文件名中输入"store"，如图 3-23 所示。

在下一个界面中选择【复制一个或多个表或视图的数据】，接下来在【列分隔符】处选择"逗号{}"即可，如图 3-24 所示。

第 3 章 企业级数据分析环境的搭建

图 3-22　新建数据导出项目

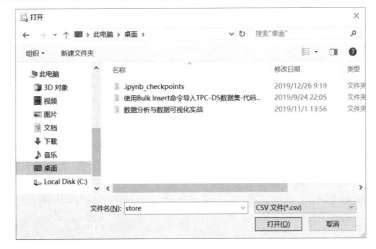

图 3-23　选择导出目标路径

图 3-24 配置文件格式

接下来进入数据导出界面,数据导出成功,本例中的 store 表已成功导出为 csv 文件,如图 3-25 所示。

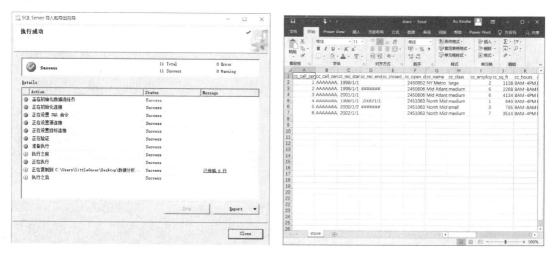

图 3-25 数据导出成功

至此,SQL Server 2019 端的数据分析环境已经搭建完毕,在接下来的几节中将要介绍的 Excel Power 插件、Power BI Desktop、Tableau Desktop、Python 等前台数据分析工具均以 SQL Server 2019 数据库平台作为后台,通过直接导入或实时连接的方式对 TPC-DS 数据集进行后续分析。

所有上述数据分析工具都是目前企业中应用最为广泛、最为主流的数据分析工具,Power BI 与 Tableau 也是 Gartner BI 魔力象限中最具领导力的 BI 分析软件[1],也是企业中主流的 BI 分析软件,它们之间的功能既相互替代也相互补充。在后续的学习中,我们将一起探索、对比各工具的特点,完善数据分析师的技能池,以应对未来企业对于数据分析师提出的更高的技能要求。

---

[1] https://www.qlik.com/us/gartner-magic-quadrant-business-intelligence.

3.2 Excel Power 插件数据分析工具

3.2.1 Excel Power 插件的调用

Excel 数据分析工具相信大多数读者都比较熟悉。Excel 文件由表单组成，表单是由行和列构成的二维表，最大行数为 1 048 576 行（通过 ctrl+【下箭头】查看最大行数），最大列数为 16 384 列（由列 a 到列 xfd），可以满足日常的数据存储需求。表单结构与关系数据库中的数据表结构类似，但是不需要数据库中较为严格的约束，表格操作方式易于理解。可以将 Excel 理解为一个小型数据库，每个表单都是一个数据表，若干个表单组成一个 Excel 文件，但这个数据库并非是关系型的，因为各个表单之间并没有设置主外键约束，只有调用 vlookup 函数才能实现跨表查询。

本书不会涉及 Excel 基础数据分析技能的介绍，如函数、数据透视表等，而是将重点放在介绍 Excel 商业智能插件上，包括支持数据模型搭建的 Power Pivot，支持数据可视化、仪表板制作的 Power View，以及强大的三维地图可视化工具 Power Map。由于只有 Excel 专业版拥有 Power Pivot 与 Power View 插件，因此本书将以 Excel 2016 为实例进行讲解，强烈建议读者事先在计算机上安装好 Excel 2016 专业版。

安装好专业版 Excel 2016 后，打开 Excel 2016 界面，单击【文件】选项卡，单击左下角的【选项】按键，在弹出的界面单击【加载项】按钮，在下方【管理】下拉菜单选择【COM 加载项】后单击【转到】按钮，操作过程如图 3-26 所示。

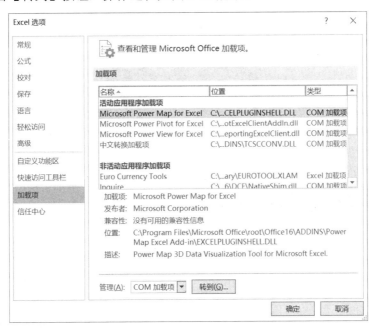

图 3-26　配置 COM 加载项

在弹出的 COM 加载项中勾选【Microsoft Power Map for Excel】【Microsoft Power Pivot for Excel】及【Microsoft Power View for Excel】后，单击【确定】按钮，完成 Power 插件的调用，此时 Power Pivot 插件就出现在了主选项卡中。

返回主页面后再次单击【文件】-【Excel 选项】，切换至【自定义功能区】，在【从下列位置选择命令】下拉菜单选择【主选项卡】，选中【Power View】并单击【添加】按钮，单击【确定】按钮后 Power View 也出现在主选项卡中，操作过程如图 3-27 所示。

图 3-27　Power 插件加载

3.2.2　Power Pivot 连接 SQL Server 2019 数据库

Power Pivot 是一个 Excel 插件，用于快速在桌面上分析大型数据集，支持的记录数量达 1 999 999 997 行。Power Pivot 可以集成具有复杂模式的、来自不同数据源的数据。本小节将介绍如何使用 Power Pivot 连接 SQL Server 2019 数据库并将 TPC-DS 数据集导入 Power Pivot 模型。

在 Excel 主选项栏单击【Power Pivot】选项卡后再单击【管理】按钮，弹出 Power Pivot 界面，在该界面单击【从数据库】按钮，在下拉菜单中选择【从 SQL Server】选项，操作过程如图 3-28 所示。

图 3-28　调用 Power Pivot 插件

在弹出的表导入向导界面，输入【服务器名称】及【数据库名称】（SQL Server 2019 服务器名称的获取方法将在稍后介绍），在【数据库名称】处填写 TPC-DS 后，单击【下一步】按钮，在下一个界面默认选择【从表和视图的列表中进行选择，以便选择要导入的数据】即可，单击【下一步】按钮，操作过程如图 3-29 所示。

第 3 章　企业级数据分析环境的搭建

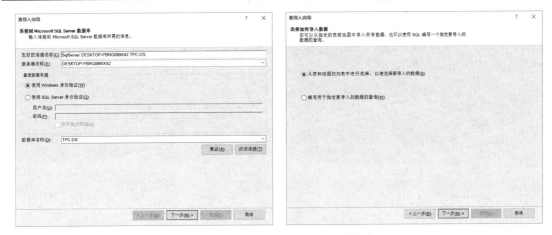

图 3-29　连接 SQL Server 2019 数据库

在此插入介绍如何获取 SQL Server 2019 服务器名称。在 SSMS 初始界面左上方右击一级图标后，在下拉菜单中单击【属性】后出现服务器属性界面。在服务器属性界面的【名称】右侧即为 SQL Server 2019 服务器名称，可将其复制到图 3-29 中【名称】处，操作过程如图 3-30 所示。

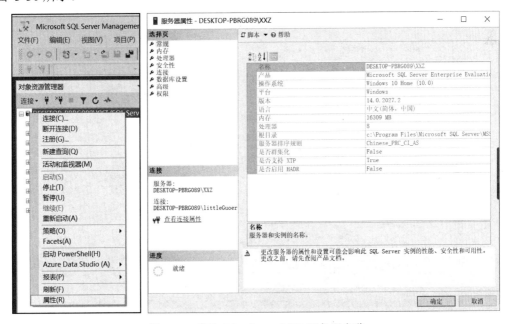

图 3-30　获取 SQL Server 2019 服务器名称

接下来我们回到 Power Pivot 的后续操作中，在下一个界面选择希望导入的数据表。我们可以选择将整个 TPC-DS 数据集一口气全部导入，但是由于 TPC-DS 数据集结构较为复杂，不利于读者理解数据分析工具与 SQL Server 2019 数据库的连接关系；另外，在第 1 章中我们将 TPC-DS 数据集划分为四个网络，分别是 store sales 网络、catalog sales 网络、website sales 网络和 inventory 网络，同时我们也介绍了企业中的数据分析师往往会专门负责某一个业务网络的数据分析工作，因此在本例中，假设我们作为 store sales 网络的数据分析师，导入 store sales 网络所属的 store_sales、store_returns、customer、customer_demographics、 customer_address、date_dim、time_dim、income_band、item、promotion、store、household_demographics、reason 共 13 张数据表。勾选所有数据表后单击【完成】开始导入数据，数据导入成功后提示成功，操作过程如图 3-31 所示。

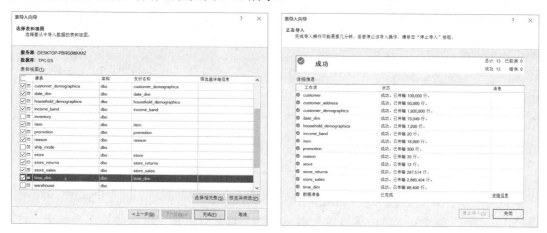

图 3-31　数据导入成功

数据导入成功后返回 Power Pivot 界面，单击界面下方的表名称可以概览各表数据，如图 3-32 所示。

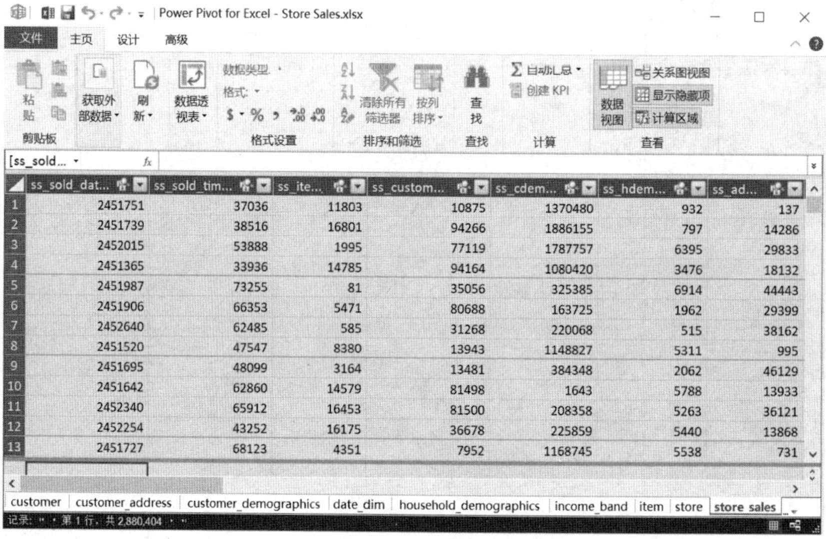

图 3-32　数据概览

Power Pivot 支持在原表基础上新建计算列。切换至 store_sales 表，利用鼠标将表拖拽至最右侧，可以看到第一行的【添加列】字样，单击后增加一个计算列【net_paid_inc_tax】，在公式编辑框中输入 "= [ss_net_paid] + [ss_ext_tax]"，创建计算列，Power Pivot 自动对表进行列值填充。双击计算列标题可以更改列名，更改名称后自动更新。操作过程如图 3-33 所示。

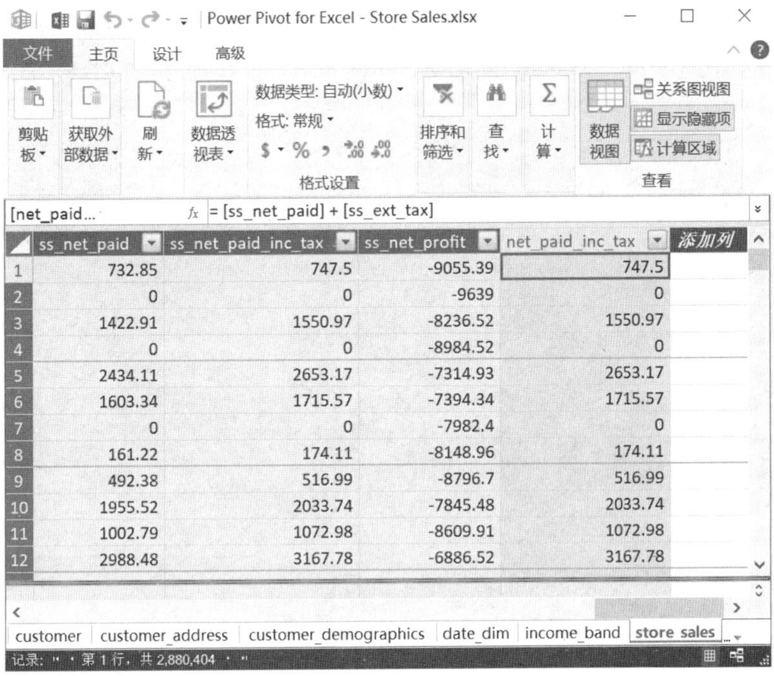

第 3 章　企业级数据分析环境的搭建　　63

图 3-33　新建计算列

单击菜单栏右上角的【关系图视图】切换至数据库关系图视角，可以看到 TPC-DS 的 13 张数据表及各数据表间的连接关系，如图 3-34 所示。

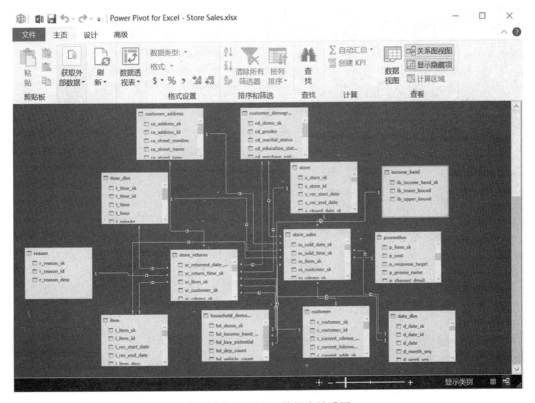

图 3-34　TPC-DS 数据库关系图

单击每条连线都可以检视表间主外键的约束关系。以 store_sales 表与 promotion 表为例，promotion 表的 p_promo_sk 列作为外键，store_sales 表的 ss_promo_sk 列作为主键，如图 3-35 所示。

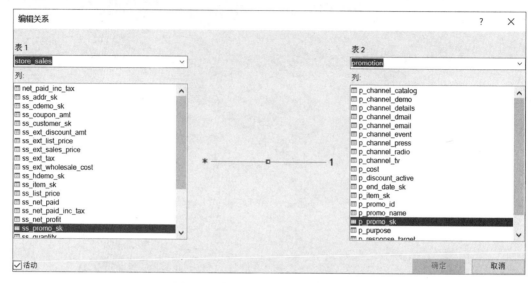

图 3-35　检视表间主外键的约束关系

至此，SQL Server 2019 数据库中的 TPC-DS 数据集已经完全导入 Power Pivot 中，并作为独立的数据模型存储在 Excel 文件中。关闭 Power Pivot for Excel 窗口，在 Excel 窗口【插入】菜单中选择【插入数据透视图和数据透视表】，在创建数据透视表时选择【使用此工作簿的数据模型】，将 Power Pivot 中创建的数据模型作为数据透视图与数据透视表的数据源，如图 3-36 所示。

图 3-36　创建数据透视表

右侧的"数据透视表字段"界面列出了 TPC-DS 数据集的 24 个表，读者可以在右下侧的筛选、列、行、值之间拖动字段，创建数据透视表，如图 3-37 所示。

第 3 章　企业级数据分析环境的搭建　　65

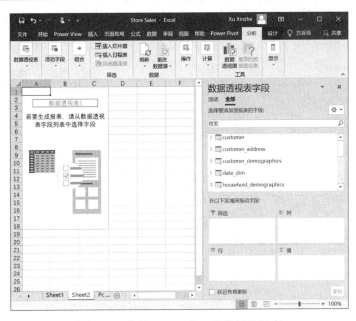

图 3-37　启用 Power Pivot 的数据透视表

3.2.3　Power View 与 Power Map 的调用

在主选项卡中单击【Power View】后选择【Power View】图标（在初次调用 Power View 过程中，可能由于 silverlight 插件未安装而出现错误，以下链接可帮助解决相关问题[①②]），转入 Power View 界面。Power View 与数据透视表界面相似，左侧为报表板，右侧为字段列，如图 3-38 所示。

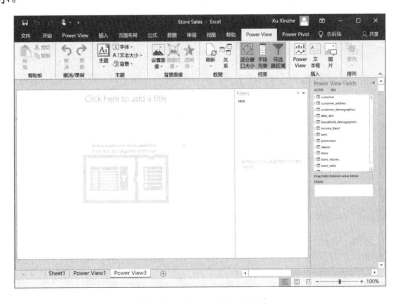

图 3-38　Power View 界面

---

① https://www.cnblogs.com/sddai/p/9813922.html.
② https://jingyan.baidu.com/article/fec4bce2b344d1f2618d8bc7.html.

在主选项卡单击【插入】→【三维地图】按钮,并在下拉菜单中选择【打开三维地图】选项,便可转入 Power Map 界面,如图 3-39 所示。

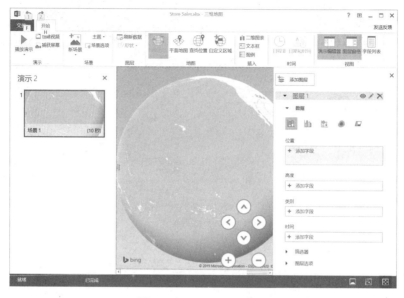

图 3-39　Power Map 界面

至此,我们已成功调用 Excel Power 插件,建立了其与 SQL Server 2019 数据库之间的连接,将 TPC-DS 数据集加载到 Power Pivot 数据模型中,实现了 Power View 与 Power Map 对 TPC-DS 数据集的访问。在第 5 章中,我们将介绍如何利用 Power View 与 Power Map 对 TPC-DS 数据集开展可视化分析。

3.3　Power BI Desktop 数据分析工具

3.3.1　Power BI Desktop 简介与安装

Power BI Desktop 是一套桌面级的商业智能分析工具,可支持数百个不同类型的数据源,可以方便地进行多维分析处理并生成报表。Power BI Desktop 是完全开源免费的,读者可以从微软网站下载安装[①]。

Power BI 可以看作是软件服务、应用和连接器的集合,通过协同工作将相关数据转换为可视化交互操作,即将数据管理、数据分析处理、数据可视化和数据共享集成的系统。Power BI Desktop 是 Power BI 的 Windows 桌面应用程序,主要用于数据管理和创建可视化报表。

Power BI Desktop 的安装过程较为简单。安装完成后,打开 Power BI Desktop,主界面如图 3-40 所示。

---

① https://Powerbi.microsoft.com/zh-cn/Desktop/.

第 3 章 企业级数据分析环境的搭建 67

图 3-40 Power BI Desktop 主界面

3.3.2 Power BI Desktop 连接 SQL Server 2019 数据库

新建 Power BI Desktop 后，在【主页】选项卡下单击【获取数据】按钮，可以看到 Power BI 支持导入 Excel、文本/CSV、XML、JSON 等文件，支持 SQL Server、Access、Oracle、IBM DB2、MySQL、PostgreSQL、Teradata、Sybase、SAP HANA、Impala 等各种数据库，支持 Power BI 数据库集，支持 Azure 云平台上各种服务数据，支持 Google Analytics、Facebook、GitHub 等联机服务，支持 Vertica、Web 数据、Hadoop 文件(HDFS)、Spark、R 脚本等数据源。

我们在下拉菜单选择【SQL Server】选项卡，弹出连接窗口，接下来输入 SQL Server 2019 服务器名称与数据库名称（本例中输入 TPC-DS）。输入后有两种数据连接方式可供选择，分别是【导入】和【DirectQuery】。如果选择【导入】，Power BI Desktop 会将存储于 SQL Server 2019 平台 TPC-DS 数据库中的所有数据转移至 Power BI Desktop 本地进行存储和计算，这一过程与 Excel Power Pivot 的数据加载过程相同，将数据导入后在本地执行查询；如果选择【DirectQuery】，Power BI Desktop 将通过实时连接的方式与 TPC-DS 数据集连接，所有的计算过程将在 SQL Server 2019 后台即时完成，减少数据移动代价。若数据量较小，计算简便，可以采用【导入】方式，但鉴于 TPC-DS 数据集的数据量庞大，选择【导入】方式会使运行性能大大降低，故本例中选择【DirectQuery】方式获取 TPC-DS 数据集，操作过程如图 3-41 所示。

接下来选择【采用 Windows 身份认证】，单击【连接】后，弹出数据导入导航器。在本例中我们导入 store sales 网络的 13 张表，包括 store_sales、store_returns、customer、customer_demographics、customer_address、date_dim、time_dim、income_band、item、promotion、store、household_demographics、reason 表。选择完成后单击【加载】，建立 SQL Server 2019 中 TPC-DS 数据集与 Power BI Desktop 之间的实时连接。连接成功后，这 13 张数据表就会显示在右侧字段栏中，如图 3-42 所示。

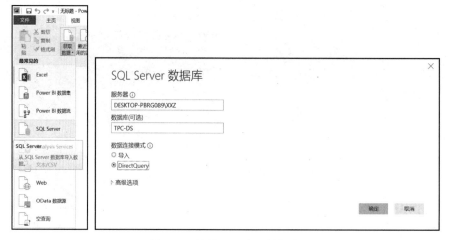

图 3-41 连接 TPC-DS 数据库

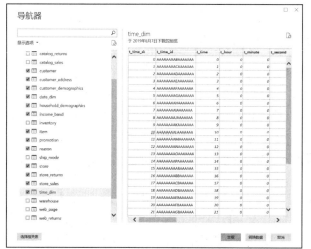 

图 3-42 完成数据导入

单击当前界面左侧靠下的模型图标，切换至数据库关系图界面。此数据库关系图与 Power Pivot 数据库的关系图相似，展示了实时连接的 store sales 网络数据库中各表之间的关系，如图 3-43 所示。

Power BI Desktop 同样支持在原表基础上新建计算列的功能。但是在本例中，由于 Power BI Desktop 直接与后台 SQL Server 2019 建立实时连接，因此在 Power BI Desktop 端无法修改后台数据表。

至此，我们完成了 Power BI Desktop 与 SQL Server 2019 数据库之间的连接，将 TPC-DS 数据集加载到 Power BI 数据模型中。Power BI 数据模型的加载过程和数据库视图界面与 Power Pivot 非常相似，Power BI Desktop 的工作界面与 Power View 的工作界面非常相似，因此可以将 Power BI Desktop 理解为 Excel Power 插件的集成版本，或者将 Excel Power 插件视为 Excel 向 Power BI Desktop 过渡的中间产物。相比之下可以发现，Power BI Desktop 的操作更加简洁，界面更加小巧美观，功能也更加强大。在第 5 章中，我们将介绍如何利用 Power BI Desktop 对 TPC-DS 数据集开展可视化分析。

第 3 章　企业级数据分析环境的搭建

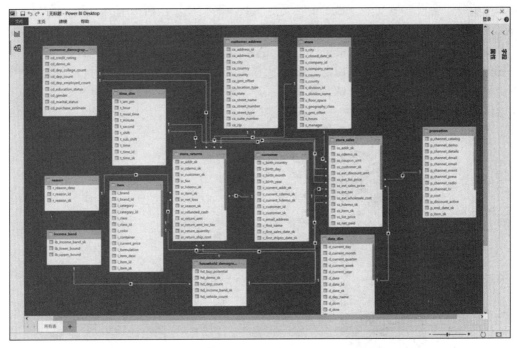

图 3-43　store sales 网络数据库中各表之间的关系

3.4　Tableau Desktop & Prep 数据分析工具

3.4.1　Tableau Desktop & Prep 安装与配置

Tableau Desktop 是一款数据可视化分析工具，支持对不同类型数据源的可视化分析，有丰富的图表支持。在 2018 年的 Gartner 分析和商业智能魔力象限中，Tableau 被评为领导者，是直观可视化分析和自助可视化分析的代表性产品。

Tableau Prep 是一款数据管理与数据预处理工具，可将原本散乱的原始数据进行拼接、整合并搭建成数据模型，与 Tableau Desktop 形成了较好的集成与配合。读者可以通过官网下载 Tableau Desktop 与 Tableau Prep 的 14 天试用版[①]。另外，Tableau 面向学生与教师免费[②]，读者通过提供学生在读与教师在职电子版证明便可免费获取 Tableau Desktop 与 Tableau Prep 使用权。

Tableau Desktop 与 Tableau Prep 的安装过程较为简单，按照安装向导安装即可。

3.4.2　Tableau Desktop 连接 SQL Server 2019 数据库

新建 Tableau Desktop 文件后，左侧窗格中显示【连接】列表，在【到文件】列表中包含 Excel、文本文件、JSON 文件等不同类型的文件型数据源；在【到服务器】列表中选择【更

---

① https://www.Tableau.com/zh-cn/products。
② https://www.Tableau.com/zh-cn/academic/students。

多…】选项后，会在右侧展开 Tableau 所支持的服务器类型，包括传统的数据库 IBM DB2、Microsoft SQL Server、Oracle 等，OLAP 服务器 Microsoft Analysis Services、Tableau Server 等，以及大数据平台 Cloudera Hadoop、Hortonworks Hadoop Hive、Spark SQL 等。

我们在左侧【连接】→【到服务器】下选择【Microsoft SQL Server】选项，在弹出的连接窗口中输入服务器与数据库名称。在【输入数据库登录信息】下选择【使用 Windows 身份验证】选项即可，如图 3-44 所示。

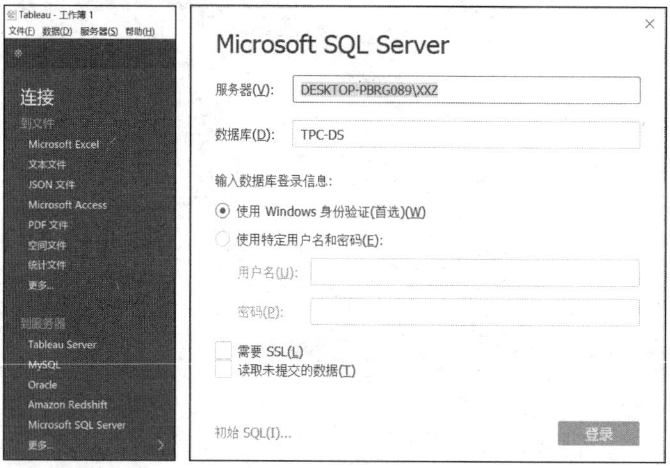

图 3-44　连接 SQL Server 2019 数据库

连接完成后来到数据模型搭建界面，如图 3-45 所示。

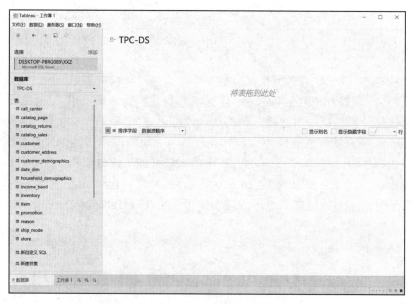

图 3-45　Tableau 数据模型搭建界面

与 Power Pivot 和 Power BI Desktop 直接继承 SQL Server 2019 端设置的 TPC-DS 数据表主外键约束不同，Tableau 需要手动将数据表拖拽到模型搭建界面以建立主外键约束。以 store_sales 表和 customer 表为例，将这两张表拖拽到界面后，Tableau 会自动识别两表中的主外键进行表连接操作，也可以自行选择需要进行表连接的字段；同时 Tableau 提供了四种连

第 3 章　企业级数据分析环境的搭建　71

接方式，分别是内部连接、左侧连接、右侧连接与完全外部连接，有关这四种连接方式的含义将在第 4 章做详细介绍，本例中选择【内部】连接，如图 3-46 所示。

图 3-46　手动搭建数据模型

在此基础上，我们搭建以 store_sales 表为核心的数据模型。数据模型界面下方为数据预览界面，该界面展示的是这 11 张数据表拼接后的 1 张大数据表，其中包含了这 11 张数据表的所有字段，若数据预览界面无法刷新出数据，则说明数据表主外键关系设置错误，如图 3-47 所示。

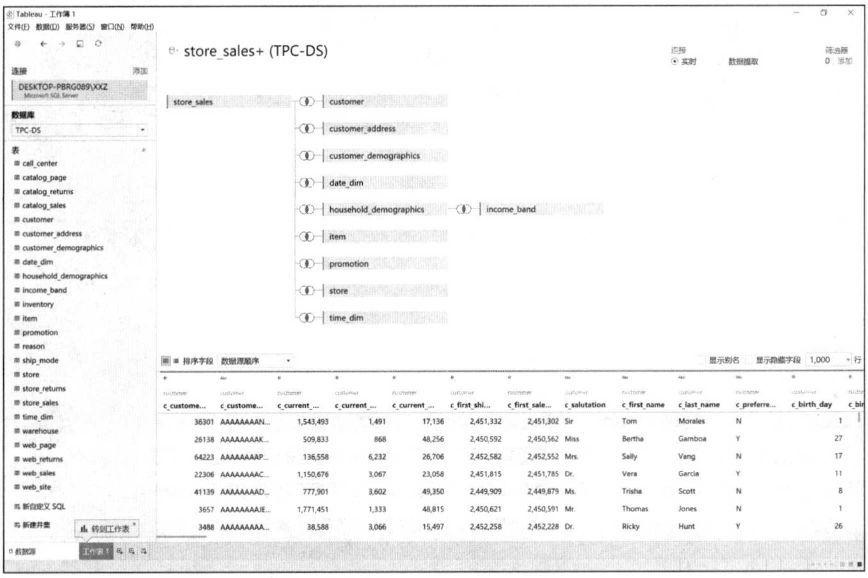

图 3-47　store_sales 表数据模型

但是上述模型中的 11 张数据表并非是 store sales 网络的全部，在 store sales 网络中存在两张事实表，分别是 store_sales 表与 store_returns 表，这两张事实表共享若干维度表。以 customer 表为例，store_sales 表与 store_returns 表分别与 customer 表建立主外键约束，在 Power Pivot 和 Power BI Desktop 中，customer 表的主键 c_customer_sk 可使用两次，分别与 store_sales 表的 ss_customer_sk 列与 store_returns 表的 sr_customer_sk 列建立主外键约束关系，如图 3-48 所示。

但是在 Tableau 中，两张事实表不能共用同一张维度表，因此必须将同一张维度表导入两次，分别与两张事实表连接，从而构建相应的数据模型。例如，customer 表为 store_sales 表与 store_returns 表的共用维度表，需导入两次，分别将 customer 表与 store_sales 表关联，customer1 表与 store_returns 表关联，其余表同理。需特别注意的是，promotion 表由于只与

store_sales 表存在关联关系，reason 表只与 store_returns 表存在关联关系，故只导入一次即可，如图 3-49 所示。

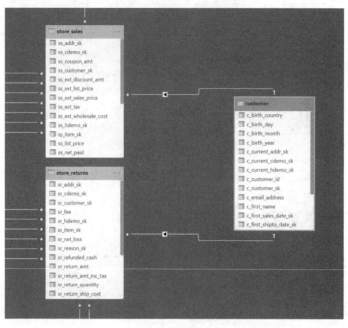

图 3-48　Power BI Desktop 事实表共享维度表

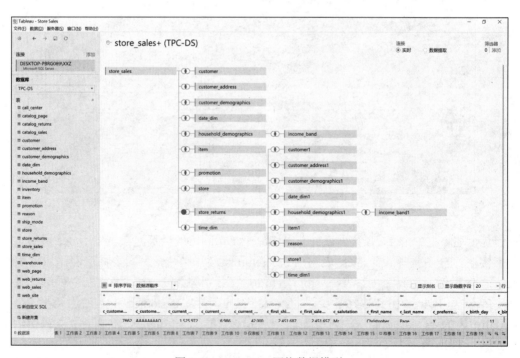

图 3-49　store sales 网络数据模型

细心的读者也许会发现，在图 3-48 中，在 Power BI Desktop 的数据模型中，store_sales 表与 store_returns 表之间完全没有任何连接关系（没有线连接这两张事实表），但是在 Tableau Desktop 的数据模型中，store_sales 表与 store_returns 表之间建立了连接关系，如

图 3-50 所示。

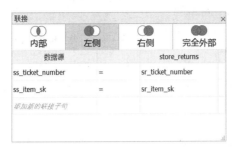

图 3-50 Tableau Desktop 双主键

我们看到，store_sales 表与 store_returns 表是通过两对字段连接的，也就是说，ticket_number 与 item_sk 的信息共同锁定了一条销售或者退货记录，两者缺一不可。我们将这种情况命名为数据表间的复合主外键关联结构。Power BI Desktop 不支持复合主外键连接，在本例中的体现就是双主键的连接信息被隐去，如 store_sales 表与 store_returns 表之间不存在连接关系；而 Tableau Desktop 支持复合主外键连接，如 store_sales 表与 store_returns 表之间通过 ticket_number 与 item_sk 两列相连接。

不支持复合主外键连接是 Power BI Desktop 数据模型的一个致命缺陷。在本例中，这一缺陷导致 store_sales 表与 store_returns 表之间无法进行关联分析，如退货率分析等。这也启示我们在未来搭建数据模型时，如果需要复合主外键连接的关联分析，在不考虑其他因素的情况下，Tableau Desktop 相较于 Power BI Desktop 而言是更佳的选择。

完成数据模型搭建后，单击左下方的【工作表 1】，转至 Tableau Desktop 的主工作界面，如图 3-51 所示。

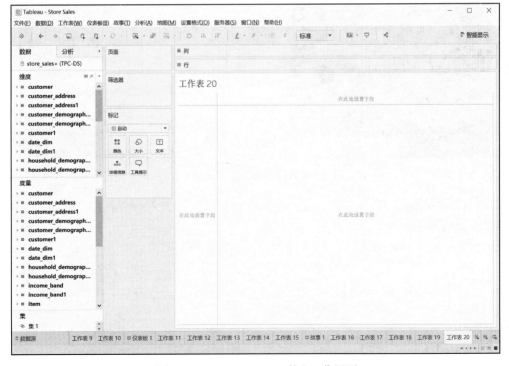

图 3-51 Tableau Desktop 的主工作界面

至此，我们完成了 Tableau Desktop 与 SQL Server 2019 数据库之间的连接，并将 TPC-DS 数据集加载到 Tableau Desktop 数据模型中。可以发现，Tableau Desktop 数据模型的加载过程和工作界面与 Power Pivot 和 Power BI 的加载过程和工作界面还是存在较大区别的。在第 5 章中，我们将介绍如何利用 Tableau Desktop 对 TPC-DS 数据集开展可视化分析。

3.4.3　Tableau Prep 应用基础

Tableau Prep 是一款强大的数据预处理工具，可将原本散乱的原始数据进行拼接、整合并搭建成数据模型，并能够在数据处理的过程中保留整个工作流程，使得工作流程更易被理解和复制。在本小节中我们将介绍 Tableau Prep 的基本使用方法与应用场景。

首先，打开 Tableau Prep，单击左上角的【连接到数据】，选择【Microsoft SQL Server】，如图 3-52 所示。

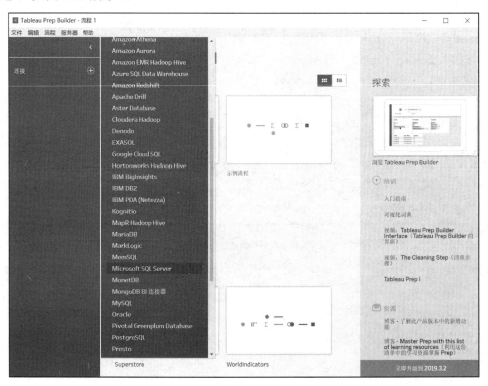

图 3-52　Tableau Prep 连接 SQL Server 2019 数据库

输入服务器名称及数据库名称，连接成功后全部 TPC-DS 数据表就会显示在工作界面左侧，如图 3-53 所示。

接下来将 store_sales 表拖拽到工作区域中，工作区域右侧就会显示 store_sales 表的基本信息，单击左上角图标右侧的【⊕】，在下拉菜单中展示了可以进行的预处理工作流程，包括【添加步骤】【添加聚合】【添加转置】【添加联接】【添加并集】【添加输出】功能，如图 3-54 所示。

第 3 章 企业级数据分析环境的搭建　　75

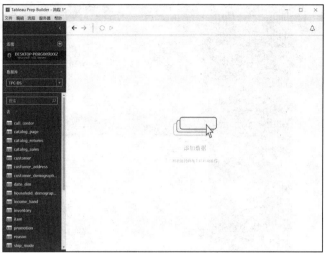

图 3-53　导入 TPC-DS 数据集

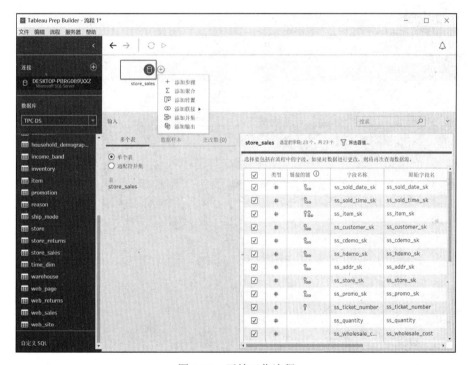

图 3-54　开始工作流程

选择【添加步骤】选项，可以看到 Tableau Prep 对 store_sales 表各个字段的自动分析，可以直观地获取类别变量的各组取值数量及连续变量的分布信息，如图 3-55 所示。

单击图 3-55 中的【创建计算字段】，出现【添加字段】界面，如图 3-56 所示，可以为 store_sales 表新建计算列。在"字段名称"输入框中输入 net_paid_inc_tax，在公式栏中输入 [ss_net_paid] + [ss_ext_tax]，单击【保存】按钮后即可将新的字段保存在原始数据中。

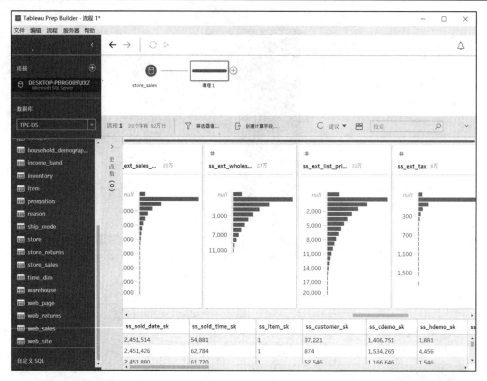

图 3-55　Tableau Prep 对表字段的自动分析

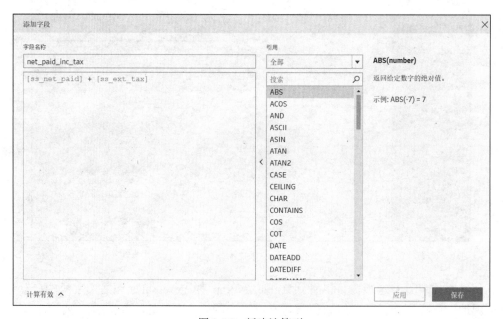

图 3-56　新建计算列

接下来继续单击右侧的【⊕】按钮,选择【添加联接】选项,在本例中将 store_sales 表与 item 表合并,如图 3-57 所示。

第 3 章 企业级数据分析环境的搭建　　77

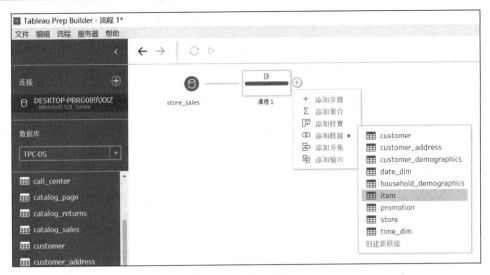

图 3-57　添加表连接

图 3-58 显示了表连接结果，store_sales 表与 item 表分别通过 ss_item_sk 与 i_item_sk 列采用内连接的方式相连，store_sales 表共有 1 048 576 行，在最终连接结果中全部保留，item 表共有 18 000 行，在最终连接结果中保留 6 553 行（即 6 553 个 item），剩余 11 447 个 item 未能匹配成功，被排除在外，最终合并表为 1 048 576 行。右侧展示了合并表的各个字段的详细信息。Tableau Prep 为表连接过程提供了非常详细的信息，使得表的连接过程更透明、更易理解，如图 3-58 所示。

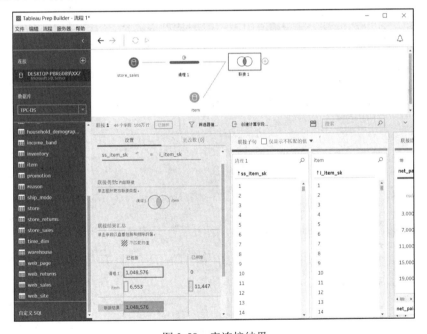

图 3-58　表连接结果

返回先前的"清理 1"步骤，目前的 store_sales 表的最细颗粒度由 item 和 ticket_number 两个维度共同决定。假设此时希望能够将 store_sales 表聚合 item 维度，再与 item 表连接。首先单击右侧【⊕】按钮后选择【添加聚合】选项，将 ss_item_sk 字段拖拽到【分组字段】区域,将 ss_quantity 和 ss_ext_sales_price 字段拖拽到【聚合字段】区域。右下方是聚合结果预览,该步骤的语义是按照每一个 item_sk 对数量和销售额进行了聚集求和计算,除了求和计算,还有计算均值、标准差、分位数、中位数等聚合计算功能,如图 3-59 所示。

图 3-59 将 store_sales 表聚合 item 维度

接下来再次将 item 表拖拽至【聚合 1】步骤右侧的【⊕】处,执行表连接操作。与之前不同的是,此时连接起来的两个表都是 item 维度的,合并表最终为 6 553 行,如图 3-60 所示。

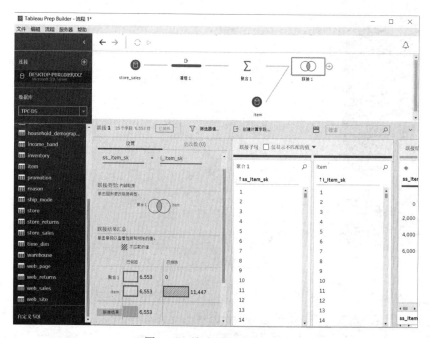

图 3-60 聚合后表连接结果

在目前的基础上可以对合并表再次执行聚合操作，将 i_class 和 i_category 字段拖拽到【分组字段】，将前一次求和计算后的 ss_quantity 和 ss_ext_sales_price 字段再次拖拽到【聚合字段】中进行求和计算，由此得到了按照 i_class 和 i_category 汇总求和得到的数量和销售总额，如图 3-61 所示。

图 3-61　再次执行聚合计算

最后执行【输出】操作，可选择将文件保存为.csv 格式，下方为即将导出的数据预览，如图 3-62 所示。

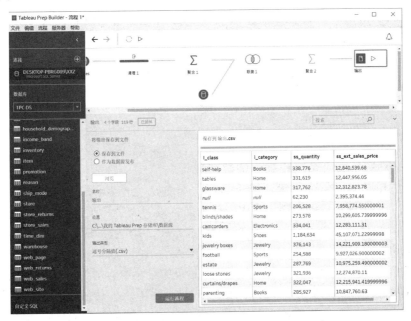

图 3-62　执行输出操作

设置完成后，单击【输出】按钮上的执行箭头，完成数据的输出，如图 3-63 所示。

 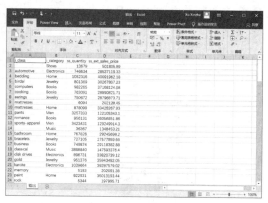

图 3-63　完成数据输出

除了上述介绍的功能，Tableau Prep 还支持【转置】【并集】等功能，整个数据处理的流程设计也可以变得更加灵活与复杂，因而胜任一系列复杂的数据预处理和预分析任务。更重要的是，整个工作流程可以保存或分享给他人，拥有极佳的继承性和可复制性，大大提高了工作效率，特别是在整合若干零散数据时会显示出极优的性能。本书有关 Tableau Prep 的功能就介绍到此，感兴趣的读者可以自行探索。

在 3.2 至 3.4 节中，我们分别介绍了 Excel Power 插件、Power BI Desktop 和 Tableau Desktop 等数据分析工具与 SQL Server 2019 数据库的连接，以及 TPC-DS 数据集中 store sales 网络数据模型的加载过程，通过横向对比的方式展示了各数据分析工具的相同点与不同点，为第 5 章将要展开的数据可视化练习打下了基础。另外，还将 Tableau Prep 作为一个专题进行了介绍，扩展了数据分析技能池，为数据预处理和预分析提供了多样化选择。上述数据分析工具均通过鼠标操作，并不涉及编程，在下一节中，我们将介绍如何运用 Python 语言连接 SQL Server 2019 数据库，从一个完全不同的视角实现前台数据分析工具与后台数据库的连接。

3.5　Python 数据分析工具

3.5.1　Python 简介与安装

Python 由于其开源的属性和强大的数据分析、绘图、机器学习工具包，如 pandas、numpy、matplotlib、skicit-learn 等，对于数据分析师而言能够承担从数据预处理、数据分析、数据可视化至预测建模的全部工作内容，是当下最为火热的计算机语言之一。

在本书中我们将利用 Python 代码连接 SQL Server 2019 数据库并基于 TPC-DS 数据集完成一系列数据分析、可视化与预测建模等方面的任务。由于篇幅限制，本书不会涉及 Python 基础语法的讲解（本书所用的 Python 代码会在附录中分享给读者）。对于 Python 基础和进阶语法感兴趣的读者欢迎自主学习其他 Python 教材。另外，本书也不会涉及机器学习算法的原理，我们的重点是如何应用机器学习算法解决 TPC-DS 数据集中的预测建模需求，侧重于方法论的介绍。对于机器学习算法有浓厚兴趣的读者也可自行阅读相关书籍进行学习。读者可以在 Anaconda 官网下载 Python3.7 版本[①]，按照安装向导安装即可。

在本书中我们将使用 Jupyter Notebook 进行 Python 编程。Jupyter Notebook 是 Anaconda 安装包中随 Python 一同安装的交互式编程工具，是目前应用最为广泛的 Python 编程工具。调用 Jupyter Notebook 需要在 Windows 开始菜单栏的 Anaconda 文件夹下选择【Jupyter Notebook】选项，在弹出 Jupyter Notebook 工作台的同时会在浏览器中自动弹出 Jupyter Notebook 工作界面，即 Python 交互式编程环境，单击右上角的【New】按钮，新建 Python 3 文件，操作过程如图 3-64 所示。

图 3-64　调用 Jupyter Notebook

在 Jupyter Notebook 的 Python 编程环境中，绿色方框为代码框（shell），用于执行代码。每个 shell 的执行结果会显示在 shell 下方，这样就提供了交互式的、友好的编程环境，非常有利于数据分析工作的展开，如图 3-65 所示。

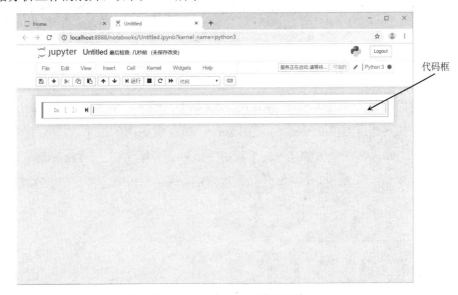

图 3-65　Jupyter Notebook 编程环境

---

① https://www.anaconda.com/distribution/.

在本书中，我们将主要使用 Python 的几个程序包进行数据分析与挖掘工作，它们分别是用于数据库连接的 pymssql 程序包[1]、用于数据处理的 pandas 程序包[2]、用于向量运算的 numpy 程序包[3]、用于数据可视化的 matplotlib 程序包[4]，以及用于机器学习建模的 scikit-learn 程序包[5]。读者可自行查看官方文档进行学习。

3.5.2 Python 连接 SQL Server 2019 数据库

在本小节中我们将介绍如何在 Python 中连接 SQL Server 2019 数据库，执行这一操作需要提前安装 pymssql 程序包（专门用于连接 Microsoft SQL Server 数据库的程序包）。在 Windows 开始菜单中搜索，找到【Anaconda Prompt】终端后单击进入，在命令行输入语句"pip install pymssql"，回车后即可自动安装 pymssql 包，同理可使用相同的语法安装 pandas、numpy、matplotlib 等程序包用于数据分析和可视化，如图 3-66 所示。

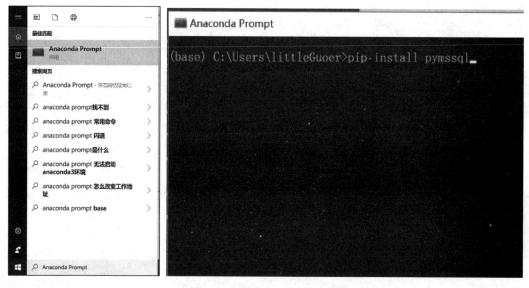

图 3-66　安装 pymssql 程序包

接下来返回先前新建的 Jupyter Notebook 文档中，输入"Python 连接 SQL Server 2019 教程"附件中的代码以测试 Python 与 SQL Server 2019 数据库的连接，其中"#"后的汉字为各段代码注释。单击界面上方的【执行】按钮（或者同时按 Control+Enter 键）以测试连接代码，若结果如图 3-67 所示，则意味着 Python 与 SQL Server 2019 数据库之间的连接成功。

---

[1] http://www.pymssql.org/en/stable/.

[2] https://pandas.pydata.org/pandas-docs/version/0.16.0/.

[3] https://www.numpy.org/.

[4] https://matplotlib.org/1.4.3/contents.html.

[5] https://scikit-learn.org/stable/.

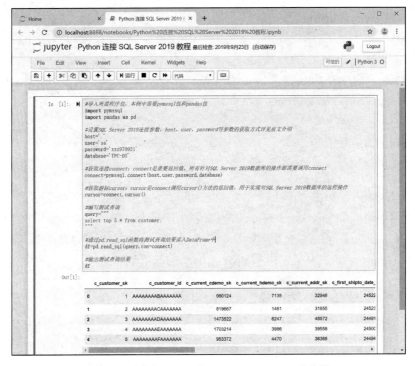

图 3-67　测试 Python 与 SQL Server 2019 的连接

数据库操作 Python 代码含义解析如下。

1. #导入所需程序包，本例中需要 pymssql 程序包和 pandas 程序包
2. **import** pymssql
3. **import** pandas as pd
4.
5. #设置 SQL Server 2019 连接参数，host，user，password 等参数的获取方式详见前文介绍
6. host='.'
7. user='sa'
8. password='******'
9. database='TPC-DS'
10.
11. #获取连接 connect：connect 是重要返回值，所有针对 SQL Server 2019 数据库的操作都需要调用 connect
12. connect=pymssql.connect(host,user,password,database)
13.
14. #获取游标 cursor：cursor 是 connect 调用 cursor()方法的返回值，用于实现对 SQL Server 2019 数据库的远程操作
15. cursor=connect.cursor()
16.
17. #编写测试查询
18. query="""

```
19.  select top 5 * from customer;
20.  """
21.
22.  #通过 pd.read_sql 函数将测试查询结果读入 DataFrame 中
23.  df=pd.read_sql(query,con=connect)
24.
25.  #输出测试查询结果
26.  df
```

在连接 SQL Server 2019 的代码中，password 与 user 的取值需要在读者的计算机上重新输入。下面介绍如何获取 password 与 user 的取值：打开 SSMS，单击左侧【安全性】选项卡下的【登录名】，右击【sa】并在下拉菜单中单击【属性】，在弹出的界面中可修改密码，修改后的密码即为 password 的取值。一般情况下 user 的取值默认为 "sa"，如图 3-68 所示。

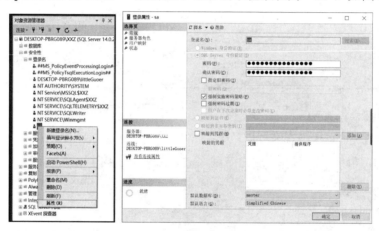

图 3-68　调用属性界面并获取 password

Python 与 SQL Server 2019 数据库的连接使我们可以通过在 Jupyter Notebook 中编写 Python 代码直接实现对 SQL Server 2019 数据库的操作。在本例中我们仅通过几行简洁的代码就可以直接对 TPC-DS 数据集进行操作，在熟练掌握 Python 语法后，这一操作方式将大大提高工作效率。我们可以将 TPC-DS 的全部数据表存储为 Python 本地的 dataframe 数据表，也可以通过编写查询将 TPC-DS 数据集的子集导入 dataframe 数据表中，在此基础上可以完成一系列数据预处理、数据分析、数据可视化与挖掘建模的任务。Python 与 SQL Server 2019 数据库的连接在本质上与 Excel Power 插件、Power BI 和 Tableau 的连接是相同的，但是实现方式有着非常大的差别。在一些简单的基本操作方面，编写代码和鼠标操作的区别可能不大，但是随着工作复杂度和难度的提升，代码由于其灵活性、简洁性、易维护性、继承性等优秀特点而成为数据分析师的必备技能之一。在本书后续的实践环节中，这一点将会逐渐体现出来。

3.5.3　通过 Python 代码导入 TPC-DS 数据集

在 3.1.3 小节中，我们曾采用数据导入向导的方式将 TPC-DS 数据集导入 SQL Server 2019 数据库中，其中每张数据表都需要若干次的单击操作才能够完成导入，将整个 TPC-DS

数据集导入数据库中需要消耗整整 30 分钟, 甚至更长的时间, 这段时间并不能用来做其他事情, 因为操作者必须时刻守候在数据导入窗口以便数据导入工作能够持续下去。这样的重复劳动大大降低了工作效率并且很容易使操作者失去耐心, 毕竟保持精力集中接近一个小时去做一件看上去费力不讨好的事情确实很难让人心情愉悦。

在面临数据导入费时费力的难题时, 我们在 3.1.4 节中介绍了使用 Bulk Insert 命令实现数据导入的方法, 它的优点是快捷简便, 但缺点是 Bulk Insert 命令只能用于 SQL Server 数据库, 在其他数据库中可能并不适用。此时利用 Python 代码实现数据自动导入就是一个比较有吸引力的替代选项。一方面, 在 Python 代码运行的过程中, 操作者也可以自由地做其他事情, 偶尔检查一下工作进度即可; 当有重复操作的需求时, 同一份代码可以满足任意多人的数据导入需求 (说明代码拥有非常强的传递性和继承性); 另外, 当需要将某份数据导入其他数据库中时, 适当地修改 Python 代码即可实现其他数据库的远程操作 (说明代码的可重复性较强)。在本小节中, 我们将介绍如何通过 Python 代码实现 TPC-DS 数据集的自动化导入。

由于代码量较多, 在此仅介绍核心代码块的功能及编写逻辑。

```
1.  #定义用于建表的 SQL 语句
2.  query_create_table=""" ... """
3.  
4.  #定义用于存储插入数据 SQL 语句的字典
5.  query_insert_data_dict={ ... }
6.  
7.  #定义调整字段数据类型的 SQL 语句
8.  query_modify_table=""" ... """
9.  
10. #定义设置主外键约束的 SQL 语句
11. query_add_contraint=""" ... """
12. 
13. #以上 4 个定义语句由于篇幅限制在此略去, 具体代码详见附录脚本
14. 
15. def use_sql_server(query,connect,cursor):
16.     """
17.     实现针对 SQL Server 2019 数据库的远程操作;
18.     如建表, 设置主外键约束, 更新数据类型, 修改数据, 创建视图等
19.     参数:
20.         query: 数据定义、数据修改、视图创建等 SQL 语句
21.         connect: 连接工具
22.         cursor: 游标
23.     返回值: 无
24.     """
25.     #设置查询命令
26.     cursor.execute(query)
```

```
27.    #将查询命令提交给数据库执行
28.    connect.commit()
29.
30. def connect_sql_server():
31.     """
32.     连接 SQL Server 2019 数据库
33.     参数:
34.         host: 数据库接口,获取方式在正文中有介绍
35.         user: 数据库用户名,默认为 "sa"
36.         password: 数据库密码,获取方式在正文中有介绍
37.         database: 数据库名称,在本例中命名为 "TPC-DSDEMO"
38.         charset: 字符编码,默认为 "utf8"
39.     返回值:
40.         connect: 连接工具
41.         cursor: 游标
42.     """
43.     #设置数据库连接参数
44.     host='.'
45.     user='sa'
46.     password='******'
47.     database='TPC-DSDEMO'
48.     #导入 pymssql 程序包
49.     import pymssql
50.     #连接数据库
51.     connect=pymssql.connect(host,user,password,database)
52.     cursor=connect.cursor()
53.     #获取连接参数 connect,cursor
54.     return connect,cursor
55.
56. def write_data():
57.     """
58.     将数据集写入 SQL Server 2019 数据库
59.     参数:无
60.     返回值:无
61.     """
62.     #导入 os 程序包
63.     import os
64.     #设置数据集所在路径
65.     file_path="C:/Users/littleGuoer/Desktop/数据分析与数据可视化实战/TPC-DS 数据集"
66.     #定义数据导入顺序
```

```
67.  seq_dict={
68.  "date_dim":73049,"time_dim":86400,"store":12,"income_band":20,
69.  "customer_address":50000,"customer_demographics":1920800,
70.  "household_demographics":7200,"item":18000,"warehouse":5,
71.  "ship_mode":20,"call_center":6,"customer":100000,"web_site":30,
72.  "promotion":300,"reason":35,"catalog_page":11718,"web_page":60,
73.  "web_sales":719384,"catalog_sales":1441548,"store_sales":2880404,
74.  "store_returns":287514,"catalog_returns":144067,"web_returns":71763,
75.  "inventory":11745000}
76.  #对每一个数据集文件进行一次循环
77.  for filename in list(seq_dict.keys()):
78.      #提示数据导入开始
79.      print(filename +" begins...")
80.      print("This table has ", seq_dict[filename], " rows")
81.      #打开数据文件
82.      file=open(file_path+"/"+filename+".DAT")
83.      #对每一行数据文件中进行一次循环
84.      for line in file:
85.          #数据预处理
86.          line=line.replace("'","")
87.          lst=list(line)
88.          for i in range(0,len(lst)):
89.              if lst[i]=="|" and lst[i+1]=="|":
90.                  lst.insert(i+1,'null')
91.              else:
92.                  continue
93.          for i in range(0,len(lst)):
94.              if lst[i]=="|" and lst[i+1]=="|":
95.                  lst.insert(i+1,'null')
96.              else:
97.                  continue
98.          if lst[0]=="|":
99.              lst.insert(0,'null')
100.         if lst[len(lst)-1]=="|":
101.             lst.insert(len(lst),'null')
102.         line="".join(lst)
103.         cmd="values ("+str(line.strip().split('|'))[1:-5]+")"
104.         if "'null'" in cmd:
105.             cmd=cmd.replace("'null'","null")
106.         #将数据集转化为数据写入命令
```

```
107.        query=query_insert_data_dict[filename.split(".")[0]]+cmd
108.        #执行数据写入命令
109.        cursor.execute(query)
110.        connect.commit()
111.        #提示数据写入完成
112.        print(filename +" finished!")
113.        #关闭文件
114.        file.close()
115.
116. #连接 SQL Server 2019 数据库
117. connect,cursor=connect_sql_server()
118. #TPC-DS 数据库建表
119. use_sql_server(query_create_table,connect,cursor)
120. #设置主外键约束
121. use_sql_server(query_add_contraint,connect,cursor)
122. #写入数据
123. write_data()
124. #修正字段数据类型
125. use_sql_server(query_modify_table,connect,cursor)
126. #提示完成
127. print ("All tables have successfully inserted into SQL Server 2019!")
```

以上代码按照顺序执行了以下几个步骤：

（1）连接 SQL Server 2019 数据库；

（2）执行建表 SQL 命令；

（3）执行主外键约束设置 SQL 命令；

（4）执行数据插入 SQL 命令；

（5）执行表字段数据类型更改 SQL 命令。

通常情况下，整段代码需要运行 3—4 小时才能够完成整个数据导入任务，由于整个数据集经历了从文本文件写入 Python，再写入 SQL Server 2019 数据库的过程，数据转移的代价较大，需要等待的时间更长，与 Bulk Insert 命令相比明显逊色很多。但是本例为读者提供了数据导入的另一个可行性方案，为 Python 远程操控数据库提供了一个实例。

本章小结

数据库是企业级大数据管理的主要平台，企业级数据分析处理的核心是基于企业数据库平台的数据管理功能，应用数据分析工具执行特定的数据分析任务，并通过良好的可视化工具直观、生动地展现数据的特征和内在规律。本书建立了一个基于数据库平台的数据分析处理执行框架，本章首先需要读者掌握一定的企业级数据库管理技能，管理企业海量数据和复杂的数据结构，然后介绍当前最有代表性的数据分析工具，让读者学会如何从企业数据库获取数据，构建数据分析模型。本章为本书的学习打下了软件基础，其目标是让读者初步掌握数据库与数据分析工具的安装、配置和使用方法，建立数据分析与数据可视化开发平台。

案例实践

参考本章内容，以 TPC-DS 数据集中的 catalog sales 或 website sales 渠道为例，尝试分别使用 Excel Power 插件、Power BI Desktop、Tableau Desktop、Python 等工具连接 SQL Server 2019 的 TPC-DS 数据库并搭建相应的数据分析子集。

第 4 章　结构化查询语言 SQL

本章学习要点：

本章作为技能篇的第二个章节，介绍了结构化查询语言 SQL 的基础语法与应用场景，并以 TPC-DS 数据集为例，进行了一系列数据查询案例探究。本章涵盖了常用的 SQL 数据查询语法结构，包括单表查询、连接查询、嵌套查询、集合查询、基于派生表的查询等，并且在讲解基础语法的基础上讲解每种语法技巧在企业级数据分析中的应用价值，引导读者将 SQL 基础语法和实际的数据分析需求相结合进行理解；在介绍完 SQL 数据查询基础语法后，引入并讲解了五个复杂的数据查询案例，在实战环境中帮助读者快速建立起企业级数据分析的业务抽象能力与复杂代码的编写能力；最后介绍了 SQL 数据定义、数据更新及视图的定义和使用。

本章学习目标：

1. 掌握 SQL 的单表查询、连接查询、嵌套查询、集合查询、基于派生表的查询等数据查询语法结构和应用场景；
2. 掌握应用 SQL 快速解决企业级复杂查询任务的方法；
3. 了解 SQL 数据定义、数据更新及视图的定义和使用。

4.1　SQL 数据查询概述

SQL（Structured Query Language），即结构化查询语言，是一种数据库查询和程序设计语言，允许用户在高层数据结构上工作，是通用的、功能强大的关系型数据库标准语言。SQL 是高级的非过程化编程语言，不要求用户用指定的方法存放数据，也不需要用户了解具体的数据存放方式，相对而言更易掌握。

SQL 能够实现交互式数据操纵（即数据查询）、数据定义、数据库的插入/删除/修改、视图的插入/删除/修改等一系列功能。在这些功能中，SQL 数据查询功能是数据分析师日常工作中最常用的功能，也是数据分析师的必备技能之一。熟练编写 SQL 数据查询代码，是做好企业级数据分析的敲门砖。

在先前的章节中我们已经接触过部分 SQL 代码。在本章中，我们将重点讲解基础的 SQL 数据查询语法及进阶的复杂查询案例。在本章的最后部分会简单介绍 SQL 的其他功能，以完善读者对 SQL 语言的理解。本章节的所有实践案例均基于 TPC-DS 数据集编写而成，读者可将章节中的示例 SQL 代码输入 SQL Server 2019 的数据查询界面，执行代码后观察查询结果以帮助理解，同时也可自行修改代码以进行适当的探索。

数据查询的核心语句是 select 语句，它具有丰富的功能，比较有代表性的语句格式如下所示。

1. [**with** <common_table_expression>]
2. **select** select_list [**into** new_table]
3. [**from** table_source]
4. [**where** search_condition]
5. [**group by** group_by_expression]
6. [**having** search_condition]
7. [**order by** order_expression [**asc** | **desc**]]

【SQL 命令解析】

with 语句可以定义一个公用表表达式，将一个简单查询表表达式定义为临时表使用，可以称之为基于派生表的查询。有关 with 语句的内容将在 4.6 节展开介绍。

select 语句块的含义是：从 from 子句 table_source 指定的基本表、视图、派生表或公用表表达式中按 where 子句 search_condition 指定的条件表达式选择出目标列表达式 select_list 指定的元组属性，按 group by 子句 group_by_expression 指定的分组列进行分组，并按 select_list 指定的聚集函数进行聚集计算，分组聚集计算的结果按 having 子句 search_condition 指定的条件输出，输出的结果按 order by 子句 order_expression 指定的列进行排序。

我们可以用通俗的自然语言解释 select 语句块的语义：从某个数据表查询满足某个条件的记录，并将这些记录按照某一字段进行分组聚集计算（当然也可以不进行分组计算，查询出的明细记录即是最终结果，是否进行分组聚集计算需要视数据查询的具体需求而定），再将聚集计算后的满足某一条件的结果输出（是否进行这一步操作同样视实际需求而定），最后将查询结果按照一定的规则进行升序或降序排序。通俗地讲，SQL 数据查询就是数据抓取，是在关系型数据库中按照一定的规则和方法抓取数据分析所需的数据。

select 语句块的核心语法只有短短几行，理解其语义也并不困难，但 SQL 数据查询却并没有表面看上去那么简单。在实际的数据分析工作中，在面对复杂的商业问题和业务逻辑时，往往需要对数据库中的原始数据进行复杂抓取、变换、重组、计算，往往会涉及多表查询、嵌套查询、集合查询、派生表查询等复杂的语法结构，需要大量的实践经验才能做到 SQL 查询的融会贯通。

需要注意的是，SQL Server 2019 中的 SQL 语法是不区分字母大小写的，无论使用大写字母还是小写字母都是可以的。本书为统一格式，将全部采用小写字母编写 SQL 语法。

接下来的几节将会分别针对不同的 SQL 查询语法进行讲解。

4.2 单表查询

单表查询是针对单个数据表的查询操作，主要包括投影、选择、聚集、分组、排序等操作，其中 from 子句指定查询的表名。

4.2.1 投影操作

投影操作指的是选择输出数据表中全部或部分指定的列。

1. 查询全部列

在查询全部的列时，select_list 可以用*或表中的全部列名来表示。

【例 4-1】为概览 inventory 表数据情况，查询 inventory 表中前 200 行的全部记录。

1. select
2.   top 200 *
3. from
4.   inventory;

或者：

1. select
2.   inv_date_sk,
3.   inv_item_sk,
4.   inv_warehouse_sk,
5.   inv_quantity_on_hand
6. from
7.   inventory;

【SQL 命令解析】当表中列的数量较多时，*能够更加快捷地指代全部的列，top 200 表示输出前 200 行的记录，若不加 top 200 的限制，则意为查询 inventory 表的所有记录，查询代价较大。

【例 4-1】查询结果如图 4-1 所示。

	inv_date_sk	inv_item_sk	inv_warehouse_sk	inv_quantity_on_hand
1	2450815	1	1	211
2	2450815	1	2	824
3	2450815	1	3	494
4	2450815	1	4	989
5	2450815	1	5	873
6	2450815	2	1	235
7	2450815	2	2	269
8	2450815	2	3	58
9	2450815	2	4	85
10	2450815	2	5	625
11	2450815	4	1	859
12	2450815	4	2	522
13	2450815	4	3	780
14	2450815	4	4	721
15	2450815	4	5	360
16	2450815	7	1	704
17	2450815	7	2	568
18	2450815	7	3	614
19	2450815	7	4	38
20	2450815	7	5	143
21	2450815	8	1	891
22	2450815	8	2	703
23	2450815	8	3	975
24	2450815	8	4	63

图 4-1 投影操作——选择全部列

【应用场景】在接触一个全新的数据表时，查询全部列的投影操作能够帮助数据分析师概览数据，快速了解该表的大致情况。在后续分析的过程中使用投影全部列操作的情况并不多见。

2. 查询指定列

查询指定列指的是在 select_list 中指定输出列的名称和顺序定义查询输出的列。

【例 4-2】为了解 inv_item_sk 和 inv_quantity_on_hand 列的数据情况，查询 inventory 表中 inv_item_sk 和 inv_quantity_on_hand 列。

1. **select**
2.   inv_item_sk,
3.   inv_quantity_on_hand
4. **from**
5.   inventory;

【SQL 命令解析】在查询执行时，从 inventory 表中取出一个元组，按 select_list 中指定输出列的名称和顺序取出属性 inv_item_sk 和 inv_quantity_on_hand 的值，组成一个新的元组输出。列输出的顺序可以与表中列存储的顺序不一致。

【例 4-2】查询结果如图 4-2 所示。

	inv_item_sk	inv_quantity_on_hand
1	1	211
2	1	824
3	1	494
4	1	989
5	1	873
6	2	235
7	2	269
8	2	58
9	2	85
10	2	625
11	4	859
12	4	522
13	4	780
14	4	721
15	4	360
16	7	704
17	7	568
18	7	614
19	7	38
20	7	143
21	8	891
22	8	703
23	8	975
24	8	63

图 4-2 投影操作——选择部分列

【应用场景】查询指定列与查询全部列相似，若某数据表的列过多，数据分析师可以指定其感兴趣的数据列进行概览。

3. 查询表达式列

select 子句中的目标列表达式既可以是表中的列，也可以是列表达式。表达式可以是列的算术/字符串表达式、字符串常量、函数等，可以灵活地输出原始列或派生列。

【例 4-3】查询 store_sales 表中 ss_item_sk、ss_ticket_number、ss_ext_sales_price、销售数量与销售单价的乘积、销售折扣与销售净值的和。

1. **select**
2.   ss_item_sk **as** item,

```
3.      ss_ticket_number as ticket_number,
4.      ss_ext_sales_price as total_price1,
5.      'the product of quantity and sales price :' as instruction1,
6.      ss_quantity*ss_sales_price as total_price2,
7.      'the sum of discount and net paid :' as instruction2,
8.      ss_ext_discount_amt+ss_net_paid as total_price3
9.  from
10.     store_sales;
```

【SQL 命令解析】以上 SQL 语句输出了 ss_item_sk、ss_ticket_number、ss_ext_sales_price 三列的原始信息，as 短语可为列重命名；常量 the product of quantity and sales price 和 the sum of discount and net paid 作为常量列输出；销售数量与销售单价的乘积表达式 ss_quantity*ss_sales_price 的计算结果与销售折扣与销售净值的求和表达式 ss_ext_discount_amt+ss_net_paid 作为新列输出。

【例 4-3】查询结果如图 4-3 所示。

	Item	Ticket_number	Total_price1	Instruction1	Total_price2	Instruction2	Total_price3
1	1	554	127.40	the product of quantity and sales price :	127.40	the sum of discount and net paid :	127.40
2	1	1081	1562.67	the product of quantity and sales price :	1562.67	the sum of discount and net paid :	1562.67
3	1	1795	2373.84	the product of quantity and sales price :	2373.84	the sum of discount and net paid :	2373.84
4	1	1956	919.36	the product of quantity and sales price :	919.36	the sum of discount and net paid :	919.36
5	1	3426	461.60	the product of quantity and sales price :	461.60	the sum of discount and net paid :	461.60
6	1	3940	6423.34	the product of quantity and sales price :	6423.34	the sum of discount and net paid :	6423.34
7	1	5918	135.76	the product of quantity and sales price :	135.76	the sum of discount and net paid :	135.76
8	1	6287	NULL	the product of quantity and sales price :	NULL	the sum of discount and net paid :	4955.97
9	1	8332	381.18	the product of quantity and sales price :	381.18	the sum of discount and net paid :	381.18
10	1	8474	135.28	the product of quantity and sales price :	135.28	the sum of discount and net paid :	135.28
11	1	8692	2080.40	the product of quantity and sales price :	2080.40	the sum of discount and net paid :	2080.40
12	1	9750	92.04	the product of quantity and sales price :	NULL	the sum of discount and net paid :	NULL
13	1	10449	1066.44	the product of quantity and sales price :	1066.44	the sum of discount and net paid :	1066.44
14	1	10572	5262.18	the product of quantity and sales price :	NULL	the sum of discount and net paid :	NULL
15	1	10856	2011.68	the product of quantity and sales price :	2011.68	the sum of discount and net paid :	2011.68
16	1	11347	1235.64	the product of quantity and sales price :	1235.64	the sum of discount and net paid :	1235.64
17	1	11421	1294.50	the product of quantity and sales price :	1294.50	the sum of discount and net paid :	1294.50
18	1	12271	569.00	the product of quantity and sales price :	569.00	the sum of discount and net paid :	569.00
19	1	12425	194.64	the product of quantity and sales price :	194.64	the sum of discount and net paid :	194.64
20	1	17092	1888.64	the product of quantity and sales price :	1888.64	the sum of discount and net paid :	1888.64
21	1	17242	2899.84	the product of quantity and sales price :	2899.84	the sum of discount and net paid :	2899.84
22	1	17792	5010.70	the product of quantity and sales price :	5010.70	the sum of discount and net paid :	5010.70
23	1	18318	1065.05	the product of quantity and sales price :	1065.05	the sum of discount and net paid :	1065.05
24	1	18513	3219.08	the product of quantity and sales price :	3219.08	the sum of discount and net paid :	3219.08

图 4-3　投影操作——查询表达式列

【应用场景】数据表的原始列并不总能满足数据分析师的实际分析需求，因此通过计算表达式对若干个原始列进行重新计算以获取派生列在数据分析场景中较为常见。例如，原始数据表包含销售额和成本两列，为了计算利润额，需要将销售额与成本两列作差后得到。列表达式在查询时实时生成列表达式结果并输出，扩展了表中数据的应用范围，增加了查询的灵活性。

在第 2 章介绍 TPC-DS 数据集表字段语义和数量关系时，我们介绍过 store_sales 表中字段存在如下关系：

ss_ext_sales_price = ss_quantiy * ss_sales_price = ss_ext_discount_amt + ss_net_paid

在【例 4-3】的查询结果中，total_price1、total_price2 与 total_price3 三列数值相等，证

实了以上等式的准确性,尽管查询结果中存在部分空缺值,但整体而言影响不大。

4. 投影出列中不同的成员

列中取值既可以各不相同,也允许存在重复值。但是,对于主键列而言,列中的取值必须各不相同,在此基础上才能建立唯一索引或主键索引。非主键列中可以存在重复值,通过 distinct 命令可以输出指定列中不重复取值的成员。

【例 4-4】为了解用户受教育水平,查询 customer_demographics 表中的 cd_education_status 名称并查询共有哪几种受教育水平。

1. **select**
2.   cd_education_status
3. **from**
4.   customer_demographics;

【SQL 命令解析】输出 cd_education_status 列中全部的取值,包括重复的取值。

1. **select**
2.   **distinct** cd_education_status
3. **from**
4.   customer_demographics;

【SQL 命令解析】通过 distinct 短语指定列 cd_education_status 只输出不同取值的成员,列中的每个取值只输出一次。

【例 4-4】查询结果如图 4-4 所示。

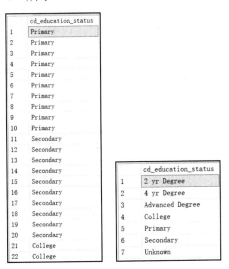

图 4-4 投影操作与投影去重操作

【应用场景】主键列 distinct 成员数通常与该表行数相同,非主键列的 distinct 成员数通常小于或等于表中记录行数。通过对列 distinct 的取值进行分析,辅以聚集计算,可以帮助数据分析师了解数据分布特征及分组统计特征。读者可尝试执行以下命令并观察结果。

```
1.  select
2.      distinct cd_education_status
3.      count(*) as num
4.  from
5.      customer_demographics
6.  group by
7.      cd_education_status;
```

【SQL 命令解析】该查询结果的含义为：cd_education_status 的所有可能取值分别有多少数量可用于描述该字段的数据分布特征。有关 count 和 group by 语句的内容将在 4.2.3 和 4.2.4 小节中介绍。

4.2.2 选择操作

选择操作是通过 where 子句的条件表达式对表中记录进行筛选，输出查询结果。常用的条件表达式可以分为 6 类，如表 4-1 所示。

表 4-1 条件表达式

查询条件	查询条件运算符
比较大小	=, >, <, >=, <=, !=, <>, not+比较运算符
范围判断	between and , not between and
集合判断	in, not in
字符匹配	like, not like
空值判断	is null, is not null
逻辑运算	and, or, not

1. 比较大小

比较运算符对应具有大小关系的数值型、字符型、日期型等数据的比较操作，通常是列名+比较操作符+常量或变量的格式，在实际应用中可以与包括函数的表达式共同使用。

【例 4-5】输出 store_sales 表中满足条件的记录。

```
1.  select
2.      *
3.  from
4.      store_sales
5.  where
6.      ss_ext_discount_amt>0;
```

【SQL 命令解析】输出 store_sales 表中 ss_ext_discount_amt>0 的记录。

```
1.  select
2.      *
3.  from
4.      store_sales
```

5. where
6.   ss_ext_sales_price>ss_ext_wholesale_cost;

【SQL 命令解析】输出 store_sales 表中 ss_ext_sales_price>ss_ext_wholesale_cost 的记录。

【例 4-5】查询结果如图 4-5 所示。SQL Server 2019 可同时运行多个查询，每个查询中间使用英文分号划分，查询结果将同时显示在结果栏的两个分隔窗口中。

	ss_sold_date_sk	ss_sold_time_sk	ss_item_sk	ss_customer_sk	ss_cdemo_sk	ss_hdemo_sk	ss_addr_sk	ss_store_sk	ss_promo_sk
1	2451514	54881	1	37221	1406751	1881	7811	8	48
2	2451880	61720	1	52546	1166646	1546	32046	7	151
3	2452554	70131	1	64758	1545832	2906	29627	4	9
4	2451909	46717	1	15257	1846578	2699	34020	1	291
5	2451483	51323	1	24810	1048487	2211	19535	1	123
6	2451124	54938	1	5503	247161	819	49230	7	226
7	2452520	33027	1	53718	1384748	6978	8808	8	82
8	2452272	63625	1	12675	1174913	2304	22942	1	290
9	2452620	67999	1	53270	1878458	4446	18034	2	29
10	2451470	46159	1	803	1082671	5786	24854	8	95
11	2450972	67026	1	54187	1901082	7177	37672	8	176

	ss_sold_date_sk	ss_sold_time_sk	ss_item_sk	ss_customer_sk	ss_cdemo_sk	ss_hdemo_sk	ss_addr_sk	ss_store_sk	ss_promo_sk
1	2451880	61720	1	52546	1166646	1546	32046	7	151
2	2451062	39133	1	74297	1291353	7162	31771	10	291
3	2451909	46717	1	15257	1846578	2699	34020	1	291
4	2451121	70739	1	26138	1191392	2599	17853	1	218
5	2451303	65707	1	90006	1550324	4242	10960	10	155
6	2451531	33714	1	15233	1586326	1066	18206	2	159
7	2452524	52426	1	63156	809873	2190	44507	2	124
8	2451843	71204	1	83738	1508744	1397	11603	8	244
9	2452615	37645	1	94459	1688569	2984	35446	1	192
10	2452246	69052	1	96446	723400	5554	29708	10	287
11	2451124	54938	1	5503	247161	819	49230	7	226

图 4-5 选择操作

2. 范围判断

范围判断操作符 between and 和 not between and 用于判断元组条件表达式是否在或不在指定范围之内。c between a and b 等价于 c >= a and c <= b。

【例 4-6】输出 customer 表中指定范围之间的记录。

1. select
2.   *
3. from
4.   customer
5. where
6.   c_birth_year between 1950 and 1960;

【SQL 命令解析】输出 customer 表中 c_birth_year 在 1950 至 1960 之间的记录。

1. select
2.   *
3. from

```
4.     customer
5.  where
6.     c_birth_year not between 1950 and 1960;
```

【SQL 命令解析】输出 customer 表中 c_birth_year 不在 1950—1960 之间的记录。

【例 4-6】查询结果如图 4-6 所示。

	c_customer_sk	c_customer_id	c_current_cdemo_sk	c_current_hdemo_sk	c_current_addr_sk	c_first_shipto_date_sk	c_first_sales_date_sk	c_salutation	c_first_name	c_last_name
1	5	AAAAAAAAFAAAAAAA	953372	4470	36368	2449438	2449408	Sir	Robert	Moran
2	12	AAAAAAAAMAAAAAAA	502141	6577	47366	2451039	2451009	Ms.	Margaret	Farias
3	18	AAAAAAAACBAAAAAA	1361151	6580	18456	2450041	2450011	Sir	Brad	Lynch
4	21	AAAAAAAAFBAAAAAA	442697	6538	25979	2451827	2451797	Miss	Naomi	Barnett
5	24	AAAAAAAAIBAAAAAA	17113	1102	14291	2450098	2450068	Dr.	Paul	Morris
6	28	AAAAAAAAMBAAAAAA	889961	897	33480	2452615	2452585	Miss	Edith	Hernandez
7	30	AAAAAAAAOBAAAAAA	84232	5869	45459	2449916	2449886	Dr.	Pamela	Luna
8	33	AAAAAAAABCAAAAAA	1680761	5823	32438	2451572	2451542	Mrs.	Donna	Betts
9	35	AAAAAAAADCAAAAAA	339036	2057	32231	2451937	2451907	Dr.	Marie	Peterson
10	39	AAAAAAAAHCAAAAAA	1617182	4013	22844	2452131	2452101	Sir	Neil	Cox
11	42	AAAAAAAAKCAAAAAA	1867377	3327	11277	2449869	2449839	Dr.	Deborah	Burton

	c_customer_sk	c_customer_id	c_current_cdemo_sk	c_current_hdemo_sk	c_current_addr_sk	c_first_shipto_date_sk	c_first_sales_date_sk	c_salutation	c_first_name	c_last_name
1	1	AAAAAAAABAAAAAAA	980124	7135	32946	2452238	2452208	Mr.	Javier	Lewis
2	2	AAAAAAAACAAAAAAA	819667	1461	31655	2452318	2452288	Dr.	Amy	Moses
3	3	AAAAAAAADAAAAAAA	1473522	6247	48572	2449130	2449100	Miss	Latisha	Hamilton
4	4	AAAAAAAAEAAAAAAA	1703214	3986	39558	2450030	2450000	Dr.	Michael	White
5	6	AAAAAAAAGAAAAAAA	213219	6374	27082	2451883	2451853	Ms.	Brunilda	Sharp
6	7	AAAAAAAAHAAAAAAA	68377	3219	44814	2451438	2451408	Ms.	Fonda	Wiles
7	8	AAAAAAAAIAAAAAAA	1215897	2471	16598	2449406	2449376	Sir	Ollie	Shipman
8	9	AAAAAAAAJAAAAAAA	1168667	1404	49388	2452275	2452245	Sir	Karl	Gilbert
9	10	AAAAAAAAKAAAAAAA	1207553	5143	19580	2451353	2451323	Ms.	Albert	Brunson
10	11	AAAAAAAALAAAAAAA	1114415	6807	47999	2452288	2452258	Ms.	Betty	Williams
11	13	AAAAAAAANAAAAAAA	1128748	2777	14006	2449658	2449628	Mrs.	Rosalinda	Grimes

图 4-6　范围判断

3. 集合判断

集合判断操作符 in 和 not in 用于判断表达式是否在指定集合范围之内。集合判断操作符 c in (a,b,c)等价于 c= a or c=b or c=c。

【例 4-7】输出 customer 表中集合之内的记录。

```
1.  select
2.     *
3.  from
4.     customer
5.  where
6.     c_salutation in ( 'sir' , 'ms.' );
```

【SQL 命令解析】输出 customer 表中 c_saluation 为 sir 和 ms.的记录。

```
1.  select
2.     *
3.  from
4.     customer
5.  where
6.     c_salutation not in ( 'sir' , 'ms.' );
```

【SQL 命令解析】输出 customer 表中 c_saluation 不为 sir 和 ms.的记录。当条件列为不同的数据类型时，in 中常量的数据类型应该与查询列数据类型格式保持一致。

【例 4-7】查询结果如图 4-7 所示。

图 4-7　集合判断

4. 字符匹配

字符匹配操作符用于字符型数据上的模糊查询，其语法格式为：

match_expression [not] like pattern [escape escape_character]

match_expression 为需要匹配的字符表达式。

pattern 为匹配字符串，可以是完整的字符串，也可以是包含通配符%和_的字符串，其中%表示任意长度的字符串，_表示任意单个字符。

escape escape_character 表示 escape_character 为换码字符，换码字符后面的字符为普通字符。

【例 4-8】输出模糊查询的结果。

1. select
2. *
3. from
4. 　item
5. where
6. 　i_brand like 'amalg%';

【SQL 命令解析】输出 item 表中 i_brand 列中以 amalg 开头的记录。

1. select
2. *
3. from
4. 　item
5. where
6. 　i_brand like '%edu%pack%';

【SQL 命令解析】输出 item 表中 i_brand 列中任意位置包含 edu 并且后面字符中包含 pack 的记录。

【例 4-8】查询结果如图 4-8 所示。

	i_item_sk	i_item_id	i_rec_start_date	i_rec_end_date	i_item_desc	i_current_price	i_wholesale_cost	i_brand_id	i_brand
1	2	AAAAAAAACAAAAAAA	1997-10-27	2000-10-26	False opportunities would run alone with a view...	1.12	0.38	1001001	amalgamalg #1
2	7	AAAAAAAAHAAAAAAA	1997-10-27	NULL	Anxious accounts must catch also years. Revolut...	9.94	6.75	3001002	amalgexporti #2
3	17	AAAAAAAABBAAAAAA	1999-10-28	2001-10-26	Dominant, christian pp. may not raise	6.49	0.14	1002001	amalgimporto #2
4	24	AAAAAAAAGBAAAAAA	2001-10-27	NULL	Below long minutes make primarily by a months. ...	2.61	0.86	10005006	amalgamalg #1
5	35	AAAAAAAACCAAAAAA	1999-10-28	2001-10-26	Victorian miles would reform as well relationsh...	2.32	1.11	10007001	amalgmaxi #12
6	36	AAAAAAAACCAAAAAA	2001-10-27	NULL	Victorian miles would reform as well relationsh...	91.42	34.73	1001001	amalgamalg #1
7	37	AAAAAAAAFCAAAAAA	1997-10-27	NULL	Clearly due proceedings should compensate parti...	2.42	0.87	2001002	amalgimporto #2
8	44	AAAAAAAAMCAAAAAA	1997-10-27	2000-10-26	Wide clear weeks join surely medical others; ag...	5.20	1.71	5001001	amalgscholar #1
9	47	AAAAAAAAOCAAAAAA	1999-10-28	2001-10-26	Emotional, nuclear farmers can understand also ...	3.00	1.74	6012007	amalgedu pack #2
10	48	AAAAAAAAOCAAAAAA	2001-10-27	NULL	Emotional, nuclear farmers can understand also ...	1.45	1.74	5001001	amalgscholar #1
11	54	AAAAAAAAEDAAAAAA	2001-10-27	NULL	Very private features may not like newspapers. ...	37.84	20.05	1001001	amalgamalg #1

	i_item_sk	i_item_id	i_rec_start_date	i_rec_end_date	i_item_desc	i_current_price	i_wholesale_cost	i_brand_id	i_brand
1	9	AAAAAAAAIAAAAAAA	2000-10-27	NULL	F	4.46	0.85	1004002	edu packamalg #2
2	11	AAAAAAAAKAAAAAAA	1999-10-28	2001-10-26	Correct, fo	54.87	4.11	10008011	edu packbrand #4
3	19	AAAAAAAADBAAAAAA	1997-10-27	NULL	Political parents know right; perfec	10.61	4.77	2004002	edu packimporto #2
4	25	AAAAAAAAJBAAAAAA	1997-10-27	NULL	Major brothers must not mean true annual, aware...	75.28	50.43	1004002	edu packamalg #2
5	26	AAAAAAAAKBAAAAAA	1997-10-27	2000-10-26	Hands cannot show just administrative studies. ...	2.77	1.91	2004001	edu packimporto #1
6	29	AAAAAAAAMBAAAAAA	1999-10-28	2001-10-26	Rational, electronic photographs worry. Other, ...	1.04	0.07	3003001	edu packamalg #2
7	32	AAAAAAAAACAAAAAA	1997-10-27	2000-10-26	Different numbers might not visit; rights used ...	1.77	1.00	7004003	edu packbrand #3
8	38	AAAAAAAAGCAAAAAA	1997-10-27	2000-10-26	Cheap problems can draw please over good stars....	16.70	8.01	2004001	edu packimporto #1
9	47	AAAAAAAAOCAAAAAA	1999-10-28	2001-10-26	Emotional, nuclear farmers can understand also ...	3.00	1.74	6012007	amalgedu pack #2
10	49	AAAAAAAABDAAAAAA	1997-10-27	NULL	Regional, indian casualties shall say of course...	8.01	2.48	3004002	edu packexporti #2
11	50	AAAAAAAACDAAAAAA	1997-10-27	2000-10-26	Activities cover	4.99	3.54	4004001	edu packedu pac...

图 4-8　字符匹配

5. 空值判断

在数据库中，空值一般表示数据未知、不适用或将在以后添加数据。空值不同于空白或零值，空值用 null 表示。在查询中判断空值时，需要在 where 子句中使用 is null 或 is not null，不能使用=null。

【例 4-9】输出 customer 表中没有填写 c_birth_day 的记录。

```
select
    *
from
    customer
where
    c_birth_day is null;
```

【SQL 命令解析】输出 customer 表中 c_birth_day 列为空值的记录。

【例 4-9】查询结果如图 4-9 所示。

	c_customer_sk	c_customer_id	c_current_cdemo_sk	c_current_hdemo_sk	c_current_addr_sk	c_first_shipto_date_sk	c_first_sales_date_sk	c_salutation	c_first_name	c_last_name
1	15	AAAAAAAAPAAAAAAA	NULL	134	30469	NULL	2449010	Ms.	Tonya	
2	23	AAAAAAAAHBAAAAAA	NULL	2107	686	2451012	2450982	Sir		Garrison
3	34	AAAAAAAACCAAAAAA	NULL	NULL	37501	2452192	2452162			Woods
4	172	AAAAAAAAMKAAAAAA	NULL	5588	1514	2450803	NULL	Miss		
5	212	AAAAAAAAENAAAAAA	938838	3570	28702	2450458	NULL	Dr.		Monk
6	222	AAAAAAAAONAAAAAA	1499262	NULL	26462	NULL	NULL		Omar	
7	240	AAAAAAAAPAAAAAA	1548896	4636	34423	NULL	NULL	Mrs.	Carrie	
8	282	AAAAAAAAKBBAAAAA	817596	NULL	169	NULL	NULL	Sir		Neal
9	294	AAAAAAAAGCBAAAAA	NULL	1222	19272	2449373	2449343			
10	312	AAAAAAAAIDBAAAAA	NULL	1930	10249	2452424	2452394	Sir		Lee
11	313	AAAAAAAAJDBAAAAA	1058645	7058	21424	NULL	NULL	Ms.		Foster
12	320	AAAAAAAAAEBAAAAA	959669	1738	43054	NULL	2451927		Brian	
13	335	AAAAAAAAPEBAAAAA	632595	NULL	14557	2449899	2449869			Williams
14	336	AAAAAAAAAFBAAAAA	1387009	7149	18136	NULL	2450112	Mrs.	Belle	Day
15	342	AAAAAAAAGFBAAAAA	1737114	NULL	4040	NULL	2449681			Tolbert
16	356	AAAAAAAAEGBAAAAA	NULL	6849	9949	NULL	2452586	Sir	Paul	
17	452	AAAAAAAAEMBAAAAA	NULL	2782	10522	NULL	NULL	Mr.	Joel	Ferrell
18	526	AAAAAAAAOACAAAAA	NULL	NULL	7429	2451470	NULL			
19	543	AAAAAAAAPBCAAAAA	1708720	NULL	5411	NULL	NULL	Mr.		Ritchie
20	546	AAAAAAAACCCAAAAA	NULL	NULL	9764	2450442	NULL	Miss		
21	558	AAAAAAAAOCCAAAAA	1873874	5219	49411	NULL	2452385			White
22	582	AAAAAAAAGECAAAAA	118828	6754	5527	NULL	2451754			
23	622	AAAAAAAAOGCAAAAA	1908655	4810	165	NULL	NULL	Miss		Johnson

图 4-9　空值判断

6. 逻辑运算

逻辑运算符 and 和 or 可以连接多个查询条件，实现在表上按照多个条件表达式的复合条件进行查询。and 的优化级高于 or，可以通过括号改变逻辑运算符的优化级。

【例 4-10】输出 customer 表中符合条件的记录。

```
select
    *
from
    customer
where
    c_birth_year between 1950 and 1960
    and c_salutation in ( ‘mr.’ , ‘dr.’ );
```

【SQL 命令解析】输出 customer 表中 c_birth_day 在 1950—1960 年之间并且称谓为 mr.或 dr.的记录。

```
select
    *
from
    customer
where
    (c_birth_year between 1930 and 1940)
    or (c_birth_year between 1950 and 1960);
```

【SQL 命令解析】在输出的 customer 表中，c_birth_day 在 1930—1940 年之间或 1950—1960 年之间的记录。当查询条件中包含多个由 and 和 or 连接的表达式时，需要适当地使用括号保证复合查询条件执行顺序的正确性。

【例 4-10】查询结果如图 4-10 所示。

	c_customer_sk	c_customer_id	c_current_cdemo_sk	c_current_hdemo_sk	c_current_addr_sk	c_first_shipto_date_sk	c_first_sales_date_sk	c_salutation	c_first_name	c_last_name
1	1	AAAAAAAABAAAAAAA	980124	7135	32946	2452238	2452208	Mr.	Javier	Lewis
2	2	AAAAAAAACAAAAAAA	819667	1461	31655	2452318	2452288	Dr.	Amy	Moses
3	4	AAAAAAAAEAAAAAAA	1703214	3986	39558	2450030	2450000	Dr.	Michael	White
4	14	AAAAAAAAOAAAAAAA	929344	892	6440	2450318	2450288	Mr.	Jack	Wilcox
5	16	AAAAAAAAABAAAAAA	1196373	3014	29302	2451346	2451316	Dr.	Margie	Browning
6	17	AAAAAAAABBAAAAAA	707524	3876	2228	2451068	2451038	Dr.	Lee	Stovall
7	19	AAAAAAAADBAAAAAA	1161742	4238	45581	2449580	2449550	Dr.	Andre	Moore
8	20	AAAAAAAAEBAAAAAA	1185612	89	38966	2450965	2450935	Mr.	Stanton	Dallas
9	27	AAAAAAAALBAAAAAA	111621	835	16096	2450611	2450581	Dr.	Shawn	Prather
10	31	AAAAAAAAPBAAAAAA	1275120	5724	7128	2452054	2452024	Dr.	William	Craig
11	32	AAAAAAAAACAAAAAA	1369589	6163	48290	2449471	2449441	Dr.	Kenneth	Wood

	c_customer_sk	c_customer_id	c_current_cdemo_sk	c_current_hdemo_sk	c_current_addr_sk	c_first_shipto_date_sk	c_first_sales_date_sk	c_salutation	c_first_name	c_last_name
1	1	AAAAAAAABAAAAAAA	980124	7135	32946	2452238	2452208	Mr.	Javier	Lewis
2	2	AAAAAAAACAAAAAAA	819667	1461	31655	2452318	2452288	Dr.	Amy	Moses
3	3	AAAAAAAADAAAAAAA	1473522	6247	48572	2449130	2449100	Miss	Latisha	Hamilton
4	4	AAAAAAAAEAAAAAAA	1703214	3986	39558	2450030	2450000	Dr.	Michael	White
5	5	AAAAAAAAFAAAAAAA	953372	4470	36368	2449438	2449408	Sir	Robert	Moran
6	6	AAAAAAAAGAAAAAAA	213219	6374	27082	2451883	2451853	Ms.	Brunilda	Sharp
7	7	AAAAAAAAHAAAAAAA	68377	3219	44814	2451438	2451408	Ms.	Fonda	Wiles
8	8	AAAAAAAAIAAAAAAA	1215897	2471	16598	2449406	2449376	Sir	Ollie	Shipman
9	9	AAAAAAAAJAAAAAAA	1168667	1404	49388	2452275	2452245	Sir	Karl	Gilbert
10	10	AAAAAAAAKAAAAAAA	1207553	5143	19580	2451353	2451323	Ms.	Albert	Brunson
11	11	AAAAAAAALAAAAAAA	1114415	6807	47999	2452288	2452258	Ms.	Betty	Williams

图 4-10　复合条件表达式

【应用场景】选择语句是 SQL 语法中最为重要的部分之一，数据分析师并不总是需要对数据表的全部记录展开分析，有时仅仅需要针对数据表的一个子集进行分析。选择语句按照一定的条件对原始表的记录进行筛选以实现特定需求，有时是为了需求方的要求，有时也是为了通过只访问数据表的特定分区来提高查询速度。

4.2.3 聚集操作

选择和投影操作查询对应的是元组操作，查看的是记录的明细。数据库的聚集函数提供了对列中数据总量的统计方法，为用户提供对数据总量的计算方法。SQL 提供的聚集函数主要包括以下几种。

1. count(*)   --统计元组的个数
2. count([**distinct**|**all**]<column_name>)   --统计一列中不同值的个数
3. sum([**distinct**|**all**]< expression >)   --计算表达式的总和
4. avg([**distinct**|**all**]< expression >)   --计算表达式的平均值
5. max([**distinct**|**all**]< expression >)   --计算表达式的最大值
6. min([**distinct**|**all**]< expression >)   --计算表达式的最小值

当指定 distinct 短语时，聚集计算时只计算列中不重复值记录，缺省（all）时聚集计算对列中所有的值进行计算。count(*)为统计表中元组的数量，如 count 指定列则统计该列中非空元组的数量。聚集计算的对象可以是表中的列，也可以是包含函数的表达式。

【例 4-11】针对 store_sales 表进行聚集计算。

1. **select**
2.   count(*) **as** count_records,
3.   sum(ss_ext_sales_price) **as** total_price1,
4.   sum(ss_quantity*ss_sales_price) **as** total_price2,
5.   sum(ss_ext_discount_amt+ss_net_paid) **as** total_price3,
6.   avg(ss_ext_sales_price) **as** avg_price1,
7.   avg(ss_quantity*ss_sales_price) **as** avg_price2,
8.   avg(ss_ext_discount_amt+ss_net_paid) **as** avg_price3
9. **from**
10.   store_sales;

【SQL 命令解析】输出 store_sales 表中不同表达式的聚集计算结果。count 对象是*时表示统计表中记录数量，聚集函数可以对原始列或表达式进行聚集计算，均值 avg 函数为导出函数，通过 sum 与 count 聚集结果计算而得到均值，即计算 avg(ss_ext_sales_price)等价于计算 sum(ss_ext_sales_price)/count(*)。

【例 4-11】查询结果如图 4-11 所示。

	count_records	total_price1	total_price2	total_price3	avg_price1	avg_price2	avg_price3
1	2880404	5265207074.51	5141904166.52	5143514908.62	1914.567146	1914.682284	1915.023220

图 4-11　聚集操作 1

【例 4-12】获取 store_sales 表中 ss_quantity 列的统计特征。

1. **select**
2.   count(**distinct** ss_quantity) **as** card,
3.   **max**(ss_quantity) **as** maxvalue,
4.   **min**(ss_quantity) **as** minvalue
5. **from**
6.   store_sales;

【SQL 命令解析】统计 store_sales 表中 ss_quantity 列不同取值的数量、最大值与最小值。

【例 4-12】查询结果如图 4-12 所示。

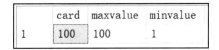

图 4-12 聚集操作 2

【例 4-13】统计 customer 表中不同年代出生的用户的数量。

1. **select**
2.   sum(case **when** c_birth_year>1960 **then** 1 **else** 0 **end**) **as** young_group,
3.   sum(case **when** c_birth_year<=1960 **then** 1 **else** 0 **end**) **as** old_group
4. **from**
5.   customer;

【SQL 命令解析】通过 case when 语句根据构建的选择条件输出分支结果（非常类似 Python 中的 if else 语句），并对筛选结果进行求和计算。

【例 4-13】查询结果如图 4-13 所示。

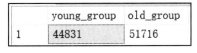

图 4-13 聚集操作 3

【应用场景】聚集计算是最为常用的数据分析方式之一。有些数据分析任务不仅需要获取明细记录，还需要在明细记录的基础上进行聚集计算，以获取不同维度上的聚集特征。聚集计算通常与分组操作相结合，在下一小节中我们将详细展开。

4.2.4 分组操作

group by 语句将查询记录集按指定的一列或多列进行分组，然后对相同分组的记录进行聚集计算。分组操作扩展了聚集函数的应用范围，将一个汇总结果细分为若干个分组上的聚集计算结果，为用户提供更多维度、更细粒度的分析结果。

【例 4-14】对 item 表按照 i_rec_start_date、i_category 维度分别统计产品数量。

```
1.  select
2.      count(*) as num
3.  from
4.      item;
```

【SQL 命令解析】统计 item 表所有产品数量总和。

```
1.  select
2.      i_rec_start_date,
3.      count(*) as num
4.  from
5.      item
6.  group by
7.      i_rec_start_date;
```

【SQL 命令解析】按照 i_rec_start_date 属性分组统计 item 表所有产品数量总和。

```
1.  select
2.      i_rec_start_date,
3.      i_category,
4.      count(*) as num
5.  from
6.      item
7.  group by
8.      i_rec_start_date,
9.      i_category;
```

【SQL 命令解析】按照 i_rec_start_date 和 i_category 属性分组统计 item 表所有产品数量总和。

【例 4-14】查询结果如图 4-14 所示。

	NUM
1	18000

	I_REC_START_DATE	NUM
1	2001-10-27	2994
2	2000-10-27	2991
3	1997-10-27	8974
4	NULL	46
5	1999-10-28	2995

	I_REC_START_DATE	I_CATEGORY	NUM
1	1999-10-28	Shoes	310
2	1997-10-27	Shoes	920
3	2000-10-27	Electronics	310
4	1999-10-28	Home	296
5	1999-10-28	Music	305
6	2001-10-27	Children	310
7	1999-10-28	Men	297
8	1997-10-27	Home	884
9	1999-10-28	Women	313
10	1997-10-27	Men	889

图 4-14　不同粒度分组统计结果

【应用场景】分组聚集计算是数据分析过程中最常用、最重要的操作之一，能够帮助数据分析师了解不同组别的统计特征，如数量、和、乘积、均值、最大值、最小值等方面的信息。图 4-14 展示的就是按不同的粒度分组聚集计算的结果，展现了一个逐层拆解、分析维度由少到多、粒度由粗到细的聚集计算过程。在本例中，该表的记录总数是 18 000，这意味着按照 i_rec_start_date 拆解后各组的记录总数之和一定也是 18 000；不论按照多少层维度进行拆解，最后所有子组记录数的总和都一定是 18 000。

SQL 的 group by 子句支持按照简单分组、rollup 分组和 cube 分组方式进行聚合计算。

1. **group by**
2.   < group_by_expression >   --直接按分组属性列表进行分组
3. | **rollup** (<group_by_expression>) --按分组属性列表的上卷轴分组
4. | **cube** (<spec>)   --按分组属性列表的数据立方体分组

例如：

1. **select**
2.   a, b, c,
3.   sum (<expression>)
4. **from**
5.   table
6. **group by**
7.   **rollup** (a,b,c);

【SQL 命令解析】查询按 (a, b, c)、(a, b) 和 (a) 值的每个唯一组合生成一个带有小计的行，同时还将计算一个总计行。

1. **select**
2.   a, b, c,
3.   sum (<expression>)
4. **from**
5.   table
6. **group by**
7.   **cube** (a,b,c);

【SQL 命令解析】针对 < a,b,c > 中表达式的所有排列输出一个分组。生成的分组数等于 (2n)，其中 n = 分组子句中的表达式数。

【例 4-15】输出 item 表中按照 i_rec_start_date、i_category 维度分别统计产品数量。

（1）简单 **group by**

1. **select**
2.   i_rec_start_date,
3.   i_category,
4.   i_class,

5.   count(*) **as** num
6. **from**
7.   item
8. **group by**
9.   i_rec_start_date,
10.   i_category,
11.   i_class;

【SQL 命令解析】查询按 i_rec_start_date、i_category、i_class 三个属性直接进行分组聚集计算。

（2）rollup group by

1. **select**
2.   i_rec_start_date,
3.   i_category,
4.   i_class,
5.   count(*) **as** num
6. **from**
7.   item
8. **group by**
9.   **rollup** (i_rec_start_date,i_category,i_class);

【SQL 命令解析】查询按 i_rec_start_date、i_category、i_class 三个属性为基础，以 i_rec_start_date 为上卷轴由细到粗进行多个分组属性聚集计算，与简单 group by 分组语句相比，带有小计和总和行。

（3）cube group by

1. **select**
2.   i_rec_start_date,
3.   i_category,
4.   i_class,
5.   count(*) **as** num
6. **from**
7.   item
8. **group by**
9.   **cube**(i_rec_start_date,i_category,i_class);

【SQL 命令解析】查询按 i_rec_start_date、i_category、i_class 三个属性为基础，以 i_class 为上卷轴由细到粗进行多个分组属性聚集计算。

【例 4-15】查询结果如图 4-15 所示。

I_REC_START_DATE	I_CATEGORY	I_CLASS	NUM
1997-10-27	Sports	archery	55
1997-10-27	Sports	athletic shoes	67
1997-10-27	Sports	baseball	54
1997-10-27	Sports	basketball	48
1997-10-27	Sports	camping	62
NULL	Sports	fishing	59
1997-10-27	Sports	fitness	64
1997-10-27	Sports	football	44
1997-10-27	Sports	golf	67
1997-10-27	Sports	guns	59
1997-10-27	Sports	hockey	48
1997-10-27	Sports	optics	61
1997-10-27	Sports	outdoor	62
1997-10-27	Sports	pools	62
1997-10-27	Sports	sailing	49
1997-10-27	Sports	tennis	47
1997-10-27	Women	dresses	233
1997-10-27	Women	fragrances	226
1997-10-27	Women	maternity	196
1997-10-27	Women	swimwear	221

I_REC_START_DATE	I_CATEGORY	I_CLASS	NUM
1997-10-27	Electronics	automotive	46
1999-10-28	Electronics	automotive	18
2000-10-27	Electronics	automotive	13
2001-10-27	Electronics	automotive	19
NULL	Electronics	automotive	97
NULL	NULL	automotive	97
1997-10-27		baseball	1
NULL		baseball	1
1997-10-27	Sports	baseball	54
1999-10-28	Sports	baseball	18
2000-10-27	Sports	baseball	19
2001-10-27	Sports	baseball	25
NULL	Sports	baseball	116
NULL	NULL	baseball	117
NULL		basketball	1
NULL		basketball	1
1997-10-27	Sports	basketball	48
1999-10-28	Sports	basketball	17
2000-10-27	Sports	basketball	22
2001-10-27	Sports	basketball	23
NULL	Sports	basketball	110
NULL	NULL	basketball	111

I_REC_START_DATE	I_CATEGORY	I_CLASS	NUM
1997-10-27	Sports	archery	55
1997-10-27	Sports	athletic shoes	67
1997-10-27	Sports	baseball	54
1997-10-27	Sports	basketball	48
1997-10-27	Sports	camping	62
1997-10-27	Sports	fishing	59
1997-10-27	Sports	fitness	64
1997-10-27	Sports	football	44
1997-10-27	Sports	golf	67
1997-10-27	Sports	guns	59
1997-10-27	Sports	hockey	48
1997-10-27	Sports	optics	61
1997-10-27	Sports	outdoor	62
1997-10-27	Sports	pools	62
1997-10-27	Sports	sailing	49
1997-10-27	Sports	tennis	47
1997-10-27	Sports	NULL	909
1997-10-27	Women	dresses	233
1997-10-27	Women	fragrances	226
1997-10-27	Women	maternity	196
1997-10-27	Women	swimwear	221
1997-10-27	Women	NULL	876
1997-10-27	NULL	NULL	8974

图 4-15 简单 group by、rollup group by 与 cube group by 对比

【应用场景】以上三种 group by 方式本质上是相同的，只是最后组织输出的方式存在区别，在实际工作中选择哪种输出方式一般视工作需求或个人习惯而定，通常来讲，简单 group by 方式就可以满足大多数的分组聚集计算需求。

分组聚集查询结果集中的元组不是来自基本表，而是来自分组聚集表达式，因此分组聚集结果集上的筛选不能使用 where 子句。当需要对分组聚集计算的结果进行过滤输出时，需要使用 having 短语指定聚集结果的筛选条件，having 短语的筛选条件是聚集计算表达式构成的条件表达式。

【例 4-16】输出 item 表中 i_category 产品总数大于 1800 个的产品品类。

1. **select**
2.   i_category,
3.   count(*) **as** num
4. **from**
5.   item
6. **group by**
7.   i_category
8. **having**
9.   count(*)>=1800;

【SQL 命令解析】将 having 语句中的 count(*)>=1800 作为分组聚集计算结果的过滤条件，对分组聚集结果进行筛选。

【例 4-16】查询结果如图 4-16 所示。

【例 4-17】输出 item 表中平均价格在 8~9 元之间且 i_category 产品总数小于 1800 个的产品品类。

1. **select**
2.   i_category,
3.   avg(i_current_price) **as** avg_price
4. **from**

```
    item
group by
    i_category
having
    avg(i_current_price) between 8 and 9
    and count(*)<=1800;
```

	I_CATEGORY	NUM
1	Children	1786
2	Shoes	1835
3	Women	1790
4		43
5	Electronics	1812
6	Jewelry	1740
7	Home	1807
8	Men	1811
9	Sports	1783
10	Books	1733
11	Music	1860

	I_CATEGORY	NUM
1	Shoes	1835
2	Electronics	1812
3	Home	1807
4	Men	1811
5	Music	1860

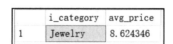

图 4-16　having 语句实现聚集计算结果过滤 1

【SQL 命令解析】having 短语中可以使用输出目标列中没有的聚集函数表达式，如 having avg(i_current_price) between 8 and 9 and count(*)<=1800 短语中表达式 count(*)<=1800 不是查询输出的聚集函数表达式，而是用于对分组聚集计算结果进行筛选。

【例 4-17】查询结果如图 4-17 所示。

	i_category	avg_price
1	Jewelry	8.624346

图 4-17　having 语句实现聚集计算结果过滤 2

【应用场景】where 语句和 having 语句都用于筛选，区别在于 where 语句是在聚集计算前对原始表的数据按照一定条件进行筛选，而 having 语句是对聚集计算后的结果按照一定条件进行筛选，二者可以同时使用，即首先按照一定条件对原始数据使用 where 语句进行筛选，再对筛选后的原始数据进行 group by 聚集计算，最后对聚集计算的结果使用 having 语句对输出结果进行筛选。

```
select
    i_category,
    avg(i_current_price) as avg_price
from
    item
where
    i_category!= ‘women’
group by
```

```
 9.        i_category
10.    having
11.        avg(i_current_price) between 8 and 9
12.        and count(*)<=1800;
```

【SQL 命令解析】首先按照 i_category!='women' 表达式对 item 原始表记录进行第一次筛选，将筛选后的记录按照 i_category 分组计算各组 i_current_price 的均值，得到计算结果后再按照 avg(i_current_price) between 8 and 9 and count(*)<=1800 表达式输出查询结果。

4.2.5 排序操作

SQL 中的 order by 子句用于对查询结果按照指定的属性顺序排列，排序属性可以是多个，desc 短语表示降序，默认为升序（asc）。

【例 4-18】对 item 表进行分组聚集计算，按照 i_rec_start_date，i_category 两个属性升序输出查询结果。

```
 1.  select
 2.       i_rec_start_date,
 3.       i_category,
 4.       avg(i_current_price) as avg_price
 5.  from
 6.       item
 7.  group by
 8.       i_rec_start_date,
 9.       i_category
10.  order by
11.       i_rec_start_date,
12.       i_category;
```

【SQL 命令解析】对查询结果按分组属性排序，第一排序属性为 i_rec_start_date，第二排序属性为 i_category。

对 item 表进行分组聚集计算，按照当前价格的均值降序输出查询结果。

```
 1.  select
 2.       i_rec_start_date,
 3.       i_category,
 4.       avg(i_current_price) as avg_price
 5.  from
 6.       item
 7.  group by
 8.       i_rec_start_date,
 9.       i_category
10.  order by
```

11. avg(i_current_price) **desc**;

【SQL 命令解析】对分组聚集结果按聚集表达式结果降序排列。

1. **select**
2. i_rec_start_date,
3. i_category,
4. avg(i_current_price) **as** avg_price
5. **from**
6. item
7. **group by**
8. i_rec_start_date,
9. i_category
10. **order by**
11. avg_price **desc**;

【SQL 命令解析】当聚集表达式设置别名时，可以使用别名作为排序属性名，用以指代聚集表达式，在本例中 order by 子句既可以使用 avg(i_current_price)也可以使用 avg_price desc。

【例 4-18】查询结果如图 4-18 所示。

	i_rec_start_date	i_category	avg_price
13	1997-10-27	Books	9.721189
14	1997-10-27	Children	10.082823
15	1997-10-27	Electronics	10.129395
16	1997-10-27	Home	8.425237
17	1997-10-27	Jewelry	8.930293
18	1997-10-27	Men	9.742725
19	1997-10-27	Music	10.030593
20	1997-10-27	Shoes	9.055576
21	1997-10-27	Sports	9.589162
22	1997-10-27	Women	8.954018
23	1999-10-28		4.610000
24	1999-10-28	Books	8.122679

	i_rec_start_date	i_category	avg_price
1	NULL	Books	82.970000
2	NULL	Sports	75.430000
3	2000-10-27	Electronics	11.605612
4	2000-10-27	Music	11.148222
5	1999-10-28	Shoes	10.736774
6	2001-10-27	Sports	10.685381
7	2001-10-27	Shoes	10.636745
8	2001-10-27	Music	10.636198
9	2001-10-27	Home	10.374391
10	1999-10-28	Music	10.175328
11	1997-10-27	Electronics	10.129395

图 4-18　排序操作

【应用场景】排序语句也是数据查询的常用功能之一，对于投影或聚集计算的结果，默认输出的顺序可能较为混乱，不易观察，因此可通过排序的方式对输出结果进行重新组织，可以按照数值大小或者首字母顺序进行排列。

4.3 连接查询

在上一节中我们介绍了所有的单表查询语法，但是在实际数据分析场景中，不可能所有的信息恰好全部存储在单一表中，更常见的情况是分析所需要的信息分散在不同表中，因此我们需要通过连接操作将两个或两个以上的表连接起来，将不同表的信息整合在一张表中再执行单表查询。因此，本质上连接查询使用的语法与单表查询使用的语法是相同的，只是在简单单表查询基础上增加了表连接操作。连接操作包括等值连接、非等值连接、自身连接、外连接和多表连接等不同的类型。

至于如何连接两张数据表，则需要读者回忆在第一篇中我们强调过的 TPC-DS 各数据表的主外键及其对应的参照关系，因为绝大多数的连接操作都是通过主外键等值连接实现的。因此，读者可返回第一篇 TPC-DS 数据集字段解析处查询各表的主外键信息。

4.3.1 等值、非等值连接

当在 SQL 命令中进一步连接列的名称，以及连接列需要满足的连接条件（连接谓词）时，执行普通连接操作。连接操作中连接表名通常为 from 子句中的表名列表，连接条件为 where 子句中的连接表达式，其格式为：

[<table_name1>.]<column_name1> <operator> [<table_name2>.]<column_name2>

其中，比较运算符 operator 主要为=、>、<、>=、<=、!=(<>)等比较运算符。当比较运算符为=时称为等值连接，使用其他不等值运算符时的连接称为非等值连接。

在 SQL 语法中，只要连接列满足连接条件表达式即可执行连接操作，在实际应用中，连接列通常具有可比性，需要满足一定的语义条件。当两个表存在主键与外键参照关系时，通常执行两个表的主键和外键上的等值连接。

【例 4-19】执行 customer 和 customer_demographics 表上的等值连接操作。

1. **select**
2.   *
3. **from**
4.   customer,customer_demographics
5. **where**
6.   c_current_cdemo_sk=cd_demo_sk;

【SQL 命令解析】customer 表的 c_current_cdemo_sk 列属性为外键，参照 customer_demographics 表上的主键 cd_demo_sk 列，连接条件设置为主外键相等表示将两表中 cd_demo 相同的元组连接起来作为查询结果。

1. **select**
2.   *

3. from
4. 　　customer
5. inner join customer_demographics
6. on c_current_cdemo_sk=cd_demo_sk;

【SQL 命令解析】等值连接操作还可以采用内连接的语法结构表示。内连接语法如下所示。

1. <table_name1> inner join <table_name2>
2. on [<table_name1>.]<column_name1> = [<table_name2>.]<column_name2>

在 SQL 命令的 where 子句中，连接条件可以和其他选择条件组成复合条件，对连接表进行筛选后连接。

【例 4-19】查询结果如图 4-19 所示。

	c_birth_country	c_login	c_email_address	c_last_review_date	cd_demo_sk	cd_gender	cd_marital_status	cd_education_status	cd_purchase_estimate
1	CANADA		Jodi.Silva@lntBSGFbpEOSVs.com	2452443	1250712	F	M	College	4000
2	MEXICO		Richard.Chang@VKy9d4gdkatVugH.edu	2452359	1185641	M	M	Advanced Degree	9000
3	GRENADA		Anthony.Bell@EK1UOvs.com	2452607	1092922	F	M	Secondary	7000
4	SOMALIA		Rosa.Nixon@ghkTs1tbO5o8hKtVkdI.com	2452380	1147675	M	D	College	8000
5	BERMUDA		Bonnie.Cunningham@aeB7sFe1xodAK.com	2452556	1267506	F	D	Secondary	4000
6	AZERBAIJAN		Clifford.Flynn@xj7u.org	2452630	1029065	M	D	Unknown	500
7	WESTERN SAHARA		William.Faison@Q.org	2452433	555321	M	M	Secondary	7000
8	LIBERIA		Rudolph.Hutchins@n2sVh5a3ykauteVNas.com	2452418	497955	M	D	4 yr Degree	7000
9	SWITZERLAND		Sean.Sanderson@0rAG1YgxruusVGnvNA.org	2452363	1592906	F	D	Advanced Degree	8000
10	ARGENTINA		Rosalie.Low@GKe6czSvZh.org	2452477	747052	F	M	Secondary	6500
11	BOTSWANA		Rohert.Walker@Faz7fkopxvr9j.org	2452615	1585207	M	W	4 yr Degree	3500
12	BOUVET ISLAND		Michael.Thompson@D7P7H7a9Tfy9hu1M.org	2452457	1583680	F	U	Unknown	2000
13	KIRIBATI		Tiffanie.Holliday@hZ.com	2452536	1665044	F	S	College	3500
14	VIRGIN ISLANDS, U.S.		Troy.Brewer@ZDt1Qk5q2.com	2452607	281285	M	D	College	9500
15	SUDAN		Richard.Craig@Lm6xST9.com	2452476	384131	M	M	4 yr Degree	4000
16	HONG KONG		Derick.Stewart@KOdZQdYU.com	2452355	493542	F	M	4 yr Degree	5500
17	TUVALU		Cindy.Jackson@pKLhquF6m1jh4uVx.com	2452549	87712	F	M	Primary	7000
18	LIBERIA		Leonard.Munoz@Dvd7KYB7s9.edu	2452582	1001304	F	S	College	2500
19	MAURITANIA		Earl.Holden@5US1fiaaA.com	2452357	1350958	F	W	College	10000
20	KYRGYZSTAN		Russell.Donnelly@IjVh06eeAGSixu9i.org	2452316	196556	F	D	Unknown	4000
21	BAHAMAS		Stephen.Morgan@cb0.org	2452475	845511	M	M	Advanced Degree	9500
22	BERMUDA		Dessie.Simms@t8fo.edu	2452373	1250943	M	S	4 yr Degree	5500
23	EQUATORIAL GUINEA		James.Catron@yYjRH2ryUMi70yXYk.com	2452616	756855	M	D	Secondary	6500

图 4-19　等值连接

【例 4-20】执行 sore_sales、customer 和 customer_demographics 表上的等值连接操作。

1. select
2. 　　ss_customer_sk,
3. 　　sum(ss_quantity) as sum_quantity,
4. 　　avg(ss_sales_price) as avg_sales_price
5. from
6. 　　customer,
7. 　　customer_demographics,
8. 　　store_sales
9. where
10. 　　c_current_cdemo_sk=cd_demo_sk
11. 　　and ss_customer_sk=c_customer_sk

12.   and c_salutation='dr.'
13.   and cd_education_status='primary'
14. **group by**
15.   ss_customer_sk
16. **order by**
17.   sum_quantity,
18.   avg_sales_price **desc**;

【SQL 命令解析】sore_sales、customer 和 customer_demographics 三表之间存在主外键约束关系；sore_sales 表与 customer 表通过 ss_customer_sk=c_customer_sk 表达式连接；customer 表和 customer_demographics 表通过 c_current_cdemo_sk=cd_demo_sk 表达式连接；以上三张数据表通过两次连接操作合并为一张数据表。在此基础上通过表达式 c_salutation='dr.' and cd_education_status='primary' 筛选出符合特定条件的记录。接下来再通过表达式 group by ss_customer_sk 以用户作为维度分组聚集计算每个用户的购买产品总数 sum(ss_quantity) as sum_quantity 与平均消费金额 avg(ss_sales_price) as avg_sales_price。最后按照购买产品总数与平均消费金额倒序排列输出结果。

若采用内连接语法结构，上述 SQL 语句可等价改写为以下语句。

1. **select**
2.   ss_customer_sk,
3.   sum(ss_quantity) **as** sum_quantity,
4.   avg(ss_sales_price) **as** avg_sales_price
5. **from**
6.   store_sales
7.   **inner** join customer
8.   **on** ss_customer_sk=c_customer_sk
9.   **inner** join customer_demographics
10.   **on** c_current_cdemo_sk=cd_demo_sk
11. **where**
12.   c_salutation='dr.'
13.   and cd_education_status='primary'
14. **group by**
15.   ss_customer_sk
16. **order by**
17.   sum_quantity,
18.   avg_sales_price **desc**;

【例 4-20】查询结果如图 4-20 所示，等值连接与内连接等价语句输出结果完全相同。

	SS_CUSTOMER_SK	Sum_quantity	Avg_sales_price
1	52197	159	28.111428
2	3631	210	39.150000
3	54665	220	20.685555
4	39210	226	28.061428
5	64867	233	49.035555
6	47044	241	28.250000
7	42539	245	21.068571
8	52081	250	24.977142
9	37181	258	43.088571

	SS_CUSTOMER_SK	Sum_quantity	Avg_sales_price
1	52197	159	28.111428
2	3631	210	39.150000
3	54665	220	20.685555
4	39210	226	28.061428
5	64867	233	49.035555
6	47044	241	28.250000
7	42539	245	21.068571
8	52081	250	24.977142
9	37181	258	43.088571

图 4-20　等值连接与内连接等价语句输出结果完全相同

4.3.2　自身连接

表与自己进行的连接操作称为表的自身连接，简称自连接（self join）。使用自连接可以将自身表的一个镜像当作另一个表来对待，通常采用为表取两个别名的方式实现自连接。

【例 4-21】输出 store_sales 表中不仅一次购买过少于 2 件产品还一次购买过大于 5 件产品的用户名单。

```
1.  select
2.      distinct s1.ss_customer_sk
3.  from
4.      store_sales s1,
5.      store_sales s2
6.  where
7.      s1.ss_customer_sk=s2.ss_customer_sk
8.      and s1.ss_quantity<2
9.      and s2.ss_quantity>5;
```

【SQL 命令解析】在 store_sales 表中一个用户包含多次购买记录，每个用户都包含特定的 ss_quantity 值，有可能同一个用户在若干次购买记录中即存在购买产品数量小于 1 也存在购买产品数量大于 5 的消费记录。先在 store_sales 表中选择 ss_quantity 值小于 2 的记录，再从相同的 store_sales 表中选择 ss_quantity 值大于 5 的记录，并且满足两个元组集上 ss_customer_sk 等值条件。自身连接通过别名将一个表用作多个表，然后按查询需求进行连接。

【例 4-21】查询结果如图 4-21 所示。

	ss_customer_sk
1	61683
2	71762
3	80252
4	53193
5	19233
6	2253
7	97232
8	3842
9	54782
10	26372
11	17882
12	81154
13	98134
14	69724
15	1804
16	11430

图 4-21 自身连接

4.3.3 外连接

在通常的连接操作中，两个表中满足连接条件的记录才能作为连接结果记录输出。当不仅需要输出满足连接条件的记录，还要输出不满足连接条件的记录时，可以通过外连接将不满足连接条件的记录对应的连接属性值设置为空值（null），用来表示表间记录完整的连接信息。

左外连接列出左边关系的所有记录，在右边关系没有满足连接条件的记录时右边关系属性设置空值；右外连接列出右边关系的所有元组，在左边关系中没有满足连接条件的记录时左边关系属性设置为空值；全外连接为左外连接与右外连接的组合。

【例 4-22】输出 store_sales 表与 customer 表左外连接与右外连接的结果。

左外连接：

1. **select**
2.   ss_ticket_number,
3.   ss_customer_sk,
4.   c_customer_sk
5. **from**
6.   store_sales
7.   left outer join customer
8.   **on** ss_customer_sk=c_customer_sk;

右外连接：

1. **select**
2.   ss_ticket_number,
3.   ss_customer_sk,
4.   c_customer_sk
5. **from**

6.   store_sales
7.   right outer join customer
8.   **on** ss_customer_sk=c_customer_sk;

【SQL 命令解析】store_sales 表外键 ss_customer_sk 参照 customer 表的主键 c_customer_sk，在执行 store_sales 表与 customer 表左外连接操作时，store_sales 表的每条记录都能够从 customer 表中找到所参照主键与外键相等的记录，连接结果集元组数量与 store_sales 表行数相同；在执行右外连接时，customer 表的每个元组与 store_sales 表中的元组执行主码与外码属性相等的连接操作，当 customer 表元组的 c_customer_sk 的属性值在 store_sales 表中没有匹配的元组时，store_sales 的属性输出为空值。左外连接可以找到在 customer 表中存在，但没有购物记录的用户，其特征是左外连接结果集中 customer 表的属性为非空而 store_sales 表的属性为空。左外连接与右外连接结果如下图所示。全外连接命令为 full outer join，在本例中，全连接的执行结果与左连接的执行结果相同。

【例 4-22】查询结果如图 4-22 所示。

SS_TICKET_NUMBER	SS_CUSTOMER_SK	C_CUSTOMER_SK
126428	49879	49879
127432	90434	90434
163264	79027	79027
172481	77005	77005
195292	1965	1965
198993	11125	11125
203899	30327	30327
207499	77366	77366
229685	44785	44785
NULL	NULL	73754
NULL	NULL	96568
NULL	NULL	69678
NULL	NULL	78191
NULL	NULL	14301
NULL	NULL	79688
NULL	NULL	69217
NULL	NULL	61311
NULL	NULL	52798
NULL	NULL	60750

SS_TICKET_NUMBER	SS_CUSTOMER_SK	C_CUSTOMER_SK
94407	10837	10837
101890	71301	71301
104003	63196	63196
105513	56680	56680
107962	76800	76800
109987	37392	37392
121598	19912	19912
135960	42004	42004
159468	59384	59384
160070	3531	3531
162523	16986	16986
168286	73359	73359
172028	3267	3267
172334	33933	33933
179347	38828	38828
206702	29771	29771
444	3617	3617
50753	47720	47720
64232	45516	45516

图 4-22   store_sales 表与 customer 表左外连接与右外连接的结果

4.3.4 多表连接

在【例 4-20】中，我们已经接触到了三个表的多表连接。事实上，我们可以通过多表连接将 TPC-DS 数据集中的所有数据表连接为同一个数据表。

【例 4-23】将 TPC-DS 数据集 store sales 网络中的数据表连接为同一个数据表。

1.   **select**
2.   *
3.   **from**
4.   store_sales,
5.   store,
6.   date_dim,

```
7.      time_dim,
8.      item,
9.      promotion,
10.     customer_demographics,
11.     customer,
12.     customer_address,
13.     household_demographics,
14.     income_band
15. where
16.     ss_sold_date_sk=d_date_sk
17.     and ss_sold_time_sk=t_time_sk
18.     and ss_item_sk=i_item_sk
19.     and ss_customer_sk=c_customer_sk
20.     and ss_cdemo_sk=cd_demo_sk
21.     and ss_hdemo_sk=hd_demo_sk
22.     and ss_addr_sk=ca_address_sk
23.     and ss_store_sk=s_store_sk
24.     and ss_promo_sk=p_promo_sk
25.     and hd_income_band_sk=ib_income_band_sk;
```

【SQL 命令解析】上述查询将 store_sales 网络中的数据表全部连接为同一个数据表,隶属于该网络的任何查询现在都可以通过单表查询语法实现。TPC-DS 是典型的暴风雪模型(Snow-Storm),也可以说是 TPC-DS 多雪花模型。本例中选取的是 TPC-DS 数据集的 store_sales 网络,属于双事实表模型,可以认为是雪花型数据集,该模式以 store_sales 表和 store_returns 表为中心,通过主外键参照关系与其他表连接,其他维度表则整体上形成雪花形分支结构。在 3.4 节中讲解 Tableau Desktop 数据模型搭建时,界面下方的数据预览界面与本例中的查询结果是等价的。

【例 4-23】查询结果如图 4-23 所示。

	ss_sold_date_sk	ss_sold_time_sk	ss_item_sk	ss_customer_sk	ss_cdemo_sk	ss_hdemo_sk	ss_addr_sk	ss_store_sk
1	2451357	37592	1	45446	233003	6160	11717	7
2	2451531	33714	1	15233	1586326	1066	18206	2
3	2451985	38518	1	66242	1230950	4105	13260	1
4	2451296	68320	1	73520	599554	3635	19669	4
5	2452610	68146	1	7880	1603272	3017	38809	8
6	2450890	39470	1	9408	1695076	2791	16906	2
7	2451124	54938	1	5503	247161	819	49230	7
8	2452524	52426	1	63156	809873	2190	44507	2
9	2451518	61544	1	83196	20312	3028	23391	8
10	2452541	41418	1	7662	587445	3228	6258	4
11	2452603	74094	1	34740	172388	2836	40884	10
12	2451880	61720	1	52546	1166646	1546	32046	7
13	2450971	45976	1	16859	1541832	2005	31378	8
14	2451897	30971	1	49279	1624077	6875	34073	1
15	2451544	71421	1	92386	259092	3845	8151	4
16	2451599	64784	1	7353	1718370	2634	31698	2
17	2452517	49667	1	34465	581649	3233	2817	4
18	2452276	48146	1	41139	1225387	1635	31483	4
19	2451868	49746	1	31464	622839	6214	36789	8
20	2452504	60544	1	38554	467370	4186	27849	1

图 4-23 多表连接

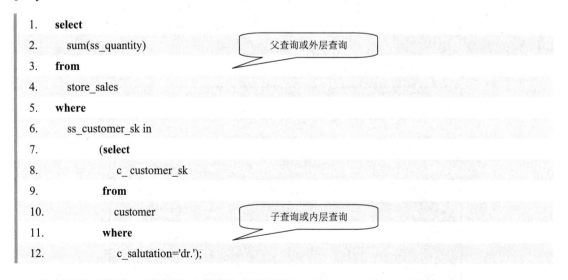

图 4-23 多表连接（续）

【应用场景】在实际工作场景中，很少有数据分析师会将一个数据集群中的所有数据表全部连接起来，因为表连接的查询代价是巨大的，store_sales 表共有 288 万条记录，执行上述连接意味着所有的维度表都会与 store_sales 表的 288 万条记录逐一匹配，会耗费相当多的时间和资源。以上 SQL 语句仅仅用于帮助读者理解第一篇中介绍的 TPC-DS 数据集网络与 SQL 语句之间的关系。

4.4 嵌套查询

在 SQL 语言中，一个 select-from-where 语句称为一个查询块。当一个查询块嵌套在另一个查询块的 where 子句时便构成了查询嵌套结构，我们称这种查询为嵌套查询（Nested Query）。例如：

1. **select**
2.   sum(ss_quantity)   　　父查询或外层查询
3. **from**
4.   store_sales
5. **where**
6.   ss_customer_sk in
7.   (select
8.   c_customer_sk
9.   **from**
10.   customer   　　子查询或内层查询
11.   **where**
12.   c_salutation='dr.');

在上面的示例中，子查询（或称为内层查询）select c_customer_sk from customer where c_salutation='dr.' 嵌套在父查询（或称为外层查询）中，子查询的结果相当于父查询中 in 表达式的集合。值得注意的是，子查询不能直接使用 order by 语句，order by 语句只能对最终查询结果排序。但在本例中当子查询需要输出前 10 个子查询记录时，子查询中 top 与 order by 可以共同使用，即 select top 10 c_ customer_sk from customer where c_salutation='dr.' order by c_ customer_sk。

嵌套查询通过简单查询构造复杂查询，增加 SQL 的查询能力，降低用户进行复杂数据处理时的难度。从使用特点来看，嵌套查询主要包括以下几类。

4.4.1 包含 in 谓词的子查询

当子查询的结果是一个集合时，通过 in 谓词实现父查询 where 子句中向子查询集合的谓词嵌套判断。

【例 4-24】查询没有通过 p_channel_dmail 方式进行促销的不同类型消费者的平均购买产品数量。

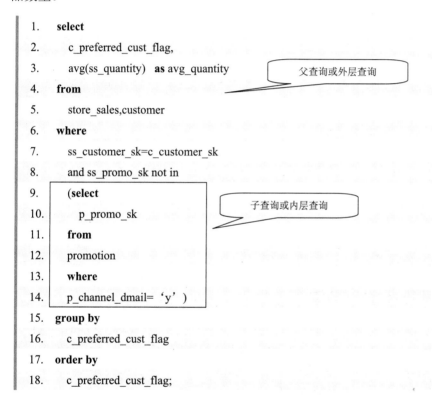

```
1.  select
2.    c_preferred_cust_flag,
3.    avg(ss_quantity) as avg_quantity
4.  from
5.    store_sales,customer
6.  where
7.    ss_customer_sk=c_customer_sk
8.    and ss_promo_sk not in
9.    (select
10.      p_promo_sk
11.   from
12.   promotion
13.   where
14.   p_channel_dmail='y')
15. group by
16.   c_preferred_cust_flag
17. order by
18.   c_preferred_cust_flag;
```

【SQL 命令解析】首先执行子查询 select p_promo_sk from promotion where p_channel_dmail='y'，得到满足条件的 p_promo_sk 结果集；然后执行父查询，将子查询结果集作为 not in 的操作集，排除父查询表 store_sales 中与子查询 p_promo_sk 结果集相等的记录，完成父查询。

当子查询的查询条件不依赖父查询时，子查询可以独立执行，这类子查询称为不相关子查询。一种查询执行方法是先执行独立的子查询，然后父查询在子查询的结果集上执行；另一种查询执行方法是将 in 谓词操作转换为连接操作，将 in 谓词执行的列作为连接列。由此可见上面的查询可以改写如下。

1. select

```
2.      c_preferred_cust_flag,
3.      avg(ss_quantity) as avg_quantity
4.  from
5.      store_sales,
6.      customer,
7.      promotion
8.  where
9.      ss_customer_sk=c_customer_sk
10.     and ss_promo_sk=p_promo_sk
11.     and p_channel_dmail!='y'
12. group by
13.     c_preferred_cust_flag
14. order by
15.     c_preferred_cust_flag;
```

【SQL 命令解析】嵌套查询条件是 not in，改写为连接操作时需要将子查询的条件取反，即将原子查询中 p_channel_dmail='y' 改写为 p_channel_dmail!='y'，以获得与原始嵌套查询相同的执行结果。

【例 4-24】查询结果如图 4-24 所示。

	c_preferred_cust_flag	avg_quantity
1		50
2	N	50
3	Y	50

图 4-24 包含 in 谓词的子查询

4.4.2 带有比较运算符的相关子查询

在相关子查询中，父查询提供子查询执行时的谓词变量，由父查询驱动子查询的执行。带有比较运算符的子查询是父查询与子查询之间用比较运算符进行连接的，当子查询返回结果是单个值时，用>、<、=、>=、<=、!=或<>等比较运算符。

【例 4-25】找到 store_sales 网络中促销成本最低的产品售出量。

```
1.  select
2.      sum(ss_quantity) as quantity
3.  from
4.      store_sales,
5.      promotion
6.  where
7.      ss_promo_sk=p_promo_sk
8.      and p_cost=
9.      (select
```

10.   min(p_cost)
11.   from
12.   promotion);

【SQL 命令解析】父查询"p_cost="表达式为子查询结果，即子查询输入的 min(p_cost) 结果。执行查询时，父查询产生的结果集，下推到子查询各 p_cost 值，子查询根据外查询推送 p_cost 计算出的结果集，父查询通过 p_cost =（…）表达式筛选子查询的结果，最终产生输出记录。

【例 4-25】查询结果如图 4-25 所示。

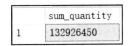

图 4-25 带有比较运算符的相关子查询

4.4.3 带有 any 或 all 谓词的子查询

当子查询返回的结果是多值的，比较运算符包含两种语义：与多值的全部结果（all）比较，或与多值的某个结果（any）比较。使用 any 或 all 谓词时必须同时使用比较运算符，其语义如下：

>/>=/</<=/!=/= any：大于/大于等于/小于/小于等于/不等于/等于 结果中的某个值；

>/>=/</<=/!=/= all：大于/大于等于/小于/小于等于/不等于/等于 结果中的所有值。

【例 4-26】查询所有优惠券数量大于任何女性收到的优惠券数量的交易记录总数。

1. **select**
2.   count(*) **as** num
3. **from**
4.   store_sales
5. **where**
6.   ss_coupon_amt>any
7.   (**select**
8.   **distinct** ss_coupon_amt
9.   **from**
10.   store_sales,
11.   customer_demographics
12.   **where**
13.   ss_cdemo_sk=cd_demo_sk
14.   and cd_gender='m');

【SQL 命令解析】子查询选出满足条件的 ss_coupon_amt 子集，父查询判断是否当前记录的 ss_coupon_amt 大于任意 ss_coupon_amt 子集元素。

>any 子查询可以改写为子查询中的最小值，如下所示。

1. select
2.   count(*) **as** num
3. from
4.   store_sales
5. where
6.   ss_coupon_amt>
7.   (select
8.   **min**(ss_coupon_amt)
9.   from
10.   store_sales,
11.   customer_demographics
12.   where
13.   ss_cdemo_sk=cd_demo_sk
14.   and cd_gender='m');

【SQL 命令解析】大于集合中任一元素值等价于大于集合中最小值。查询改写前需要通过嵌套循环连接算法扫描父查询的每一条记录，然后与子查询的结果集进行比较，查询执行代价较高。改写后的查询先执行子查询，计算出 min 聚集结果，然后父查询与固定的 min 聚集结果比较，查询代价较小。

【例 4-26】查询结果如图 4-26 所示。

图 4-26　带有 any 或 all 谓词的子查询

同理，any 或 all 子查询转换聚集函数的对应关系还包括：
=any 等价于 in 谓词
<>all 等价于 not in 谓词
<(<=)any 等价于<(<=)max 谓词
>(>=)any 等价于>(>=)min 谓词
<(<=)all 等价于<(<=)min 谓词
>(>=)all 等价于>(>=)max 谓词

4.4.4　带有 exist 谓词的子查询

带有 exist 谓词的子查询不返回任何数据，只产生逻辑结果 true 或 false。

【例 4-27】查询没有购买过产品的顾客数量。

1. select
2.   count(**distinct** c_customer_sk) **as** num
3. from
4.   customer

```
5.   where
6.      not exists
7.      (select
8.         *
9.      from
10.        store_sales
11.     where
12.        c_customer_sk=ss_customer_sk);
```

【SQL 命令解析】通过存在量词 not exists 检查子查询中是否有该用户的订单记录,当子查询结果集为空时向父查询返回真值,确定该顾客为满足查询条件的顾客。

```
1.  select
2.     count(*) as num
3.  from
4.     store_sales
5.  right outer join customer
6.  on c_customer_sk=ss_customer_sk
7.  where
8.     ss_ticket_number is null;
```

【SQL 命令解析】本查询还可以改写为右连接方式。对 orders 表与 customer 执行右连接操作,没有购买记录的顾客在右连接结果中 orders 表属性为空值,可以作为顾客没有购买行为的判断条件。

【例 4-27】查询结果如图 4-27 所示。

图 4-27 带有 exist 谓词的子查询

【应用场景】嵌套查询一般来讲都可以通过连接查询实现,但是在实际的数据分析场景中,不同查询方式所耗费的时间和资源是不同的,所以应尽量选择代价较低的方式编写查询语句。

4.5 集合查询

当多个查询的结果集具有相同的列和数据类型时,查询结果集之间可以进行集合的并(union)、交(intersect)和差(except)操作。参与集合操作的原始表的结构可以不同,但结果集需要具有相同的结构,即列数相同、对应列的数据类型相同。

4.5.1 集合并运算

【例 4-28】查询 item 表中 i_class 为 music,以及 i_current_price 大于 10 的产品代号。

【union 语句】

```
1.  select
2.     distinct i_item_sk
3.  from
4.     item
5.  where
6.     i_class='music'
7.  union
8.  select
9.     distinct i_item_sk
10. from
11.    item
12. where
13.    i_current_price>10;
```

【union all 语句】

```
1.  select
2.     distinct i_item_sk
3.  from
4.     item
5.  where
6.     i_class='music'
7.  union all
8.  select
9.     distinct i_item_sk
10. from
11.    item
12. where
13.    i_current_price>10;
```

【SQL 命令解析】union 将两个查询的结果集进行合并，union all 保留两个结果集中全部的结果，包括重复的结果，union 则在结果集中去掉重复的结果。当在相同的表上执行 union 操作时，可以将 union 操作转换为选择谓词的 or 表达式，如下所示。

```
1.  select
2.     i_item_sk
3.  from
4.     item
5.  where
6.     i_class='music'
```

7. or i_current_price>10;

【例 4-28】查询结果如图 4-28 所示。

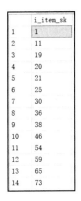

图 4-28　集合并运算

4.5.2　集合交运算

【例 4-29】查询 i_manufact_id 为 199 或 292，且 p_channel_dmail='y'的产品代号。

1. **select**
2.   **distinct** i_item_sk
3. **from**
4.   item
5. **where**
6.   i_manufact_id in (199,292)
7. **intersect**
8. **select**
9.   **distinct** i_item_sk
10. **from**
11.   item,
12.   promotion
13. **where**
14.   i_item_sk=p_item_sk
15.   and p_channel_dmail='y';

【SQL 命令解析】首先在 item 表上投影出 i_manufact_id 为 52 或 29 的 i_item_sk；然后连接 item 与 promotion 表，按 p_channel_dmail='y'条件筛选出 i_item_sk，由于 item 表与 promotion 表的主外键参照关系，所以 i_item_sk 存在重复的记录；最后执行两个集合的交操作，获得同时满足两个集合条件的 i_item_sk 结果集，并通过集合操作消除重复的 i_item_sk。本例也可改写为基于连接操作的查询如下所示。

1. **select**
2.   **distinct** i_item_sk

```
3.  from
4.      item,
5.      promotion
6.  where
7.      i_item_sk=p_item_sk
8.      and i_manufact_id in (199,292)
9.      and p_channel_dmail='y';
```

【例 4-29】查询结果如图 4-29 所示。

	i_item_sk
1	2410
2	8566
3	10022

图 4-29 集合交运算

4.5.3 集合差运算

【例 4-30】查询 i_manufact_id 为 199 或 292，且 p_channel_dmail!='y' 的产品代号。

```
1.  select
2.      distinct i_item_sk
3.  from
4.      item
5.  where
6.      i_manufact_id in (199,292)
7.  except
8.  select
9.      distinct i_item_sk
10. from
11.     item,promotion
12. where
13.     i_item_sk=p_item_sk
14.     and p_channel_dmail='y';
```

【SQL 命令解析】本例与前例非常相似，只是将其中一个筛选条件改为 p_channel_dmail!='y'。可以首先通过第一个筛选条件得到 i_item_sk 结果集，再将不符合第二个筛选条件的 i_item_sk 结果集作差去除掉，最终得到同时满足两个集合条件的 i_item_sk 结果集，并通过集合操作消除重复的 i_item_sk。

【例 4-30】查询结果如图 4-30 所示。

	i_item_sk
1	1198
2	2053
3	2155
4	2549
5	2550
6	2924
7	3580
8	3581
9	4285
10	4958
11	4959
12	5335
13	5571
14	5907

图 4-30　集合差运算

4.5.4　多值列集合差运算

【例 4-31】输出 store_sales 表中一次性购买过大于 5 个产品但每次消费金额不超过 50 元的用户名单。

1. **select**
2. 　　ss_customer_sk
3. **from**
4. 　　store_sales
5. **where**
6. 　　ss_quantity>5
7. **except**
8. **select**
9. 　　ss_customer_sk
10. **from**
11. 　　store_sales
12. **where**
13. 　　ss_sales_price>50;

【SQL 命令解析】按查询要求将查询条件 ss_quantity 大于 5 个产品的用户名单作为一个集合，查询条件 ss_sales_price>50 的用户名单作为另一个集合，然后求集合差操作。由于执行的是集合运算，因此集合的结果会自动去重。当改写此查询时，在输出的 ss_customer_sk 前面需要手工增加 distinct 语句对结果集去重，差操作集合谓词条件改为 ss_sales_price<=50，查询命令如下：

1. **select**
2. 　　**distinct** ss_customer_sk
3. **from**
4. 　　store_sales
5. **where**

```
6.    ss_quantity>5
7.    and ss_sales_price<=50;
```

重写后的查询与集合差操作查询结果不一致。

通过对表中记录的分析可知，如图 4-31 所示，ss_customer_sk 列为多值列，相同的 ss_customer_sk 对应多条记录，集合差运算的语义对应一个用户下的消费记录需要满足 ss_quantity 大于 5 的条件，同时 ss_sales_price≤50。改写的查询判断的是同一记录不同字段需要满足的条件，与查询语义不符，因此查询结果错误。

	ss_customer_sk	ss_quantity	ss_sales_price
143027	3672	59	0.89
143028	3672	89	98.18
143029	3673	6	30.49
143030	3673	21	3.61
143031	3673	51	11.62
143032	3673	80	87.03
143033	3673	92	56.02
143034	3673	48	11.36
143035	3673	93	30.71
143036	3673	77	14.56
143037	3673	27	72.64
143038	3673	64	15.15
143039	3675	10	86.20
143040	3675	23	7.85
143041	3675	47	1.06
143042	3675	52	114.57
143043	3675	65	34.22
143044	3675	78	70.18
143045	3675	14	7.49

图 4-31 多值列查询结果

根据集合差运算查询的语义，一种改写方式是通过 in 操作判断满足 ss_quantity 大于 5 条件的用户不能在满足 ss_sales_price 大于 50 的集合中。查询命令如下。

```
1.   select
2.       distinct ss_customer_sk
3.   from
4.       store_sales
5.   where
6.       ss_quantity>5
7.       and ss_customer_sk not in
8.       (select
9.           distinct ss_customer_sk
10.      from
11.          store_sales
12.      where
13.          ss_sales_price>50);
```

另一种改写方式是通过 not exists 语句判断满足 ss_quantity 大于 5 条件的当前记录订单号是否存在满足 ss_sales_price 大于 50 的情况。

```
1.  select
2.      distinct ss_customer_sk
3.  from
4.      store_sales s1
5.  where
6.      ss_quantity>5
7.      and not exists
8.      (select
9.          distinct ss_customer_sk
10.     from
11.         store_sales s2
12.     where
13.         s1. ss_customer_sk=s2. ss_customer_sk
14.         and ss_sales_price>50);
```

通过本例我们可以发现，对于一些较为复杂的查询问题（如本例的多值列条件筛选问题），一些即使表面上看起来语义相同的 SQL 语句最终的查询结果也会存在差异，而存在差异就意味着一些查询的结果是错误的。因此，在编写复杂 SQL 查询语句时需要小心地分析表结构和查询的真实语义，在编写完查询语句后可采用其他等价的查询方法对查询结果进行验证。

4.6 基于派生表的查询

在 4.4 节和 4.5 节中介绍嵌套查询和集合查询时，子查询返回的往往是一个取值的集合。在本节中，我们将介绍基于派生表的查询，即当子查询出现在 from 子句中时，子查询起到临时派生表的作用，成为主查询的临时表对象。我们还将介绍 with 子句定义查询子表的技巧，由此可见，当一个复杂查询需要不同的数据集进行运算时，派生表可以赋予 SQL 查询语句更加灵活的操作空间，同时也可以大大简化查询的复杂程度，提高可读性。

【例 4-32】分析下面查询中派生表的作用。

```
1.  select
2.      c_last_name,
3.      c_first_name,
4.      c_salutation,
5.      c_preferred_cust_flag,
6.      sales,
7.      count(*) as cnt
8.  from
9.      (select
10.         ss_ticket_number,
11.         ss_customer_sk,
```

```
12.        sum(ss_sales_price) as sales
13.    from
14.        store_sales ss,
15.        date_dim dd,
16.        store s,
17.        household_demographics hd
18.    where
19.        ss.ss_sold_date_sk=dd.d_date_sk
20.        and ss.ss_store_sk= s.s_store_sk
21.        and ss.ss_hdemo_sk=hd.hd_demo_sk
22.        and (dd.d_dom between 1 and 3 or dd.d_dom between 25 and 28)
23.        and hd.hd_buy_potential = '>10000'
24.        and dd.d_year in (1999,2000,2001)
25.        and s.s_county in ('williamson county')
26.    group by
27.        ss_ticket_number,
28.        ss_customer_sk) as sales_record(ss_ticket_number, ss_customer_sk, sales),
29.    customer
30.    where
31.        ss_customer_sk = c_customer_sk
32.        and sales>900
33.    group by
34.        c_last_name,
35.        c_first_name,
36.        c_salutation,
37.        c_preferred_cust_flag,
38.        sales
39.    order by
40.        c_last_name,
41.        c_first_name,
42.        c_salutation,
43.        c_preferred_cust_flag desc;
```

【SQL 命令解析】在 from 子句中有一个完整的查询定义派生表，名为 sales_record，该表并非存在于原始表中，而是存在于该查询中临时出现的子表中，它包含三列，分别是 ss_ticket_number、ss_customer_sk、sales，其中 sales 是按照 ss_ticket_number 和 ss_customer_sk 分组聚集计算用户的消费总额。由于派生表输入属性中包含分组聚集结果，因此需要派生表指定表名与列名（也可以只指定表名而不指定列名，此时列名即为派生表中查询列的列名），然后在派生表上完成按用户明细信息的消费次数分组聚集计算操作，实现对派生表分组聚集结果的再分组聚集计算。

派生表的功能也可以通过定义公用表表达式来实现。公用表表达式用于指定临时命名的结果集，将子查询定义为公用表表达式，在使用时要求公用表表达式后面紧跟着使用公用表表达式的 SQL 命令。上例查询命令将派生表查询块用 with 表达式定义，简化查询命令结构如下。

```
1.  with sales_record(ss_ticket_number, ss_customer_sk, sales) as
2.  (
3.    select
4.      ss_ticket_number,
5.      ss_customer_sk,
6.      sum(ss_sales_price) as sales
7.    from
8.      store_sales ss,
9.      date_dim dd,
10.     store s,
11.     household_demographics hd
12.   where
13.     ss.ss_sold_date_sk=dd.d_date_sk
14.     and ss.ss_store_sk= s.s_store_sk
15.     and ss.ss_hdemo_sk=hd.hd_demo_sk
16.     and (dd.d_dom between 1 and 3 or dd.d_dom between 25 and 28)
17.     and hd.hd_buy_potential = '>10000'
18.     and dd.d_year in (1999,2000,2001)
19.     and s.s_county in ('williamson county')
20.   group by
21.     ss_ticket_number,
22.     ss_customer_sk
23. )
24. select
25.   c_last_name,
26.   c_first_name,
27.   c_salutation,
28.   c_preferred_cust_flag,
29.   sales,
30.   count(*) as cnt
31. from
32.   sales_record,
33.   customer
34. where
35.   ss_customer_sk=c_customer_sk
```

```
36.        and sales>900
37.    group by
38.        c_last_name,
39.        c_first_name,
40.        c_salutation,
41.        c_preferred_cust_flag,
42.        sales
43.    order by
44.        c_last_name,
45.        c_first_name,
46.        c_salutation,
47.        c_preferred_cust_flag desc;
```

【SQL 命令解析】with 语句将派生表的查询结果前置,形成独立的查询语句块,简化查询主题结构,使得这个 SQL 代码结构更加清晰、易读,也更易于后期维护。在 with 语句定义派生表后,派生表本质上与数据库中的原始表没有区别,在本例中,派生表 sales_record 与数据库中的原始表 customer 完成了一个连接查询。

【例 4-32】查询结果如图 4-32 所示。

	c_last_name	c_first_name	c_salutation	c_preferred_cust_flag	sales	cnt
1	Clark	Joshua	Mr.	N	909.80	1
2	Dumas	Sheila	Ms.	Y	933.33	1
3	Easton	Christopher	Sir	Y	902.25	1
4	Gallant	Kyle	Mr.	Y	1029.46	1
5	Graham	Robert	Mr.	N	919.44	1
6	Kay	Robert	Dr.	N	922.08	1
7	King	Thomas	Sir	N	907.96	1
8	Lee	Tim	Sir	Y	929.39	1
9	Mcreynolds	Travis	Mr.	N	1030.32	1
10	Naylor	Pamela	Mrs.	N	902.28	1
11	Olds	Stephen	Dr.	N	971.80	1
12	Pena	John	Sir	N	928.54	1
13	Vasquez	Robert	Dr.	N	955.92	1
14	Williams	Donald	Dr.	N	922.73	1

图 4-32 基于派生表的查询

【应用场景】基于派生表的查询是利用 SQL 语言完成复杂查询的重要工具,涉及派生表的查询往往较为复杂,会涉及前几节中介绍的单表查询、多表连接查询、嵌套查询和集合查询,具备较强的综合性。

4.7 复杂查询案例解析

在 4.2 至 4.6 节中,我们介绍了 SQL 基础语法,包括单表查询、连接查询、嵌套查询、集合查询、基于派生表的查询等。熟练掌握 SQL 基础语法能够在很大程度上提高工作效率。

熟练掌握 SQL 包含的两个层次,第一个层次指的是基础语法层面的熟练。基础语法熟练的数据分析师能够在短时间内编写查询语句,并且做到少报错甚至不报错,减少在 debug 上面花费的时间。只要勤加练习,做到语法层面的熟练难度并不大。第二个层次指的是业务理解层面的熟练,或者说是 SQL 语义层面的准确性。对业务理解深刻、对数据表结构了如指掌的数据分析师能够快速地将商业需求转化为 SQL 语句落地实现,并且能够灵活地运用各种 SQL 语法来满足各种复杂的商业问题,同时能够快速验证查询结果的准确性。他们是业务和数据之间的桥梁。快速、准确地编写 SQL 数据查询语句是数据分析的基本功。如果基础数据的准确性存在问题,后续的分析也都是建立在错误数据的基础上展开的,这样的分析不仅毫无意义,甚至还会误导决策。

熟练掌握 SQL 并不是一个纸上谈兵的过程,在本节中我们准备了五个较为复杂的 SQL 数据查询案例。在每个案例的开篇我们都会首先介绍案例背景,或者是商业问题,在企业级数据分析中,这样的一个商业问题就是上级或其他团队的同事提出的数据分析需求,读者可先自行思考并编写查询代码,再对比参照参考代码进行学习。特别需要注意的是,每个案例的实现方式并不是唯一的,可能存在其他的语法组合同样能够得到同样准确的查询结果,欢迎读者自行探索。

4.7.1 复杂查询案例 1

【商业语义】请查询 2000 年全年 store sales 网络中、在开设在 'tn' 州的门店有过消费记录(s_state = 'tn')且退货总金额较大的所有用户。我们将这样的用户定义为退货总金额较大:他们的退货总金额大于整个 store sales 网络所有用户平均退货总额的 1.5 倍。请将最终查询结果按照降序排列。我们的目的是针对这部分用户开展售后调查,以期在未来减少用户退货情况的出现。

【SQL 语句】

```
1.
2.  with
3.  customer_total_return as
4.  (
5.    select
6.      sr_customer_sk,
7.      sr_store_sk,
8.      sum(sr_fee) as total_return
9.    from
10.     store_returns,
11.     date_dim
12.   where
13.     sr_returned_date_sk = d_date_sk
14.     and d_year =2000
15.   group by
16.     sr_customer_sk,
17.     sr_store_sk
```

18.)
19. **select**
20.   c_customer_id,
21.   total_return
22. **from**
23.   customer_total_return ctr,
24.   store s,
25.   customer c
26. **where**
27.   ctr.total_return >
28.   (**select**
29.   avg(total_return)*1.5
30.   **from**
31.   customer_total_return)
32.   and s.s_store_sk = ctr.sr_store_sk
33.   and ctr.sr_customer_sk=c.c_customer_sk
34.   and s.s_state = 'tn'
35. **order by**
36.   total_return **desc**;

【SQL 命令解析】本例难度较小，首先分组聚集计算出每个用户的退货总额，派生表 customer_total_return 用于存储 2000 年整个 store sales 网络每个用户在每个门店的退货总额，在此基础上将 s_state = 'tn'门店有过消费记录用户的总退货金额与 store sales 网络所有用户平均退货总额的 1.5 倍相比，输出退货总额大于该值的用户 ID 及他们的总退货金额。

【复杂查询案例 1】查询结果如图 4-33 所示。

	c_customer_id	total_return
1	AAAAAAAAFIPNAAAA	300.91
2	AAAAAAAAMJLMAAAA	284.58
3	AAAAAAAACJBHBAAA	275.83
4	AAAAAAAAEIGOAAAA	268.24
5	AAAAAAAAMBHKAAAA	266.32
6	AAAAAAAAOPPCBAAA	265.57
7	AAAAAAAAOOHABAAA	262.63
8	AAAAAAAALKKAAAA	259.40
9	AAAAAAAADJJBBAAA	258.15
10	AAAAAAAAPPFHBAAA	254.57
11	AAAAAAAAKEGABAAA	249.16
12	AAAAAAAAHFKJAAAA	248.00
13	AAAAAAAACBCGBAAA	246.67
14	AAAAAAAAHOKDAAAA	242.81
15	AAAAAAAAJDCEBAAA	240.70

图 4-33　复杂查询案例 1

4.7.2　复杂查询案例 2

【商业语义】请合并查询 website 网络和 catalog 网络 2002 年各季度比 2001 年各季度销售

总额的同比增长比例。我们的目的是对 2002 年的总体销售情况进行总结。

【SQL 语句】

```
1.   with s1 as
2.   (
3.     select
4.       ws_sold_date_sk as sold_date_sk,
5.       ws_ext_sales_price as sales_price
6.     from
7.       web_sales
8.     union all
9.     select
10.      cs_sold_date_sk as sold_date_sk,
11.      cs_ext_sales_price as sales_price
12.    from
13.      catalog_sales
14.   ),
15.   s2 as
16.   (
17.     select
18.       sum(case when (d_qoy=1 and d_year=2001) then sales_price else 0 end) as sales_2001q1,
19.       sum(case when (d_qoy=2 and d_year=2001) then sales_price else 0 end) as sales_2001q2,
20.       sum(case when (d_qoy=3 and d_year=2001) then sales_price else 0 end) as sales_2001q3,
21.       sum(case when (d_qoy=4 and d_year=2001) then sales_price else 0 end) as sales_2001q4,
22.       sum(case when (d_qoy=1 and d_year=2002) then sales_price else 0 end) as sales_2002q1,
23.       sum(case when (d_qoy=2 and d_year=2002) then sales_price else 0 end) as sales_2002q2,
24.       sum(case when (d_qoy=3 and d_year=2002) then sales_price else 0 end) as sales_2002q3,
25.       sum(case when (d_qoy=4 and d_year=2002) then sales_price else 0 end) as sales_2002q4
26.     from
27.       s1,
28.       date_dim
29.     where
30.       d_date_sk=sold_date_sk
31.   )
32.   select
33.     round((sales_2002q1-sales_2001q1)/sales_2001q1,2) as q1_sales_ratio,
34.     round((sales_2002q2-sales_2001q2)/sales_2001q2,2) as q2_sales_ratio,
35.     round((sales_2002q3-sales_2001q3)/sales_2001q3,2) as q3_sales_ratio,
36.     round((sales_2002q4-sales_2001q4)/sales_2001q4,2) as q4_sales_ratio
37.   from
```

38.　　s2;

【SQL 命令解析】本例首先生成了两个派生表 s1 和 s2。s1 表通过 union all 语句将 website 网络和 catalog 网络的销售记录明细合并。s2 表在 s1 表的基础上分组求和计算了 2001 年和 2002 年各季度的销售总额，最后再计算出各季度销售总额的同比增长率。在同一个查询中，已定义好的前一个派生表可以在后续定义的派生表中作为原始表使用。需要特别注意的还有 sum(case when…)语句的用法，这一技巧在分组求和时非常有效：将不符合某组条件的取值设为 0，这样在分组求和时只会将满足条件的值相加（不符合条件的值为 0，即使相加也不会影响最终结果），从而得到需求值。

【复杂查询案例 2】查询结果如图 4-34 所示。

图 4-34　复杂查询案例 2

4.7.3　复杂查询案例 3

【商业语义】请查询 2001 年 catalog 网络按照产品种类（i_category）、品牌（i_brand）、电话销售中心（cc_name）、年份（d_year）、月份（d_moy）分组后的销售总额，命名为 current_sum_sales；同时查询按照产品种类（i_category）、品牌（i_brand）、电话销售中心（cc_name）、年份（d_year）分组后的当年平均消费总额，命名为 avg_year_sales；将 current_sum_sales 与 avg_year_sales 之间的偏差大于 avg_year_sales 10% 以上的记录展示出来（current_sum_sales 比 avg_year_sales 的值大或者小 10% 以上），同时将该月份前一个月及后一个月的销售总额一并展示出来。最终结果按照偏差额的大小降序排列。我们的目的是识别 catalog 网络业务运行的异常情况，通过评估该异常发生的程度来判断是否需要进一步深入分析。

【SQL 语句】

```
1.  with v1 as
2.  (
3.      select
4.          i_category,
5.          i_brand,
6.          cc_name,
7.          d_year,
8.          d_moy,
9.          sum(cs_sales_price) as current_sum_sales,
10.         avg(sum(cs_sales_price))over(partition by i_category, i_brand, cc_name, d_year)as avg_year_sales,
11.         rank() over (partition by i_category, i_brand, cc_name order by d_year, d_moy) as rn
12.     from
13.         item,
14.         catalog_sales,
```

```
15.        date_dim,
16.        call_center
17.    where
18.        cs_item_sk = i_item_sk
19.        and cs_sold_date_sk = d_date_sk
20.        and cc_call_center_sk= cs_call_center_sk
21.        and (d_year = 2001 or (d_year = 2001-1 and d_moy =12) or (d_year = 2001+1 and d_moy =1))
22.    group by
23.        i_category,
24.        i_brand,
25.        cc_name,
26.        d_year,
27.        d_moy
28.    ),
29.  v2 as
30.    (
31.    select
32.        v1.i_category,
33.        v1.i_brand,
34.        v1.cc_name,
35.        v1.d_year,
36.        v1.d_moy,
37.        v1.avg_year_sales,
38.        v1.current_sum_sales,
39.        v1_lag.current_sum_sales as previous_sum_sales,
40.        v1_lead.current_sum_sales as next_sum_sales
41.    from
42.        v1,
43.        v1 v1_lag,
44.        v1 v1_lead
45.    where
46.        v1.i_category = v1_lag.i_category
47.        and v1.i_category = v1_lead.i_category
48.        and v1.i_brand = v1_lag.i_brand
49.        and v1.i_brand = v1_lead.i_brand
50.        and v1.cc_name = v1_lag.cc_name
51.        and v1.cc_name = v1_lead.cc_name
52.        and v1.rn = v1_lag.rn + 1
53.        and v1.rn = v1_lead.rn − 1
54.    )
```

```
55.    select
56.        top 100 *
57.    from
58.        v2
59.    where
60.        d_year = 2001
61.        and avg_year_sales > 0
62.        and (case when avg_year_sales > 0 then abs(current_sum_sales -
    avg_year_sales) / avg_year_sales else null end) > 0.1
63.    order by
64.        current_sum_sales - avg_year_sales;
```

【SQL 命令解析】本例难度较大，也应用了新的查询技巧。我们首先介绍窗口函数的用法。

```
1.    function (expression) over
2.    (
3.        [partition by expr_list]
4.        [order by order_list [frame_clause]]
5.    )
```

function 表达式是窗口函数的核心功能，可使用 sum、avg、max、min、rank()等，其中 over 是定义窗口规范的子句，是窗口函数的标志，partition by expr_list 是可选语句。partition by 子句将结果集细分为分区，与 group by 子句很类似。如果存在分区子句，则为每个分区中的行计算上面的 function；如果未指定任何分区子句，则一个分区包含整个表，并为整个表计算该函数。order by 表示窗口结果的排序依据。frame_clause 是框架子句，在使用 order by 时进一步优化函数窗口中的行集，提供了包含或排除已排序结果中的行集功能。框架子句包括 rows 关键字和关联的说明符，但在本例中并未出现。

为了更好地理解窗口函数的作用，我们输入以下查询。

```
1.    select
2.        i_category,
3.        i_brand,
4.        cc_name,
5.        d_year,
6.        d_moy,
7.        avg(sum(cs_sales_price)) over (partition by i_category, i_brand, cc_name, d_year) as avg_year_sales,
8.        sum(sum(cs_sales_price)) over (partition by i_category, i_brand, cc_name, d_year) as sum_year_sales,
9.        min(sum(cs_sales_price)) over (partition by i_category, i_brand, cc_name, d_year) as min_year_sales,
10.       max(sum(cs_sales_price)) over (partition by i_category, i_brand, cc_name, d_year) as max_year_sales,
11.       sum(sum(cs_sales_price)) over (partition by i_category, i_brand, cc_name, d_year order by d_moy rows between unbounded preceding and current row) as accumulated_sum_year_sales,
```

12.   rank() over (partition **by** i_category, i_brand, cc_name **order by** d_year, d_moy) **as** rn
13.   **from**
14.   item,
15.   catalog_sales,
16.   date_dim,
17.   call_center
18.   **where**
19.   cs_item_sk = i_item_sk
20.   and cs_sold_date_sk = d_date_sk
21.   and cc_call_center_sk= cs_call_center_sk
22.   and d_year = 2001
23.   **group by**
24.   i_category,
25.   i_brand,
26.   cc_name,
27.   d_year,
28.   d_moy;

在以上查询中，我们定义了 avg_year_sales、sum_year_sales、min_year_sales、max_year_sales、accumulated_sum_year_sales、rn 共 6 个窗口函数。其中 avg(sum(cs_sales_price)) over (partition by i_category, i_brand, cc_name, d_year) as avg_year_sales 表达式意为，按照产品品类、品牌、销售中心名称、年份聚集计算各组销售总额的均值；sum(sum(cs_sales_price)) over (partition by i_category, i_brand, cc_name, d_year) as sum_year_sales 表达式意为，按照产品品类、品牌、销售中心名称、年份聚集计算各组销售总额之和；同样的，min 和 max 表达式分别表示求各组最小值和最大值。需特别说明的是，sum(sum(cs_sales_price)) over (partition by i_category, i_brand, cc_name, d_year order by d_moy rows between unbounded preceding and current row) as accumulated_sum_year_sales 表达式意为按照产品品类、品牌、销售中心名称、年份聚集计算各组销售总额累计总额，其中 unbounded preceding 指示窗口从分区的第一行开始，current row 指示窗口在当前行结束。最后，rank() over (partition by i_category, i_brand, cc_name order by d_year, d_moy) as rn 表达式意为对各产品品类、品牌、销售中心名称按照年份以及月份进行排序，并生成新列以存储生成的序列号。

该查询结果如图 4-35 所示。

i_category	i_brand	cc_name	d_year	d_moy	avg_year_sales	sum_year_sales	min_year_sales	max_year_sales	accumulated_sum_year_sales	rn
Books		Mid Atlantic	2001	11	77.535000	775.35	15.72	159.24	687.71	9
Books		Mid Atlantic	2001	12	77.535000	775.35	15.72	159.24	775.35	10
Books	amalgmaxi #10	North Midwest	2001	1	242.042500	2904.51	34.11	426.00	172.73	1
Books	amalgmaxi #10	North Midwest	2001	2	242.042500	2904.51	34.11	426.00	416.26	2
Books	amalgmaxi #10	North Midwest	2001	3	242.042500	2904.51	34.11	426.00	775.16	3
Books	amalgmaxi #10	North Midwest	2001	4	242.042500	2904.51	34.11	426.00	1027.53	4
Books	amalgmaxi #10	North Midwest	2001	5	242.042500	2904.51	34.11	426.00	1191.52	5
Books	amalgmaxi #10	North Midwest	2001	6	242.042500	2904.51	34.11	426.00	1345.20	6
Books	amalgmaxi #10	North Midwest	2001	7	242.042500	2904.51	34.11	426.00	1379.31	7
Books	amalgmaxi #10	North Midwest	2001	8	242.042500	2904.51	34.11	426.00	1805.31	8
Books	amalgmaxi #10	North Midwest	2001	9	242.042500	2904.51	34.11	426.00	2034.69	9
Books	amalgmaxi #10	North Midwest	2001	10	242.042500	2904.51	34.11	426.00	2241.35	10
Books	amalgmaxi #10	North Midwest	2001	11	242.042500	2904.51	34.11	426.00	2607.84	11
Books	amalgmaxi #10	North Midwest	2001	12	242.042500	2904.51	34.11	426.00	2904.51	12

图 4-35　窗口函数的应用

在介绍完窗口函数的用法后,我们回到本例。派生表 v1 存储了分组求和的 2000 年 12 月至 2002 年 1 月每月发生的销售总额,该年的平均销售总额,以及按照月份次序排序的序号。为获取前一个月及下一个月的销售总额信息,派生表 v2 复制了派生表 v1,并额外生成 v1_lag 和 v1_lead 表,再利用连接条件语句 v1.rn = v1_lag.rn + 1 and v1.rn = v1_lead.rn − 1,使得每行所对应的月份都获得了该月份前一个月及后一个月的销售总额。派生表中的 current_sum_sales、previous_sum_sales、next_sum_sales 分别表示某品牌的当月额、上月额与下月额。

本例技巧性较强,查询难度较大,利用衍生列完成复杂查询的技巧非常值得学习。

【复杂查询案例 3】查询结果如图 4-36 示。

	i_category	i_brand	cc_name	d_year	d_moy	avg_year_sales	current_sum_sales	previous_sum_sales	next_sum_sales
1	Music	exportischolar #2	Mid Atlantic	2001	6	10576.175833	3942.23	6432.23	6319.91
2	Children	amalgexporti #2	North Midwest	2001	2	9994.800000	3364.66	7015.59	5064.34
3	Music	edu packscholar #2	Mid Atlantic	2001	6	11003.982500	4679.19	7194.61	4829.62
4	Men	importoimporto #2	North Midwest	2001	2	10608.765833	4359.09	7023.99	4931.99
5	Music	edu packscholar #2	Mid Atlantic	2001	7	11003.982500	4829.62	4679.19	14825.25
6	Children	exportiexporti #2	NY Metro	2001	2	9780.980833	3620.46	4408.84	5168.42
7	Children	edu packexporti #2	North Midwest	2001	6	10067.003333	3986.88	4992.73	6260.56
8	Women	edu packamalg #2	Mid Atlantic	2001	6	10775.214166	4721.23	7111.50	16178.61
9	Shoes	amalgedu pack #2	NY Metro	2001	3	10861.648333	4818.28	5731.10	7313.48
10	Music	edu packscholar #2	North Midwest	2001	1	10734.781666	4727.52	13837.84	5603.52
11	Music	edu packscholar #2	North Midwest	2001	6	10734.781666	4742.49	6731.90	6500.91
12	Shoes	amalgedu pack #2	NY Metro	2001	6	10861.648333	4934.85	7025.40	6338.89
13	Women	amalgamalg #2	Mid Atlantic	2001	6	10548.818333	4640.42	4949.51	6421.33
14	Men	exportiimporto #2	North Midwest	2001	6	9608.830000	3732.64	6756.94	7236.87
15	Men	importoimporto #2	NY Metro	2001	1	10861.449166	4993.33	13919.85	6195.13
16	Music	edu packscholar #2	NY Metro	2001	3	10907.674166	5067.27	7637.02	6526.79
17	Shoes	importoedu pack #2	NY Metro	2001	7	10850.478333	5026.91	6861.97	14151.33
18	Children	exportiexporti #2	North Midwest	2001	4	9728.253333	3945.99	5531.65	6344.54
19	Men	importoimporto #2	North Midwest	2001	6	10608.765833	4877.11	6642.16	7093.75
20	Shoes	amalgedu pack #2	NY Metro	2001	1	10861.648333	5147.39	13229.35	5731.10

图 4-36　复杂查询案例 3

4.7.4　复杂查询案例 4

【商业语义】请查询在 2001 年 4 月至 6 月期间,国籍为 nm、ky、ga 的且仅在 store sales 网络发生过消费,未在 website 网络和 catalog 网络发生过消费的用户基本属性特征,按照性别（cd_gender）、婚姻状况（cd_marital_status）、教育水平（cd_education_status）、购买能力估计（cd_purchase_estimate）、信用评分（cd_credit_rating）等维度分组计算用户数量。我们希望评估这部分用户的个人特征。

【SQL 命令】

1. **select**
2.   cd_gender,
3.   cd_marital_status,
4.   cd_education_status,
5.   cd_purchase_estimate,
6.   cd_credit_rating,
7.   count(**distinct** c_customer_sk) **as** cust_num
8. **from**

```
9.      customer c,
10.     customer_address ca,
11.     customer_demographics cd
12. where
13.     c.c_current_addr_sk = ca.ca_address_sk
14.     and ca_state in ('nm','ky','ga')
15.     and cd_demo_sk = c.c_current_cdemo_sk
16.     and exists
17.     (select
18.         *
19.     from
20.         store_sales,
21.         date_dim
22.     where
23.         c.c_customer_sk = ss_customer_sk
24.         and ss_sold_date_sk = d_date_sk
25.         and d_year = 2001
26.         and d_moy between 4 and 4+2)
27.     and not exists
28.     (select
29.         *
30.     from
31.         web_sales,
32.         date_dim
33.     where
34.         c.c_customer_sk = ws_bill_customer_sk
35.         and ws_sold_date_sk = d_date_sk
36.         and d_year = 2001
37.         and d_moy between 4 and 4+2)
38.     and not exists
39.     (select
40.         *
41.     from
42.         catalog_sales,
43.         date_dim
44.     where
45.         c.c_customer_sk = cs_ship_customer_sk
46.         and cs_sold_date_sk = d_date_sk
47.         and d_year = 2001
48.         and d_moy between 4 and 4+2)
```

```
49.    group by
50.        cd_gender,
51.        cd_marital_status,
52.        cd_education_status,
53.        cd_purchase_estimate,
54.        cd_credit_rating
55.    order by
56.        cd_gender,
57.        cd_marital_status,
58.        cd_education_status,
59.        cd_purchase_estimate,
60.        cd_credit_rating;
```

【SQL 命令解析】上述查询的难点在于如何判断用户在各个网络的历史消费情况。本例使用三个 exists/not exists 语句块，运用相关子查询逐一判断用户在特定时间范围内是否在三大销售网络进行过消费，在此基础上分组聚集后得到结果。

【复杂查询案例 4】查询结果如图 4-37 所示。

	cd_gender	cd_marital_status	cd_education_status	cd_purchase_estimate	cd_credit_rating	cust_num
1	F	D	2 yr Degree	2500	Low Risk	1
2	F	D	2 yr Degree	4500	Good	1
3	F	D	2 yr Degree	4500	Low Risk	2
4	F	D	2 yr Degree	9000	Good	1
5	F	D	2 yr Degree	9500	Good	1
6	F	D	4 yr Degree	1000	Low Risk	1
7	F	D	4 yr Degree	1500	Low Risk	1
8	F	D	4 yr Degree	1500	Unknown	1
9	F	D	4 yr Degree	2000	Good	1
10	F	D	4 yr Degree	2500	Unknown	1
11	F	D	4 yr Degree	4000	Unknown	1
12	F	D	4 yr Degree	5500	Good	1
13	F	D	4 yr Degree	7000	Good	1
14	F	D	4 yr Degree	7000	High Risk	1
15	F	D	4 yr Degree	8000	High Risk	1
16	F	D	4 yr Degree	8500	Unknown	1
17	F	D	Advanced Degree	1000	Good	1
18	F	D	Advanced Degree	3500	Good	1
19	F	D	Advanced Degree	3500	High Risk	1
20	F	D	Advanced Degree	4000	High Risk	1

图 4-37 复杂查询案例 4

4.7.5 复杂查询案例 5

【商业语义】请查询平均净利润（ss_net_paid − ss_ext_wholesale_cost）最大和最小的各 10 个产品。这些产品在 store sales 网络的 4 号门店出售（ss_store_sk = 4）。我们这样定义平均净利润最大的产品：它们的平均净利润需要大于该门店所有产品平均净利润的 80%。我们这样定义平均净利润最小的产品：它们的平均净利润需要小于该门店所有产品平均净利润的 20%。我们的目的是识别最热门和最冷门的产品，为进货决策提供支持。

【SQL 命令】

```
1.   with asceding as
2.   (
3.     select
4.       item_sk,
5.       rank() over (order by avg_net_profit asc) as rn
6.     from
7.     (select
8.        ss_item_sk as item_sk,
9.        avg(ss_net_paid - ss_ext_wholesale_cost) as avg_net_profit
10.    from
11.       store_sales
12.    where
13.       ss_store_sk =4
14.    group by
15.       ss_item_sk
16.    having
17.       avg(ss_net_paid - ss_ext_wholesale_cost) > 0.8 *
18.       (select
19.          avg(ss_net_paid - ss_ext_wholesale_cost)
20.       from
21.          store_sales
22.       where
23.          ss_store_sk = 4
24.       group by
25.          ss_store_sk)
26.    )s
27.  ),
28.  descending as
29.  (
30.    select
31.      item_sk,
32.      rank() over (order by avg_net_profit desc) as rn
33.    from
34.    (select
35.       ss_item_sk as item_sk,
36.       avg(ss_net_paid - ss_ext_wholesale_cost) as avg_net_profit
37.    from
38.       store_sales
39.    where
```

```
40.         ss_store_sk =4
41.     group by
42.         ss_item_sk
43.     having
44.         avg(ss_net_paid - ss_ext_wholesale_cost) < 0.2 *
45.         (select
46.             avg(ss_net_paid - ss_ext_wholesale_cost)
47.         from
48.             store_sales
49.         where
50.             ss_store_sk = 4
51.         group by
52.             ss_store_sk)
53.     )s
54. )
55. select
56.     asceding.rn,
57.     i1.i_product_name as best_performing,
58.     i2.i_product_name as worst_performing
59. from
60.     item i1,
61.     item i2,
62.     asceding,
63.     descending
64. where
65.     asceding.rn = descending.rn
66.     and asceding.rn<=10
67.     and descending.rn<=10
68.     and i1.i_item_sk=asceding.item_sk
69.     and i2.i_item_sk=descending.item_sk
70. order by
71.     asceding.rn;
```

【SQL 命令解析】本例需要查询平均净利润最高和最低的各 10 个产品。通过派生表 asceding 和 descending 将产品分别按照平均净利润的大小降序和升序排列，再通过定义两个相同的 item 表作为中间表将最终结果组织输出。

【复杂查询案例 5】查询结果如图 4-38 所示。

rn	best_performing	worst_performing
1	1	priantiantibarought	pricallyantiableought
2	2	barpriantiable	ableationoughtn st
3	3	n steseableation	bareingationn st
4	4	eingcallyoughtanti	esecallyanticallyought
5	5	callyantipriableought	eingeingoughtableought
6	6	antiantibaration	ationbarableanti
7	7	ationeingcallyable	prioughtantieing
8	8	ableeingableoughtought	eseationcallycallyought
9	9	n stn stn stoughtought	eingoughteseoughtought
10	10	callyn steseese	barantipripri

图 4-38 复杂查询案例 5

4.8 SQL 语言的其他功能

在 4.1 至 4.7 节中，我们对 SQL 语言的数据查询功能进行了细致的讲解和实战练习。数据查询功能是 SQL 语言最为重要的功能之一，也是数据分析师的必备技能之一。除了数据查询功能，在本节中我们将介绍 SQL 语言的其他功能，包括数据定义（包括定义、修改、删除表）、数据更新（包括插入、修改、删除数据）、视图的定义和使用等一系列功能。

4.8.1 数据定义 SQL

1. 定义表

在 3.1 节中我们已经接触过 SQL 的建表语法，在此我们将进行更加系统的介绍。

创建表的核心语句块是 create table 语句块，比较有代表性的语句格式如下所示。

```
1. create table [ database_name ] table_name
2.   (
3.   <column_name> < type_name > [constraint_name],
4.   <column_name> < type_name > [constraint_name]
5.   ……
6.   [,<table_constraint> ]
7.   );
```

基本表是关系的物理实现。表名 table_name 定义了关系的名称，不同的数据库之间表名可以相同。列名 column_name 是属性的标识，表中的列名不能相同，不同表的列名可以相同。当查询中所使用的不同表的列名相同时，需要使用"表名.列名"来区分相同名称的列。当列名不同时，不同表的列可以直接通过列名访问，因此，在标准化的设计中，通常采用表名缩写加下划线加列名组成复合列名的命名方式来区分不同的列，如将 customer 表的 customer_sk 列命名为 "c_customer_sk"，将 store_sales 表的 customer_sk 列命名为 "ss_customer_sk"。

数据类型 type_name 规定了列的取值范围，需要根据列的数据特点定义适合的数据类型，既要避免因数据类型值域过小引起的数据溢出问题，也要避免因数据类型值域过大导致的存储空间浪费问题。在大数据存储时,数据类型的宽度决定了数据存储空间,因此,需要合理地根据应用的特征选择适当的数据类型。

列级完整性约束 constraint_name 包括以下三种情况。

(1) 列是否可以取空值:

[null | not null]

如 s_city varchar(60) null 表示列 s_city 可以取空值。如果不明确声明是否可以取空值,则默认为可以取空值。注意,表中设置为主键的列不可为空,需要设置 not null 约束条件。

(2) 列是否为主键/唯一键:

{ primary key | unique }

如 s_store_sk int primary key 表示将列 s_store_sk 设置为主键。

(3) 列是否是外键:

references referenced_table_name [(ref_column)]

如 ss_store_sk int references store (s_store_sk) 表示列 ss_store_sk 是外键,参照表 store 中的列 s_store_sk。约束条件定义在列之后的方式称为列级约束。

表级约束 table_constraint 是为表中的列所定义的约束。当表中使用多个属性的复合主键时,主键的定义需要使用表级约束。列级参照完整性约束也可以表示为表级参照完整性约束。

主外键的设置可以在 create table 语句块中声明,也可以不在 create table 语句块中声明,而是在 alter table 语句块中声明。alter table 语句块将在下一部分讲解。

TPC-DS 数据集 store 表建表命令如下。

```
1.  create table store
2.  (
3.    s_store_sk              integer          not null,
4.    s_store_id              char(16)         not null,
5.    s_rec_start_date        date             ,
6.    s_rec_end_date          date             ,
7.    s_closed_date_sk        integer          ,
8.    s_store_name            varchar(50)      ,
9.    s_number_employees      integer          ,
10.   s_floor_space           integer          ,
11.   s_hours                 char(20)         ,
12.   s_manager               varchar(40)      ,
13.   s_market_id             integer          ,
14.   s_geography_class       varchar(100)     ,
15.   s_market_desc           varchar(100)     ,
16.   s_market_manager        varchar(40)      ,
17.   s_division_id           integer          ,
18.   s_division_name         varchar(50)      ,
19.   s_company_id            integer          ,
```

```
20.    s_company_name         varchar(50)       ,
21.    s_street_number        varchar(10)       ,
22.    s_street_name          varchar(60)       ,
23.    s_street_type          char(15)          ,
24.    s_suite_number         char(10)          ,
25.    s_city                 varchar(60)       ,
26.    s_county               varchar(30)       ,
27.    s_state                char(2)           ,
28.    s_zip                  char(10)          ,
29.    s_country              varchar(20)       ,
30.    s_gmt_offset           decimal(5,2)      ,
31.    s_tax_precentage       decimal(5,2)      ,
32.    tmp                    integer           ,
33.    primary key (s_store_sk)   --表级完整性约束
34.    );
```

在第 2 章中我们曾介绍过这段语句。这段语句并未在列级完整性约束中声明主外键设置，而是在表级完整性约束中声明了主外键设置。

2. 修改表

修改表的核心语句块是 alter table 语句块，比较有代表性的语句格式如下所示。

```
1.   alter table < table_name >
2.   [add <column_name> < type_name > [constraint_name]]
3.   [add <table_constraint>]
4.   [drop <column_name>]
5.   [drop <constraint_name >]
6.   [alter column < column_name > [type_name] | [ null | not null ]];
```

修改基本表，其中 add 子句用于增加新的列（列名、数据类型、列级约束）和新的表级约束条件；drop 子句用于删除指定的列或者指定的完整性约束条件；alter table 子句用于修改原有的列定义，包括列名、数据类型等。示例代码如下所示。

```
1.   alter table customer add c_age int;
2.   --增加一个 int 类型的列 c_age
3.   alter table item alter column i_current_price samllint null;
4.   --将 i_current_price 列的数据类型修改为 samllint
5.   alter table store alter culumn s_city varchar(60) not null;
6.   --将 s_city 列修改为 not null 约束
7.   alter table web_returns add constraint wr_wp foreign key (wr_web_page_sk) references web_page (w
     p_web_page_sk);
```

8. --在 web_returns 表中增加一个外键约束。constraint 关键字定义约束的名称为 wr_wp，然后定义表级参照完整性约束条件。
9. **alter table** store **drop column** tmp;
10. --删除 store 表中的 tmp 列
11. **alter table** web_returns **drop constraint** wr_wp;
12. --在 web_returns 表中删除外键约束 wr_wp

3. 删除表

修改表的核心语句块是 drop table 语句块，比较有代表性的语句格式如下所示。

1. **drop table** < table_name > [**restrict**|**cascade**];

restrict 为缺省选项，表的删除有限制条件。删除的基本表不能被其他表的约束引用，如 foreign key，不能有视图、触发器、存储过程及函数等依赖于该表的对象，如果存在，需要首先删除这些对象或者解除与该表的依赖后才能删除该表。cascade 意为无限制条件，表被删除时，相关对象也一起被删除。

不同的数据库对 drop table 命令有不同的规定，有的数据库不支持 restrict | cascade 选项，在删除表时需要手工删除与表相关的对象或解除删除表与其他表的依赖关系。

4.8.2 数据更新 SQL

1. 插入数据

在 SQL 命令中插入语句包括两种类型：插入一个新元组和插入查询结果。插入查询结果时可以一次插入多条元组。

（1）插入元组。

插入元组的核心语句块是 insert into 语句块，比较有代表性的语句格式如下所示。

1. **insert into** <table_name> [column_list]
2. **values** ({**default** | null | expression } [,...n]);

insert 语句的功能是向指定的表 table_name 中插入元组。column_list 指出插入元组对应的属性，可以与表中列的顺序不一致，没有出现的属性赋空值，需要保证没有出现的属性不存在 not null 约束，不然会出错。当不使用 column_list 时需要插入全部的属性值。values 子句按 column_list 顺序为表记录各个属性赋值。示例代码如下所示。

1. **insert into** inventory
2. (
3.   inv_date_sk,
4.   inv_item_sk,
5.   inv_warehouse_sk,
6.   inv_quantity_on_hand
7.) **values**(2,2,1,5);

向 inventory 表中插入新元组，取值分别为 2，2，1，5。
（2）插入子查询结果。

1. **insert into** <table_name> [column_list]
2. **select**…**from**…;

将子查询的结果批量插入表中。要求预先建立记录插入的目标表，然后通过子查询选择记录，批量插入目标表，子查询的列与目标表的列相对应。示例代码如下所示。

1. **create table** sales_record
2. (
3.   ss_ticket_number **int**,
4.   ss_customer_sk **int**,
5.   sales **int**
6.);
7.
8. **insert into** sales_record
9. **select**
10.   ss_ticket_number,
11.   ss_customer_sk,
12.   sum(ss_sales_price) **as** sales
13. **from**
14.   store_sales ss,
15.   date_dim dd,
16.   store s,
17.   household_demographics hd
18. **where**
19.   ss.ss_sold_date_sk=dd.d_date_sk
20.   and ss.ss_store_sk= s.s_store_sk
21.   and ss.ss_hdemo_sk=hd.hd_demo_sk
22.   and (dd.d_dom between 1 and 3 or dd.d_dom between 25 and 28)
23.   and hd.hd_buy_potential = '>10000'
24.   and dd.d_year in (1999,2000,2001)
25.   and s.s_county in ('williamson county')
26. **group by**
27.   ss_ticket_number,
28.   ss_customer_sk;

首先建立目标表 sales_record，包含 3 个 int 列，然后通过子查询产生查询结果集，再通过 insert into 语句将子查询的结果集插入目标表 sales_record 中。

select…into new_table 也提供了类似的将子查询结果插入目标表的功能。示例代码如下所示。

```
1.  select
2.      ss_ticket_number,
3.      ss_customer_sk,
4.      sum(ss_sales_price) as sales
5.  into sales_record
6.  from
7.      store_sales ss,
8.      date_dim dd,
9.      store s,
10.     household_demographics hd
11. where
12.     ss.ss_sold_date_sk=dd.d_date_sk
13.     and ss.ss_store_sk= s.s_store_sk
14.     and ss.ss_hdemo_sk=hd.hd_demo_sk
15.     and (dd.d_dom between 1 and 3 or dd.d_dom between 25 and 28)
16.     and hd.hd_buy_potential = '>10000'
17.     and dd.d_year in (1999,2000,2001)
18.     and s.s_county in ('williamson county')
19. group by
20.     ss_ticket_number,
21.     ss_customer_sk;
```

select…into new_table 命令不需要预先建立目标表，查询根据选择列表中的列和从数据源选择的行，在指定的新表中插入记录。

2．修改数据

修改元组的核心语句块是 update 语句块，比较有代表性的语句格式如下所示。

```
1.  update <table_name>
2.  set <column_name>=<expression>[<column_name>=<expression>]
3.  [ from { <table_source> } [ ,...n ] ]
4.  [where <search_condition>];
```

update 语句的功能是更新表中满足 where 子句条件的记录中由 set 指定的属性值。示例代码如下所示。

```
1.  update item set i_category='popular'
2.  from
3.      (select
4.          ss_item_sk as item_sk,
5.          avg(ss_net_paid - ss_ext_wholesale_cost) as avg_net_profit
```

```
6.   from
7.      store_sales
8.   where
9.      ss_store_sk =4
10.  group by
11.     ss_item_sk
12.  having
13.     avg(ss_net_paid - ss_ext_wholesale_cost) > 0.9 *
14.     (select
15.        avg(ss_net_paid - ss_ext_wholesale_cost)
16.     from
17.        store_sales
18.     where
19.        ss_store_sk = 4
20.     group by
21.        ss_store_sk)
22.  ) as item_net_profit
23.  where item_sk=i_item_sk;
```

更新 item 表中 i_category 的值,但更新的条件需要通过连接子查询构造。查询的关键是通过派生表计算出 store_sales 表中按产品分组计算平均净利润,并给派生表命名,然后派生表与 item 表按 item_sk 连接并完成基于连接表的更新操作。

3. 删除数据

删除操作用于将表中满足条件的记录删除,其核心语句块是 delete from 语句块,比较有代表性的语句格式如下所示。

```
1.   delete
2.   from <table_name>
3.   [where <search_condition>];
```

delete 语句的功能是删除表中的记录,当不指定 where 条件时删除表中全部记录,当指定 where 条件时按条件删除记录。示例代码如下所示。

```
1.   delete from customer;
2.   --删除 customer 表中全部记录
3.   delete from customer where c_salutation='mr.';
4.   --删除 customer 表中 c_salutation='mr.'的记录
5.   delete from store_sales
6.   where
7.      ss_customer_sk in
8.      (select
```

```
9.        c_customer_sk
10.    from
11.        customer
12.    where
13.        c_salutation='mr.');
14.    --删除 store_sales 表中 ss_customer_sk 的 c_salutation='mr.'的记录
```

在具有参照完整性约束关系的表中,删除被参照表记录之前要先删除参照表中对应的记录,然后才能删除被参照表中的记录,实现 cascade 级联删除,以满足约束条件。

4.8.3 视图的定义和使用

视图是数据库从一个或多个原始表导出的虚表,视图中只存储视图的定义,但不存放视图对应的实际数据。当访问视图时,通过视图的定义实时地从原始表中读取数据。定义视图为用户提供了基本表上多样化的数据子集,但不会产生数据冗余以及不同数据复本导致的数据不一致问题。视图在定义后可以和基本表一样被查询、删除,也可以在视图上定义新的视图。由于视图并不实际存储数据,因此,视图的更新操作有一定的限制。

1. 定义视图

定义视图的核心语句块是 create view 语句块,比较有代表性的语句格式如下所示。

```
1.  create view <view_name> [ (column_name [ ,...n ] ) ]
2.  as <select_statement>
3.  [ with check option ];
```

子查询 select_statement 可以是任意的 select 语句块,with check option 表示对视图进行 update、insert 和 delete 操作时要保证更新、插入或删除的行满足视图定义中的谓词条件,即子查询中的条件表达式。

在定义视图时,当视图属性列名省略时,默认视图由子查询中 select 子句目标列中的各字段组成;当子查询的目标列是聚集函数或表达式、多表连接中同名列或者使用新的列名时,需要指定组成视图的所有列名。示例代码如下所示。

```
1.  create view
2.  customer_total_return(customer_sk,store_sk,total_return) as
3.  (
4.      select
5.          sr_customer_sk,
6.          sr_store_sk,
7.          sum(sr_fee) as total_return
8.      from
9.          store_returns,
10.         date_dim
11.     where
```

```
12.          sr_returned_date_sk = d_date_sk
13.          and d_year =2000
14.     group by
15.          sr_customer_sk,
16.          sr_store_sk
17.     );
18.
19.  select
20.     c_customer_id,
21.     total_return
22.  from
23.     customer_total_return ctr,
24.     store s,
25.     customer c
26.  where
27.     ctr.total_return >
28.     (select
29.          avg(total_return)*1.5
30.     from
31.          customer_total_return)
32.     and s.s_store_sk = ctr.sr_store_sk
33.     and ctr.sr_customer_sk=c.c_customer_sk
34.     and s.s_state = 'tn'
35.  order by
36.     total_return desc;
```

本段查询是 4.7 节中复杂查询案例 1 的改写，此处我们将原先使用 with 语句定义的派生表 customer_total_return 转换为了视图 customer_total_return，并在建立视图的基础上再执行查询。这两个查询是完全等价的。

视图的作用与派生表非常相似，区别在于派生表仅能用于单次查询，而视图可以将定义好的临时表永久性存储。在视图上可以执行与基本表一样的查询操作。数据库执行对视图的查询时，把视图定义的子查询和用户查询结合起来，转换成等价的对基本表的查询。

需要注意的是，在创建视图的 SQL 语句中，不可以使用基于派生表的查询技巧，但可以使用 from 语句嵌套子查询语句代替。

2. 删除视图

删除视图的核心语句块是 drop view 语句块，比较有代表性的语句格式如下所示。

```
1.  drop view <view_name>;
```

在本节中，我们介绍了 SQL 语言除数据查询功能以外的其他功能。对于数据分析工作而言，使用到其他功能的情况并不多，因此可以将本节视为一个专题性的补充。

本章小结

结构化查询语言 SQL 是从关系型数据库中高效抓取数据的必备语言,也是企业级数据分析师需要具备的基本功之一。SQL 语言语法简洁、通俗易懂、容易上手,与自然语言非常相似,但是要做到灵活应用、融会贯通却不是一件容易的事情,需要大量的实战演练才能够做到熟练地编写 SQL 语言实现复杂查询。SQL 语言有若干进阶查询技巧,需要在恰当的时候运用这些查询技巧以达到最佳效果;同时实现相同的查询结果也可以通过不同 SQL 语法结构实现,但是不同的语法结构在执行效率上又存在着差别。综上,SQL 语言具备着易上手、难精通的特点,需要读者持续不断的练习,以达到企业级数据分析对于 SQL 语言掌握程度的要求。

案例实践 4-1

查询各县(county)在 2001 年各季度分别在 store sales 网络与 website sales 网络产生的总销售额相较于前一季度的增长比例。

本例提示如表 4-2 所示。

表 4-2 案例实践 4-1 的数据结构提示

county	year	store_q1_q2	store_q2_q3	store_q3_q4	web_q1_q2	web_q2_q3	web_q3_q4
…	…	…	…	…	…	…	…

案例实践 4-2

将以下嵌套子查询改写为基于派生表的查询。

1. **select**
2.   c_last_name,
3.   c_first_name,
4.   ca_city,
5.   bought_city,
6.   ss_ticket_number,
7.   amt,
8.   profit
9. **from**
10. (
11.   **select**
12.   ss_ticket_number,
13.   ss_customer_sk,
14.   ca_city **as** bought_city,
15.   sum(ss_coupon_amt) **as** amt,
16.   sum(ss_net_profit) **as** profit
17.   **from**

18.　　　store_sales ss,
19.　　　date_dim d,
20.　　　store s,
21.　　　household_demographics hd,
22.　　　customer_address ca
23.　　**where**
24.　　　ss.ss_sold_date_sk = d.d_date_sk
25.　　　and ss.ss_store_sk = s.s_store_sk
26.　　　and ss.ss_hdemo_sk = hd.hd_demo_sk
27.　　　and ss.ss_addr_sk = ca.ca_address_sk
28.　　　and d.d_dow in (6,0)
29.　　　and d.d_year in (1998,1998+1,1998+2)
30.　　**group by**
31.　　　ss_ticket_number,
32.　　　ss_customer_sk,
33.　　　ss_addr_sk,ca_city
34.　　) dn,
35.　　customer c,customer_address current_addr
36.　　**where** ss_customer_sk = c_customer_sk
37.　　　and c.c_current_addr_sk = current_addr.ca_address_sk
38.　　　and current_addr.ca_city != dn.bought_city
39.　　**order by**
40.　　　c_last_name,
41.　　　c_first_name,
42.　　　ca_city,
43.　　　bought_city,
44.　　　ss_ticket_number;

案例实践 4-3

（1）创建一个视图 item_performance，用于存储每个在售产品各年各周分别在 store sales 网络、catalog sales 网络及 website sales 网络的总销售额，以及各个网络总销售额占三个网络总销售额的比例。

本例提示如表 4-3 所示。

表 4-3　案例实践 4-3 的数据结构提示

item_id	year	week	store_sum	store_ratio	cat_sum	cat_ratio	web_sum	web_ratio
...	...	...	...	...	...	...	...	...

（2）在该视图的基础上，查询 item_id 为'AAAAAAAABAAAAAAA' 的产品 1998 年全年的销售情况。

第5章 数据可视化基础

本章学习要点：

本章作为技能篇的第三个章节，介绍了 Excel Power 插件（主要是 Power View）、Power BI Desktop 及 Tableau Desktop 三种数据分析工具的使用方法，并将 TPC_DS 数据集 store sales 网络的销售情况作为案例，开展了一系列数据可视化分析探索。本章首先介绍了三种数据分析工具的工作界面布局，包括工作板、字段列表、值区域、筛选器等；接下来讲解了基本与进阶的可视化组件的技术实现方法、应用场景及可视化效果，包括堆积条形图、簇状条形图、折线图、组合图、饼状图与环状图、表格与矩阵、仪表与卡片、排名图、瀑布图、树状图、直方图、盒须图、散点图、词云图、弦图与桑基图、地图等，在介绍可视化组件的基础上横向对比了各种数据分析工具在操作、功能实现、可视化效果等方面的异同点；接下来以 Tableau Desktop 为例讲解了分析板块的使用方法，为可视化分析提供了补充信息；最后介绍了如何使用 Power BI Desktop 和 Tableau Desktop 将绘制好的可视化图表组织在仪表板和故事中，在工作场景中展示或共享给其他同事。

本章学习目标：

1. 应用 Excel Power 插件（主要是 Power View）、Power BI Desktop、Tableau Desktop 等数据分析工具对 TPC-DS 数据集展开数据可视化分析；
2. 掌握各种可视化组件的技术实现方法以及应用场景；
3. 掌握不同数据分析工具在操作、功能实现、可视化效果等方面的异同点；
4. 了解分析板块的使用方法；
5. 掌握仪表板和故事的设计方法。

5.1 工作界面布局

承接第 3 章的内容，所有的数据可视化工具均安装完成并已实现了 TPC-DS 数据集的连接或导入，所有的准备工作已经完成。本小节将对各种数据分析工具的主工作界面进行介绍。

一般来说，数据可视化工具的主工作界面可以划分为以下几个区域。

（1）工作板：制作数据可视化图表的核心区域，所有的可视化效果都将呈现在工作板上；

（2）字段列表：数据模型中的所有字段都将呈现在字段列表中，一般不同数据表的字段都会分开排列，在绘制图表时一般使用鼠标将字段从字段列表拖拽至某个区域以完成图表绘制任务；

（3）值区域：每个可视化图表的生成都需要一个或几个字段的支撑，值区域就是放置这些字段的区域，从字段列表拖拽过来的字段都会显示在值区域中；

（4）可视化组件板：一般所有可供选择的可视化组件都将呈现在可视化组件板中，供使用者自行选择；

（5）筛选器：用于设置图表的筛选条件，图表中呈现出来的数据必定满足筛选器中为字段设置的筛选条件；

（6）分析界面：为可视化组件提供额外的数据分析功能，如绘制参考线、区间、趋势线、预测线等，丰富可视化图表的分析能力。

Power View、Power BI Desktop（以下简称"Power BI"）、Tableau Desktop（以下简称"Tableau"）的主工作界面分别如图 5-1 至图 5-3 所示。

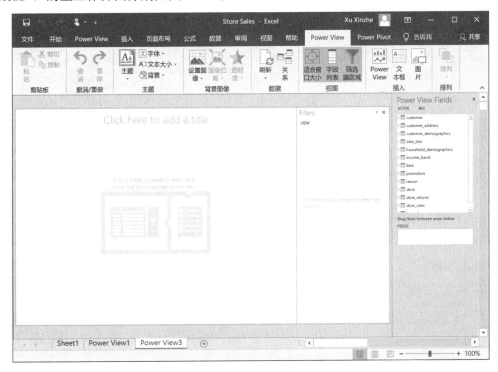

图 5-1　Power View 主工作界面

通过对比可以发现，Power View、Power BI 都是微软的产品，两者布局非常相似，字段列表、可视化组件板、值区域与筛选器都位于整个工作界面的右侧，并且可将 Power BI 视为 Power View 的升级版本，这一点读者在后续的实践过程中可以陆续体会。Tableau 的字段列表、筛选器位于页面左侧，值区域位于页面上方，可视化组件板位于页面右上方。

另外，Power View、Power BI 与 Tableau 都可实现字段类型的自动分类，但是又有所区别。在 Power View、Power BI 中，不管是维度字段还是度量字段都位于同一个字段列表中，而 Tableau 会将不同类型的字段分别放置于【维度】分区与【度量】分区中。以 store_sales 表为例，左侧为 Power BI 字段列表，所有度量字段前会添加 Σ 字符作为标识；中间为 Tableau 字段列表，所有度量字段会被单独放置于【度量】分区中，所有的维度字段会被单独放置于【维度】分区中；最右侧的 Power View 字段列表，所有字段均被识别为度量字段，这是因为 store_sales 表中所有以"sk"结尾的字段均是数值型的，但这些字段作为外键列，其取值大小并没有实际意义，至于字段是否真正可以作为度量值使用，需要读者自行判断。

Power BI、Tableau 和 Power View 的字段列表如图 5-4 所示。

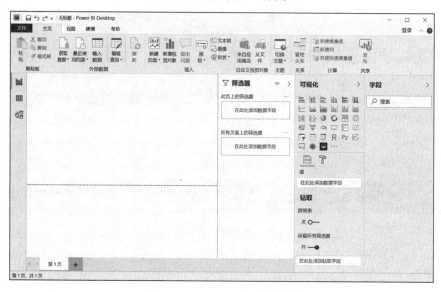

图 5-2　Power BI 主工作界面

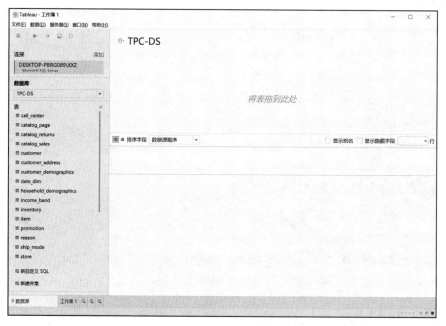

图 5-3　Tableau 主工作界面

　　Tableau 除了可以自动区分维度和度量变量，还能够区分日期和地理变量，并分别使用不同的标识标记以方便分析。尽管 Tableau 能够自动识别字段类型，还是难免出现识别错误的情况。例如，date_dim 表中的所有字段都不具有度量属性，虽然其数据类型为数值型，但是对其进行计算是没有任何实际意义的，因此我们需要将【度量】区域中所有 date_dim 表的字段全部转换到【维度】区域——右击分类错误的字段，在弹出的选项卡中单击【转换为度量】或【转换为维度】即可实现字段类型的转换。

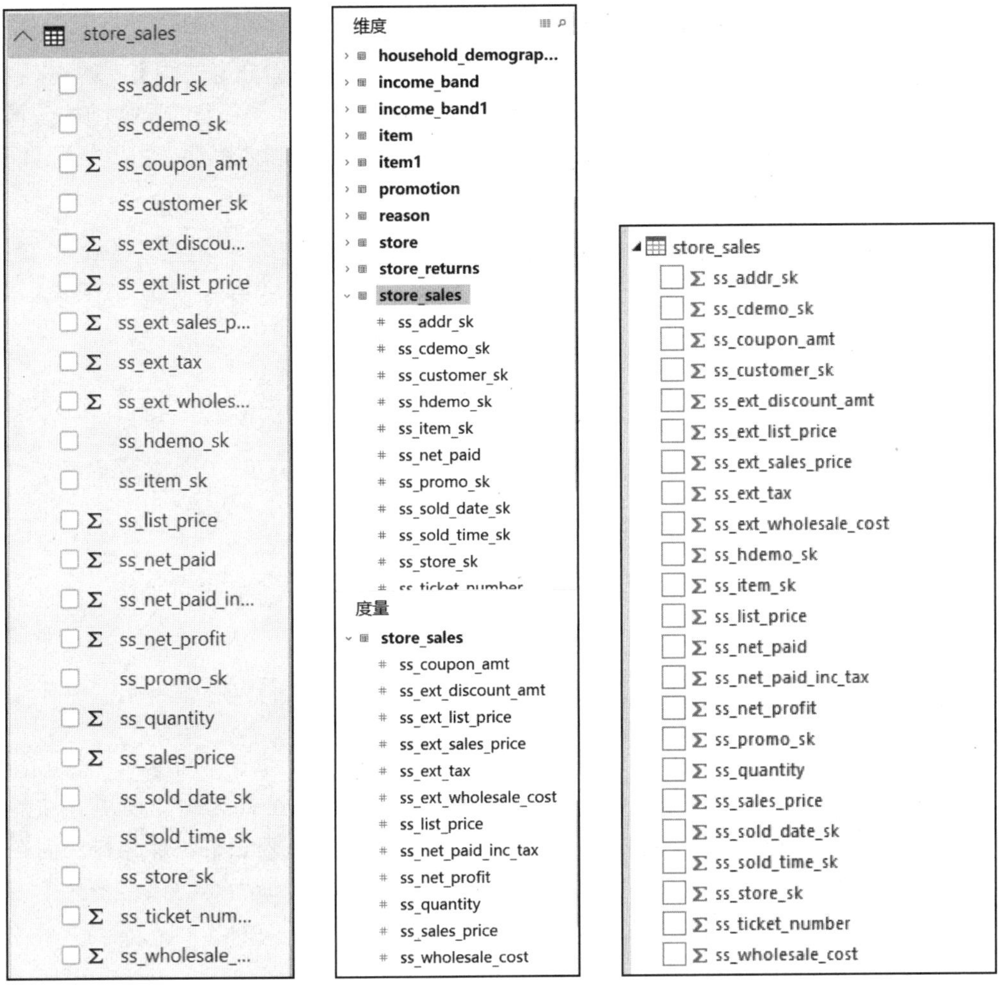

图 5-4 字段列表对比（从左至右依次是 Power BI、Tableau 和 Power View）

下面介绍一下维度层次的设置方法。维度层次的设置是将若干具有严格层次关系的维度字段合并成一组，从而方便后续的下钻查询分析。Power BI 和 Tableau 都支持维度层次的设置，但 Power View 并不支持此功能。

在 Power BI 字段列表栏中找到 date_dim 表，右击 d_year 字段，单击【新的层次结构】，依次将 d_quarter_name、d_month_seq、d_week_seq、d_date 4 个字段拖拽到新生成的【d_year_层次结构】中，如图 5-5 所示。

图 5-5 Power BI 设置层次结构

我们同样可以在 Tableau 中创建同样的维度层次结构。在字段列表栏找到 date_dim 表，右击 d_year 字段，在弹出的菜单栏中选择【分层结构】→【创建分层结构】，接下来将新创建的层次结构命名为"时间"。此时字段列表栏新出现了以"时间"命名的层次结构，再依次将 d_quarter_name、d_month_seq、d_week_seq、d_date 四个字段拖拽到新生成的【时间】层次结构中，如图 5-6 所示。

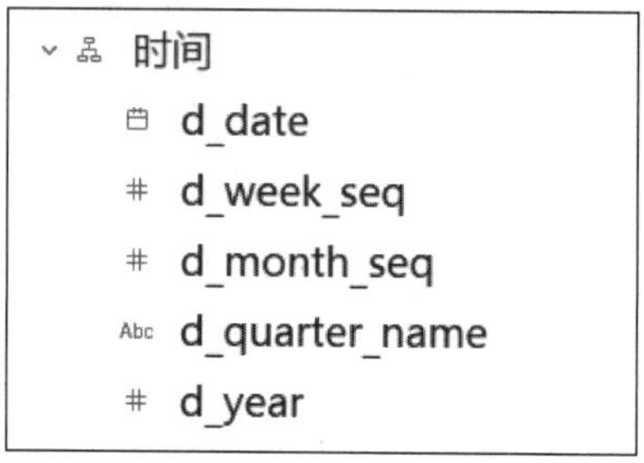

图 5-6　Tableau 设置层次结构

除了工作界面方面的差异，Power BI、Tableau、Power View 在数据可视化方面还有很多区别，读者可以在后续实践的过程中陆续体会。

5.2　基本可视化组件

本节及下一节我们将介绍可视化图表的使用方法。在介绍可视化图表使用方法的过程中，我们将首先介绍可视化的案例背景，即我们需要某可视化图表去解决什么样的问题，接下来介绍不同数据分析工具对于该可视化图表的技术实现方法，最后是对该可视化图表应用场景的介绍。本节将介绍基于可视化图表的使用方法。

5.2.1　堆积条形图

【例 5-1】使用堆积条形图或堆积百分比条形图探究 store_sales 网络各城市不同婚姻状况用户的消费总金额情况。

1. 堆积条形图

【Power BI 操作步骤】

（1）在可视化组件中单击堆积条形图，工作区出现空白的堆积条形图；

（2）将 ss_ext_sales_price 字段拖拽到【值】区域，右击字段，将聚集方式设置为"求和"，将 ca_city 字段拖拽到【轴】区域，将 cd_marital_status 字段拖拽到【图例】区域；

（3）在【筛选器】界面将 ca_city 字段与 cd_marital_status 字段分别取消空缺值的勾选，以消除空缺值的影响，可视化效果如图 5-7 所示。

【Tableau 操作步骤】

（1）将 ca_city 字段拖拽到【行】区域，将 ss_ext_sales_price 字段拖拽到【列】区域；

（2）右击【列】区域 ss_ext_sales_price 字段，将聚集方式设置为"求和"；

（3）在可视化组件板中选择条形图；

（4）将 cd_marital_status 字段拖拽到【标记】区域的【颜色】处；

第 5 章　数据可视化基础　　161

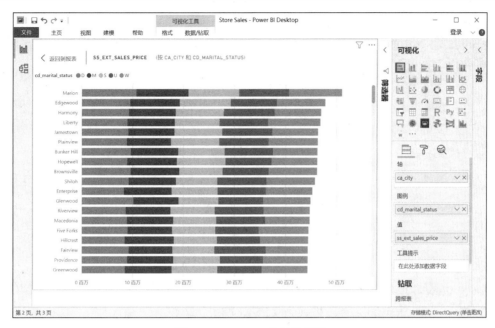

图 5-7　Power BI 堆积条形图

（5）右击【行】区域中的 ca_city，在弹出的选项卡中单击【排序】，在弹出的界面【排序依据】处选择"字段"，在【排序顺序】处选择"降序"，在【字段名称】处选择"ss_ext_sales_price"；

（6）再次右击【行】区域中的 ca_city，在弹出的选项卡中单击【显示筛选器】，在【创建集】选项卡中取消空缺值的勾选，可视化效果如图 5-8 所示。

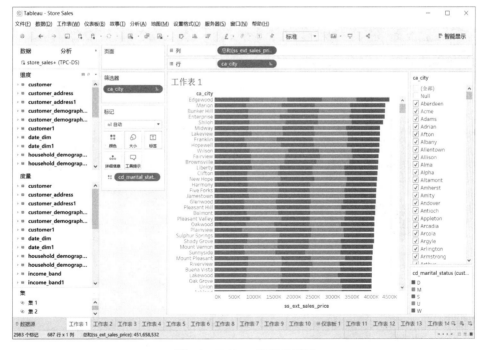

图 5-8　Tableau 堆积条形图

我们在此介绍一个 Tableau 的独有功能，即手动调节坐标轴字段排序。右击【行】区域中的 ca_city，在弹出的选项卡中单击【排序】，在弹出的界面【排序依据】处选择"手动"，在弹出的窗口中可以自动调节字段排列顺序，效果如图 5-9 所示。

图 5-9　坐标轴手动排序功能

【Power View 操作步骤】

（1）将 ss_ext_sales_price 字段拖拽到【EVALUES】区域；

（2）在【设计】选项卡中选择【堆积条形图】；

（3）将 ca_city 字段拖拽到【AXIS】区域，将 cd_marital_status 字段拖拽到【LEGEND】区域；

（4）在工作区左上角的【排序】区域将排序依据切换为【ss_ext_sales_price】，并选择降序排列；

（5）将 ca_city 与 cd_marital_status 字段拖拽到【Filters】区域，取消空缺值的勾选，可视化效果如图 5-10 所示。

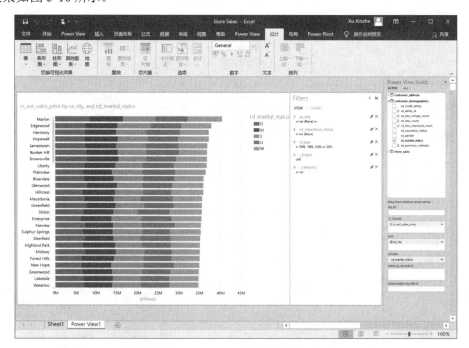

图 5-10　Power View 堆积条形图

【可视化解析】

堆积类可视化组件用于探究两个维度变量与一个度量变量之间的关系。堆积类图表通常用于展示个体与整体之间的绝对或相对的比例关系。本例包含三个变量：第一个变量是消费总额，用 store_sales 表中 ss_ext_sales_price 的求和值表示；第二个变量是用户所在城市，用 customer_address 表中 ca_city 字段表示；第三个变量是用户的婚姻状况，用 customer_demographic 表中 cd_marital_status 字段表示。在本例中，堆积条形图有两个主要功能：第一个功能是可以将堆积条形图作为退化的二维条形图看待，即展示各个城市的消费总额之和；第二个功能是将婚姻状况变量作为分层依据，展示各个城市不同婚姻状况用户的消费总额之间是否存在一定区别。

2. 堆积百分比条形图

【Power BI 操作步骤】

在堆积条形图的基础上，直接单击可视化组件板的堆积百分比条形图即可实现可视化组件的切换，可视化效果如图 5-11 所示。

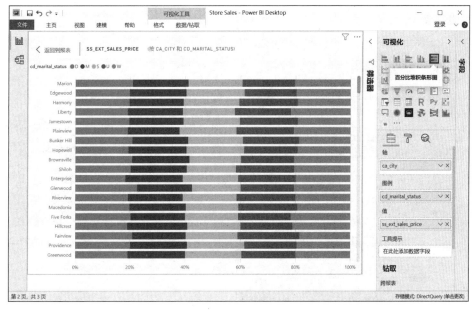

图 5-11　Power BI 堆积百分比条形图

【Tableau 操作步骤】

（1）在堆积条形图的基础上，右击【列】区域中的 ss_ext_sales_price 字段，在下拉菜单中单击【快速表计算】，选择【总额（合计）百分比】；

（2）在同样的下拉菜单的【计算依据】下，单击【表（横穿）】，可视化效果如图 5-12 所示。

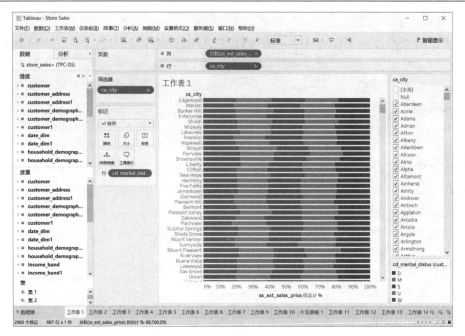

图 5-12 Tableau 堆积百分比条形图

【Power View 操作步骤】

与 Power BI 相似，在堆积条形图的基础上，直接单击可视化组件板的堆积百分比条形图即可实现可视化组件的切换，可视化效果如图 5-13 所示。

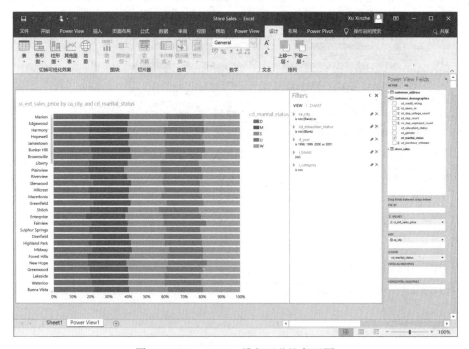

图 5-13 Power View 堆积百分比条形图

【可视化解析】

与堆积条形图相似，堆积百分比条形图也用于探究两个维度变量与一个度量变量之间的关系。与堆积条形图不同，在堆积百分比条形图中，任何组别的总和都为 100%，从而更能展示出各组取值的相对比例关系。但是堆积百分比条形图无法像堆积条形图那样体现出绝对值的关系，因此，堆积百分比条形图是无法退化为普通条形图的。

堆积柱状图与堆积百分比柱状图分别是堆积条形图与堆积百分比条形图逆时针旋转 90 度后的产物，其所表达的含义完全相同，在此略去。

5.2.2 簇状条形图

【例 5-2】使用簇状条形图探究 store sales 网络不同婚姻状况的用户对不同类别产品的偏好是否有所不同。

【Power BI 操作步骤】

（1）在可视化组件板中选择【簇状条形图】；

（2）将 i_category 字段拖拽到【图例】区域，将 cd_marital_status 字段拖拽到【轴】区域，将 ss_quantity 字段拖拽到【值】区域，并将聚集方式设置为"求和"；

（3）在【筛选器】界面将 i_category 字段与 cd_marital_status 字段分别取消空缺值的勾选，以消除空缺值的影响；

（4）在右下角切换至【格式】选项卡，单击【x 轴】，设置 x 轴从 2 500 000 开始，可视化效果如图 5-14 所示。

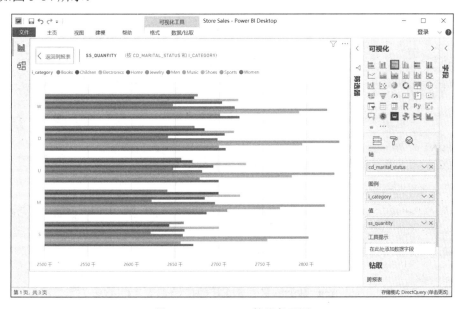

图 5-14　Power BI 簇状条形图

【Tableau 操作步骤】

（1）将 i_category、cd_marital_status 字段拖拽到【行】区域，将 ss_quantity 字段拖拽到【列】区域；

（2）右击【列】区域中的 ss_quantity 字段，将聚集方式设置为"求和"；

（3）在可视化组件板中选择簇状条形图，此时的簇状条形图是纵向的，可以单击上方菜单栏的【交换行和列】将图表方向转换为横向；

（4）从字段列表中将一个新的 i_category 字段拖拽到【标记】区域的【颜色】处；

（5）右击【行】区域中的 i_category 字段，在弹出的选项卡中单击【排序】，在弹出的界面【排序依据】处选择"字段"，在【排序顺序】处选择"降序"，在【字段名称】处选择"ss_quantity"；

（6）再次右击【行】区域中的 cd_marital_status，在弹出的选项卡中单击【显示筛选器】，在【创建集】选项卡中取消空缺值的勾选；

（7）双击图表下方的 x 轴，在弹出的【编辑轴】对话框的"范围"框中设置开始与结束值，以调整 x 轴的取值范围，可视化效果如图 5-15 所示。

图 5-15　Tableau 簇状条形图

【Power View 操作步骤】

（1）将 ss_quantity 字段拖拽到【值】区域，选择聚集方式为"求和"；

（2）在【设计】选项卡中选择【簇状条形图】；

（3）将 i_category 字段拖拽到【LEGEND】区域，将 cd_marital_status 字段拖拽到【AXIS】区域；

（4）在工作区左上角的【排序】区域将排序依据切换为"ss_quantity"，并选择降序排列；

（5）将 i_category 与 cd_marital_status 字段拖拽到【筛选器】区域，取消空缺值的勾选，可视化效果如图 5-16 所示。

【可视化解析】

与堆积条形图侧重于展示整体与个体之间的关系不同，簇状条形图更侧重于展示组间的对比关系。在本例中，我们希望了解不同婚姻状况的用户对不同类别产品的偏好是否有所不同，其实是探究三个变量 i_category、cd_marital_status 与 ss_quantity 之间的关系。我们用 ss_quantity 字段求和值的大小来表示偏好程度的大小，即购买量越大偏好就越大；当然也可以用 ss_sales_price 字段求和值的大小来表示偏好程度的大小，即认为消费总额越大偏好就越大。不同的定义方式各有合理之处，需结合商业情景而定。

第 5 章 数据可视化基础　　167

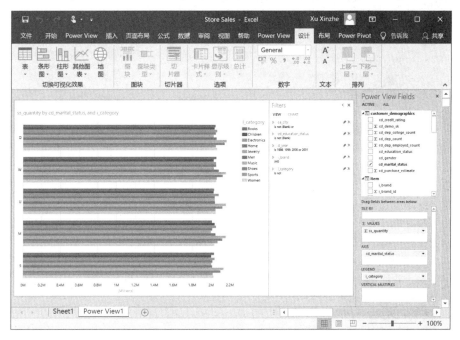

图 5-16　Power View 簇状条形图

我们首先将 ss_quantity 按照 cd_marital_status、再按照 i_category 进行分组，获得各个婚姻状况用户对各种产品消费数量的对比，特别是对同一类婚姻状况的用户对不同类型产品的偏好有了一个非常直观的横向对比。不同簇状条形图代表不同组别，而同一簇状条形图内的不同条形图则代表了该组与其他组之间的相对关系，从而实现组间横向对比。另外，我们在 Power BI 与 Tableau 中都使用了调整轴取值范围的技巧，使得图表的表达力更强，但是 Power View 并不具备这样的功能，它的各个簇状条形图由于取值相近而无法明确展现出不同组之间的区别，使得可视化效果大打折扣。

5.2.3　折线图

【例 5-3】使用折线图描述 store sales 网络总销售金额在 1998—2002 年间的波动情况。

1. 普通折线图

【Power BI 操作步骤】

（1）在可视化组件板中选择【折线图】；
（2）将先前步骤设置好的【d_year_层次结构】拖拽到【轴】区域；
（3）将 ss_ext_sakes_price 字段拖拽到【值】区域，并将聚集方式设置为"求和"；
（4）在【筛选器】界面将 d_fy_year 字段设置为"小于 2003"；
（5）单击图表右上角的单向下箭头（从左至右第二个图标）——启用"深化模式"，再单击右侧的双向下箭头（从左至右第三个图标）——转至层次结构中的下一级别，可实现日期层次的下钻功能，可视化效果如图 5-17 所示。

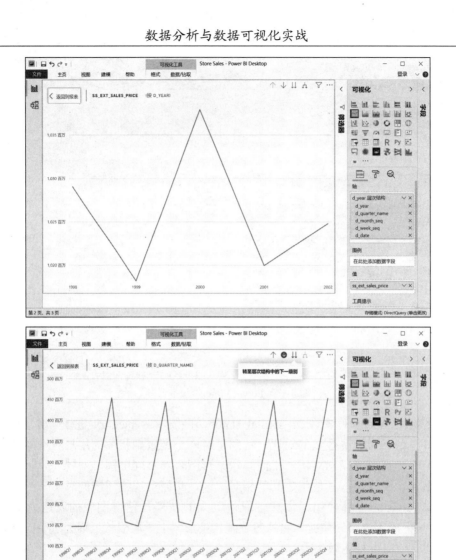
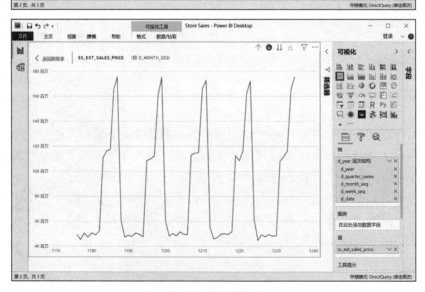

图 5-17 Power BI 折线图&下钻功能

第 5 章 数据可视化基础　　169

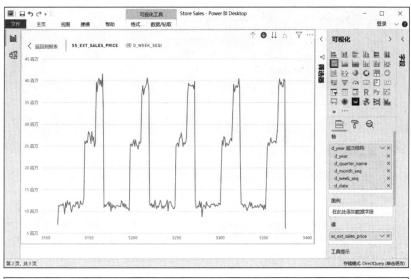

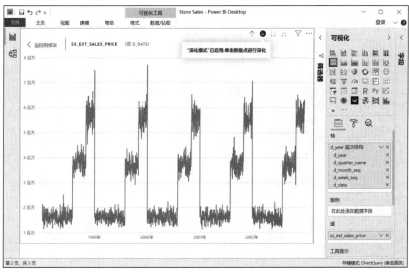

图 5-17　Power BI 折线图&下钻功能（续）

【Tableau 操作步骤】

（1）将 ss_sales_price 字段拖拽到【行】区域，将 d_date 字段拖拽到【列】区域；

（2）右击【行】区域的 ss_sales_price 字段，将聚集方式设置为"求和"；

（3）在右侧可视化组件板中选择【折线图】；

（4）单击【列】区域 d_date 字段左侧的【+】即可实现下钻功能，即从年份自动下钻至季度、月、星期与天，可视化效果如图 5-18 所示。

【Power View 操作步骤】

（1）将 ss_ext_sales_price 字段拖拽到【VALUES】区域，并将聚集方式设置为"求和"；

（2）在【设计】选项卡中选择【折线图】；

（3）将 d_date 字段拖拽到【AXIS】区域，可视化效果如图 5-19 所示。

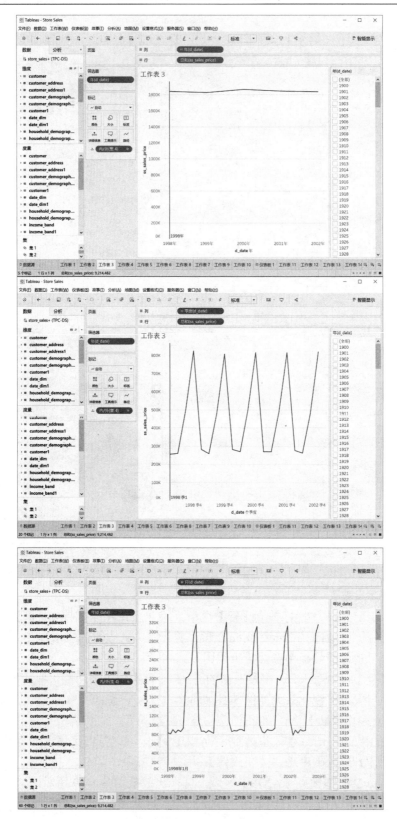

图 5-18 Tableau 折线图 & 下钻功能

第 5 章 数据可视化基础　　171

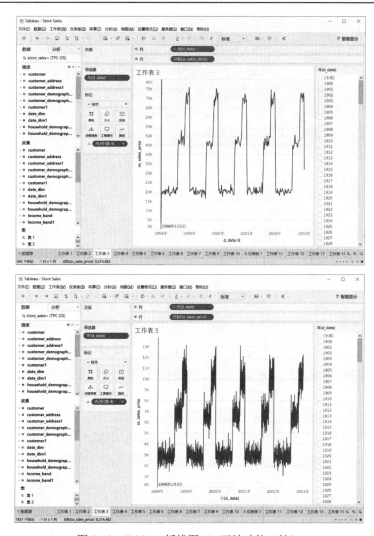

图 5-18　Tableau 折线图 & 下钻功能（续）

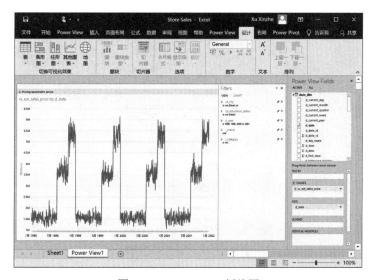

图 5-19　Power View 折线图

【可视化解析】

折线图通常用于展示一个或多个变量在时间序列上的变化与波动趋势。折线图的横轴一般采用时间序列，但是它并不能像堆积条形图和簇状条形图那样在横轴位置放置不连续的类别变量，因为它的不同类别的取值之间并没有连续趋势可言。

在此需要特别介绍 Power BI 和 Tableau 中的下钻功能。下钻功能指的是在同一个图表逐步展示不同层次上的由粗到细的可视化效果。例如在本例中，【年】→【季度】→【月】→【周】→【天】就构成了一个五层次的下钻结构，通过单击下钻按钮触发下钻，将一个聚集计算值逐层拆解以达到不同层次的可视化效果。Power BI 的下钻功能需要人为设置层次结构，或者将所有层次按照顺序依次放置在【轴】区域中才能实现下钻，而 Tableau 能够自动识别日期的层次结构，使得下钻功能更加简便。Power View 未提供下钻功能。

2. 分区图

【例5-4】使用分区图描述 store sales 网络销售总额与销售总成本在 1998—2002 年间的波动情况。

【Power BI 操作步骤】

（1）在可视化组件板中选择【分区图】；

（2）将【d_year_层次结构】拖拽到【轴】区域，或者将 d_year、d_quarter_name、d_month_seq、d_week_seq、d_date 五个字段依次拖拽到【轴】区域，将 ss_ext_sales_price、ss_ext_wholesale_cost 字段拖拽到【值】区域，并将聚集方式设置为"求和"；

（3）在【筛选器】界面将 d_year 字段设置为"小于2003"；

（4）在【格式】界面【数据颜色】选项卡中自定义区域颜色；

（5）此操作同样可实现下钻功能，本例中略，可视化效果如图5-20所示。

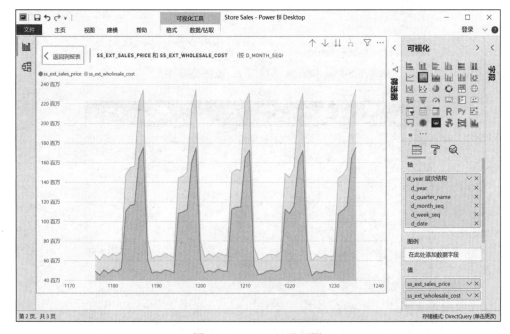

图 5-20　Power BI 分区图

【Tableau 操作步骤】

（1）将 ss_ext_sales_price 字段与 ss_ext_wholesale_cost 字段拖拽到【行】区域，将 d_date 字段拖拽到【列】区域；

（2）右击【行】区域 ss_ext_sales_price 字段与 ss_ext_wholesale_cost 字段，设置聚集方式为"求和"；

（3）在可视化组件板中选择分区图；

（4）此时的分区图被划分为了上下两个部分，右击坐标轴，在下拉菜单中选择【双轴】；

（5）右击其中一侧的坐标轴，在弹出的菜单栏中选择【同轴】，以将两侧坐标轴统一为同一个刻度；

（6）此操作同样可实现下钻功能，本例中略，可视化效果如图 5-21 所示。

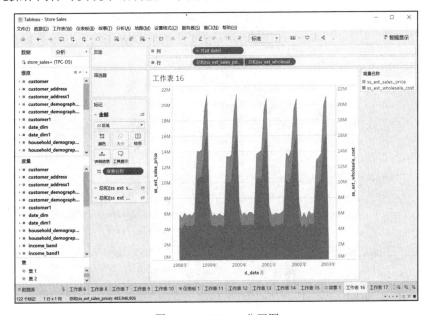

图 5-21　Tableau 分区图

Power View 没有分区图功能，略去。

【可视化解析】

分区图与普通折线图非常相似，区别在于分区图通过背景颜色的标记使得可视化效果在一定程度上更加突出与明显。当存在多个变量时，多个变量或同一变量不同组别的取值随着时间变化的趋势对比会更加明显。本例需要同时描述 store sales 网络销售总额与销售总成本，因此我们将 ss_ext_sales_price 与 ss_ext_wholesale_cost 两个字段放置于同一个分区图中进行分析。但是当变量数或者需要划分的组数过多时，颜色分区数量可能由于过多而影响分区图的实际效用；同时，若不同变量或组间的取值差异过小，则分区图也会因为不同颜色区域间过于重叠而大大降低分区图的可视化效果（当面临这种情况时，往往普通折线图也不适用）。

3. 堆积面积图

【例 5-5】使用堆积面积图描述 store sales 网络不同婚姻状况人群的销售总额在 1998—

2002 年间的波动情况。

【Power BI 操作步骤】

（1）在可视化组件板中选择【堆积面积图】；

（2）将【d_year_层次结构】拖拽到【轴】区域，或者将 d_year、d_quarter_name、d_month_seq、d_week_seq、d_date 五个字段依次拖拽到【轴】区域，将 cd_marital_status 字段拖拽到【图例】区域，将 ss_ext_sales_price 字段拖拽到【值】区域，并将聚集方式设置为"求和"；

（3）在【筛选器】界面将 d_year 字段设置为"小于 2003"；

（4）此操作同样可实现下钻功能，本例中下钻至月维度，可视化效果如图 5-22 所示。

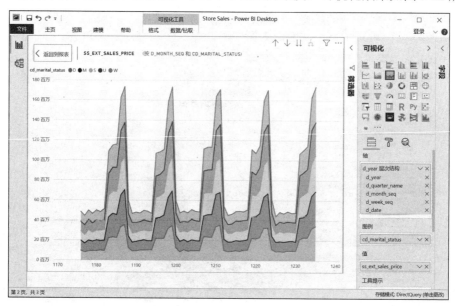

图 5-22　Power BI 堆积面积图

【Tableau 操作步骤】

（1）将 ss_ext_sales_price 字段拖拽到【行】区域，将 d_date 字段拖拽到【列】区域；

（2）右击【行】区域中的 ss_ext_sales_price 字段，选择聚集方式为"求和"；

（3）在右侧可视化组件板中选择分区图；

（4）此时的分区图被划分为上下两部分，右击坐标轴，在下拉菜单中选择【双轴】；

（5）右击其中一侧的坐标轴，在弹出的菜单栏中选择【同轴】，以将两侧坐标轴统一为同一个刻度；

（6）将 cd_marital_dtatus 字段拖拽到【标记】区域的【颜色】选项卡处，设置图例；

（7）此操作同样可实现下钻功能，本例中下钻至月维度，可视化效果如图 5-23 所示。

Power View 没有分区图功能，略去。

【可视化解析】

堆积折线图与堆积条形图相似，可以展现个体对整体的贡献情况，但堆积折线图又添加了时间的维度，它可以在一个趋势上展示个体对整体贡献的波动情况。堆积折线图与分区图又有着本质的区别，尽管它们都添加了背景颜色以凸显对比。分区图既可以查看不同度量值的变动趋势，也可以查看同一度量值按照不同组别划分后的变动趋势（即分区图可以同时展示一个或多个度量值,在例 5-4 中,我们展现了 ss_ext_sales_price 与 ss_ext_wholesale_cost 两个度量值的波动情况);但是堆积折线图只能用于查询一个度量值按照不同组别划分后的变动趋势,所有组别的取值相加即得到该度量值(在本例中,我们展现了 ss_ext_sales_price 度量值按照 cd_marital_status 分组后各组取值的变动趋势)。

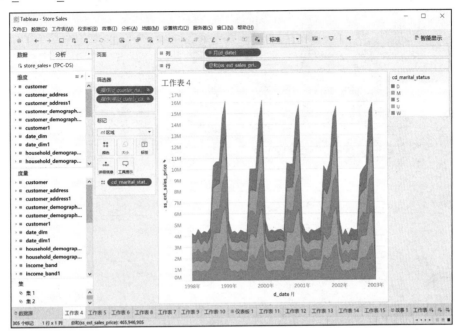

图 5-23 Tableau 堆积面积图

5.2.4 组合图

【例 5-6】使用组合图描述 store sales 网络中不同婚姻状况人群的销售金额及总消费人次在 1998—2002 年的波动情况。

【Power BI 操作步骤】

(1)在可视化组件板中选择【折线和堆积柱状图】或【折线和簇状柱状图】;

(2)将 d_quarter_name 字段拖拽到【共享轴】区域,将 cd_marital_status 字段拖拽到【列序列】区域,将 ss_ext_sales_price 字段拖拽到【列值】区域,并将聚集方式设置为"求和",将 ss_customer_sk 字段拖拽到【行值】区域,并将聚集方式设置为"计数";

(3)在【筛选器】界面将 d_year 字段设置为"小于 2003",可视化效果如图 5-24、图 5-25 所示。

【Tableau 操作步骤】

(1)将 d_date 字段拖拽到【列】区域并下钻至季度,右击 d_date 字段并在下拉菜单中选择【季度 2015 年第 2 季度】,将 ss_ext_sales_price 字段与 ss_customer_sk 字段拖拽到【标记】区域,其中 ss_ext_store_sales 字段的聚集方式为"求和",ss_customer_sk 字段的聚集方式为"计数";

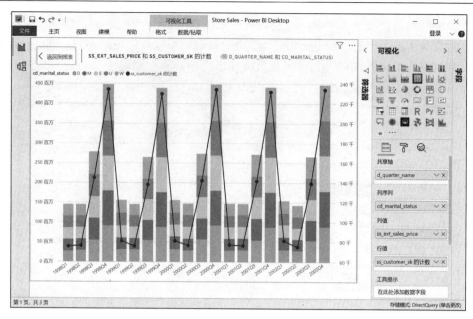

图 5-24　Power BI 折线和堆积柱状图

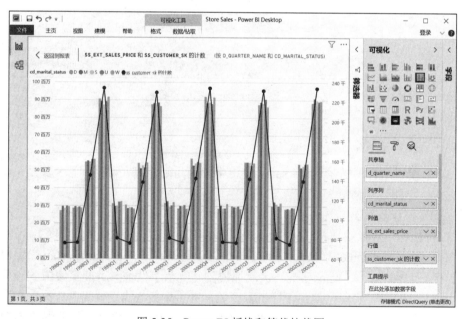

图 5-25　Power BI 折线和簇状柱状图

（2）在可视化组件板中选择【组合图】；

（3）将 cd_marital_status 字段拖拽到 ss_ext_store_sales 字段所属的【标记】区域的【颜色】选项卡处，设置分组效果，可视化效果如图 5-26 所示。

Power View 未提供组合图功能，略去。

【可视化解析】

组合图用于在一个时间维度上展示两个及两个以上度量的变化趋势，同时可以对其中一个度量变量进行分组聚集。组合图可视为折线图、堆积柱状图、堆积百分比柱状图、簇状柱状图的集合体，从而可以容纳较大的信息量。由于拥有折线图的元素，因此，组合图也通常用于描述度量变量在时间维度上的变化趋势。

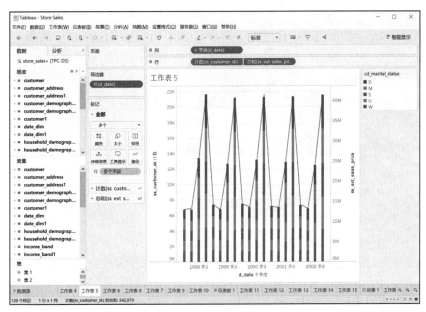

图 5-26　Tableau 折线和堆积柱状图

5.2.5　饼状图与环状图

【例 5-7】用饼状图或环状图描述 store sales 网络中有过消费记录的用户数量在各个教育水平上的分布。

【Power BI 操作步骤】

（1）在可视化组件板中选择【饼状图】或【环状图】；

（2）将 cd_education_status 字段拖拽到【图例】区域，将 ss_customer_sk 字段拖拽到【值】区域，并将聚集方式设置为"计数"，可视化效果如图 5-27、图 5-28 所示。

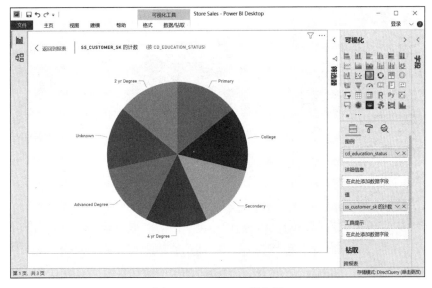

图 5-27　Power BI 饼状图

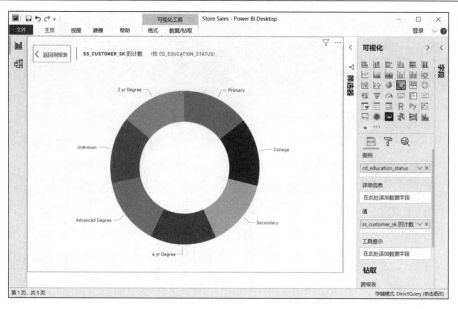

图 5-28　Power BI 环状图

【Tableau 操作步骤】

1. 饼状图

（1）将 ss_customer_sk 字段拖拽到【标记】区域，并将聚集计算方式设置为"计数"；

（2）将 cd_education_status 字段拖拽到【标记】区域的【颜色】选项卡处；

（3）在可视化组件板中选择【饼状图】，可视化效果如图 5-29 所示。

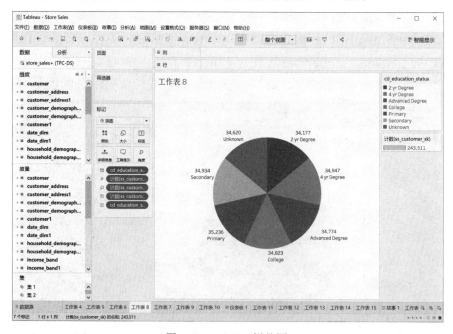

图 5-29　Tableau 饼状图

2. 环状图

（1）将【度量】中两个相同的"记录数"字段拖拽到【行】区域，并将聚集方式全部设置为"平均值"，如图 5-30 所示。

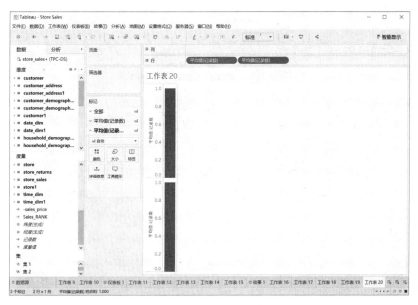

图 5-30　Tableau 环状图步骤 1

（2）在标记选项卡中的下拉菜单中选择【饼图】；

（3）先将菜单栏上方的视图修改为【整个视图】，再将【标记】处中第一个度量的饼图大小增大一格；

（4）先右击【行】区域的第二个度量，单击【双轴】，再右击右侧坐标轴，单击【同步轴】，如图 5-31 所示。

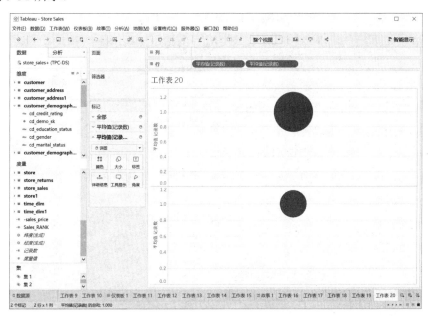

图 5-31　Tableau 环状图步骤 2

（5）将 cd_education_status 字段拖拽到【标记】处第一个度量的【颜色】选项卡上；

（6）将 ss_customer_sk 字段拖拽到【标记】处第一个度量的【角度】选项卡上，右击 ss_customer_sk 字段，将聚集计算方式设置为"计数"，在下拉菜单中选择【快速表计算】→【合计百分比】，如图 5-32 所示。

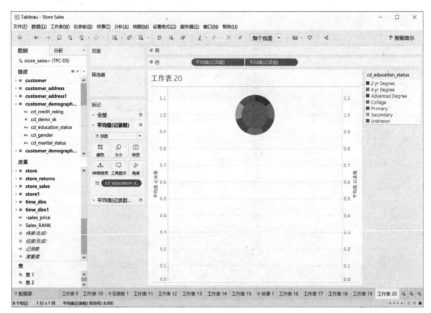

图 5-32　Tableau 环状图步骤 3

（7）先将 ss_customer_sk 字段和 cd_education_status 字段拖拽到【标记】处第一个度量的【标签】选项卡上以创建标签，再将 ss_customer_sk 字段的聚集计算方式设置为"计数"；

（8）切换至【标记】处第二个度量的【颜色】选项卡上，将颜色修改为"白色"，调整内外环大小直至环状图美观，最终可视化效果如图 5-53 所示。

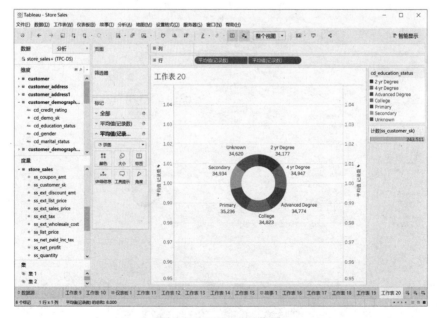

图 5-33　Tableau 环状图

【Power View 操作步骤】
（1）将 ss_customer_sk 字段拖拽到【SIZE】区域，并将聚集计算方式设置为"计数"；
（2）将 cd_education_status 字段拖拽到【SLICES】区域，可视化效果如图 5-34 所示。

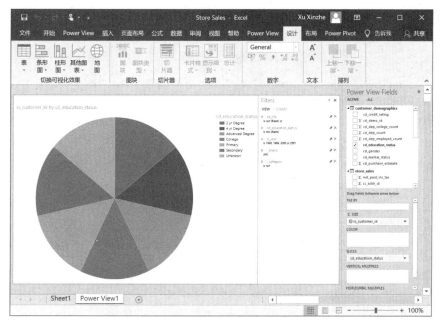

图 5-34　Powerview 饼状图

Power View 未提供环状图功能，略去。

【可视化解析】

饼状图是最为基础的可视化图表之一，一般用于展示一个维度变量与一个度量变量之间的关系，通常会将度量变量按照维度分组聚集。需要注意的是，尽量不要选择组别非常多的维度变量，因为这样做会使得饼状图被划分的区域过细，降低可视化效果，不利于得出结论。

5.2.6　表格与矩阵

【例 5-8】使用表格或矩阵描述 store sales 网络中各类别产品的总销售额随时间的波动情况。

【Power BI 操作步骤】

1. 表格

（1）在可视化组件板中选择【表】；
（2）先将 i_category、d_quater_name、ss_ext_sales_price 字段依次拖拽到【值】区域，再将 ss_customer_sk 字段的聚集方式设置为"求和"，可视化效果如图 5-35 所示。

2. 矩阵

（1）在可视化组件板中选择【矩阵】；
（2）将 i_category 字段拖拽到【行】区域，将 d_quater_name 字段拖拽到【列】区域，将

ss_ext_sales_price 字段拖拽到【值】区域，并将聚集方式设置为"求和"，可视化效果如图 5-36 所示。

图 5-35　Power BI 表格

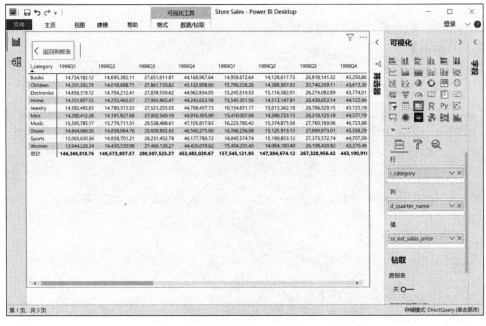

图 5-36　Power BI 矩阵

【Tableau 操作步骤】

1. 表格

先将 i_category 字段与 d_quarter_name 字段拖拽到【行】区域，再将 ss_ext_sales_price

字段拖拽到【标记】处的【文本】选项卡处，可视化效果如图 5-37 所示。

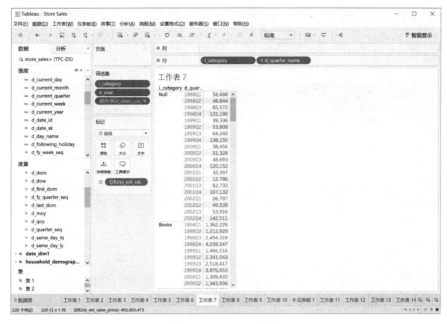

图 5-37　Tableau 表格

2. 矩阵

先将 i_category 字段拖拽到【行】区域，将 d_quarter_name 字段拖拽到【列】区域，再将 ss_ext_sales_price 字段拖拽到【标记】处的【文本】选项卡处，可视化效果如图 5-38 所示。

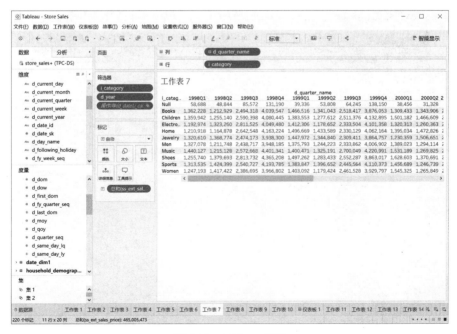

图 5-38　Tableau 矩阵

【Power View 操作步骤】

1. 表格

将 i_category、d_quarter_name 与 ss_ext_sales_price 字段拖拽到【FIELDS】区域，单击菜单栏中的【表】选项卡下的【表】，可视化效果如图 5-39 所示。

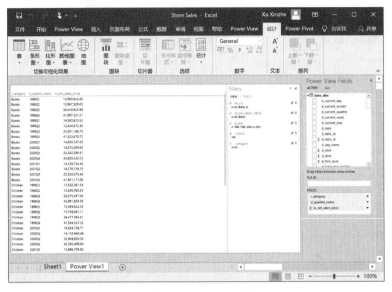

图 5-39　Power View 表格

2. 矩阵

先将 i_category 字段拖拽到【ROWS】区域，将 d_quarter_name 字段拖拽到【COLUMNS】区域，再将 ss_ext_sales_price 字段拖拽到【VALUES】区域，可视化效果如图 5-40 所示。

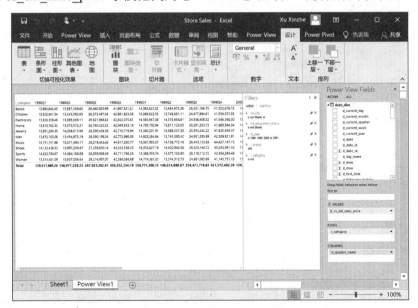

图 5-40　Power View 矩阵

除了应用 Power View 的表格与矩阵功能，在第 3 章的 3.2 节中还介绍了为数据模型插入数据透视表的功能。在本例中，我们切换到 Excel 主界面，插入新的数据透视表，执行相同的字段拖拽操作，可获得与 Power View 相同的可视化效果，如图 5-41 所示。

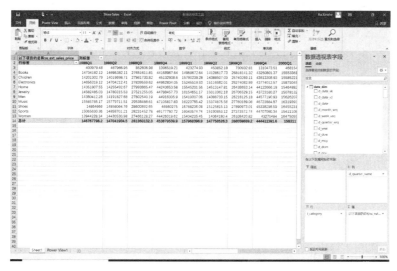

图 5-41　Excel 数据透视表

【可视化解析】

表格和矩阵是最基础、最常见的可视化方法，与 Excel 数据透视表的功能非常相似，用于展示一个或多个维度变量与一个度量变量的关系。表格与矩阵也非常相似，只是组织输出的方式不同。在本例中，表格以 i_category 和 d_quarter_name 为行变量组织输出，而矩阵则以 i_category 为行变量、以 d_quarter_name 为列变量组织输出。

在 Tableau 中，表格和矩阵还能够通过更直观、更灵活的方式组织输出。方法是在 Tableau 矩阵界面，单击【标记】处 ss_ext_sales_price 左侧的图表，选择【颜色】，得到热力矩阵图，通过颜色深浅体现出取值的相对大小，如图 5-42 所示。

图 5-42　Tableau 热力矩阵图

在热力矩阵图的基础上，再将字段列表中的 ss_ext_sales_price 字段拖拽到【标记】处的【文本】选项卡处，所有数字同样按照相对大小呈现出渐变变化，如图 5-43 所示。

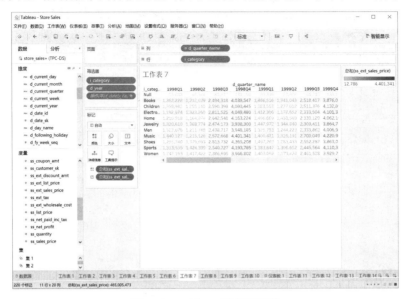

图 5-43　Tableau 渐变矩阵图

此时选择可视化组件板上的【突出显示表】，可将热力图与数值的可视化效果相结合，如图 5-44 所示。

图 5-44　Tableau 突出显示表

此时再将【标记】处第二个 ss_ext_sales_price 字段前的【标签】选项卡改为【大小】选项卡，此时所有取值转变为正方形，体积越大、颜色越深，则取值越大，如图 5-45 所示。

图 5-45 Tableau 方形矩阵图

5.2.7 仪表与卡片

【例 5-9】突出显示 store sales 网络销售总额等信息。

【Power BI 操作步骤】

（1）在可视化组件板中选择【仪表】或【卡片】或【多行卡】；

（2）将需要突出显示的字段拖拽到相应区域，可视化效果如图 5-46 至图 5-48 所示。

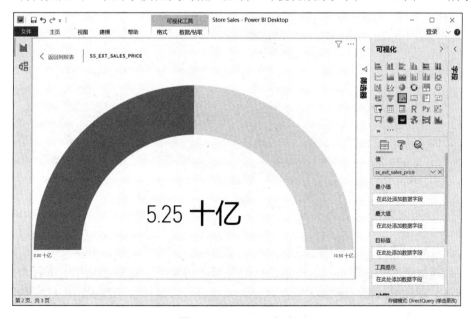

图 5-46 Power BI 仪表

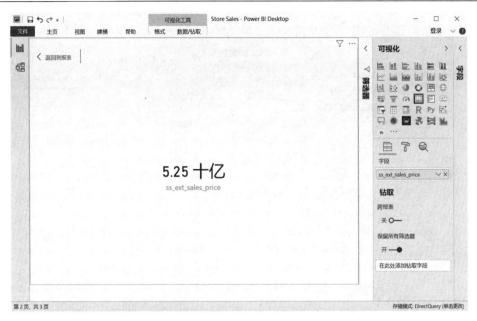

图 5-47　Power BI 卡片

图 5-48　Power BI 多行卡

Tableau 和 Power View 中没有提供合适的卡片组件，故略去。

【可视化解析】

仪表、卡片和多行卡一般用于突出展示最重要的聚集计算取值。其中仪表一般用于展示当前值与目标值之间的差距；卡片一般用于计算某个特定聚集计算的结果；多行卡与表格相似，但是在可视化的效果上有所区别，多行卡更适用于行数较少的情况，能够更加突出和强调计算结果的重要性，而表格内的取值划分往往会更加细致。

5.2.8 基本可视化应用小结

在本节中,我们介绍了堆积条形图、簇状条形图、折线图、组合图、饼状图与环状图、表格与矩阵、仪表与卡片共 7 种基本的可视化组件的技术实现方法、基本含义与应用场景,充分利用好这些可视化组件能够帮助数据分析师满足大部分的数据分析需求。同时,我们在实践的过程中也对不同的数据分析工具进行了横向对比。Power BI 与 Power View 的操作非常相似(都是微软的产品),操作相对简单,更易上手。Power BI 作为 Power View 的升级版,明显在可视化效果和功能多样性上面超过了 Power View;Power View 作为一个过渡性质的产品内置在 Excel 中,也为习惯使用 Excel 的人士提供了一个灵活的解决方案,但是与 Power BI 和 Tableau 的可视化功能相比还是相差甚远。本书有关 Excel Power View 的介绍就到此为止,在接下来的章节中我们将主要使用 Power BI 和 Tableau 两款功能更加强大的数据分析工具,在 5.3.9 小节中,我们将介绍 Excel 的另一个强大插件,即 Power Map 地图可视化插件。

5.3 进阶可视化组件

在本节中我们将介绍一些更加复杂也更加新颖的可视化组件,以丰富读者的数据可视化技能池。

5.3.1 排名图

【例 5-10】使用排名图描述 store sales 网络中各类产品在 1998—2002 年间各年的销量排名情况。

【Power BI 操作步骤】

(1)在可视化组件板中选择【功能区图表】;

(2)将 d_year 字段拖拽到【轴】区域,将 i_category 字段拖拽到【图例】区域,将 ss_ext_sales_price 字段拖拽到【值】区域,并将聚集计算方式设置为"求和";

(3)将 d_year 字段拖拽到筛选器界面,选择 1998—2002 年 5 年间的记录,可视化效果如图 5-49 所示。

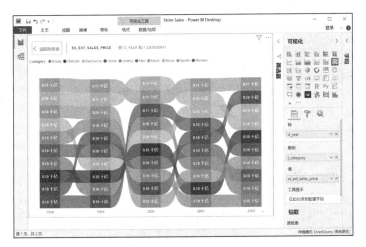

图 5-49　Power BI 排名图

【Tableau 操作步骤】

（1）右击度量字段列表中 ss_ext_sales_price 字段，在下拉菜单中选择【创建】→【计算字段】，在弹出的界面中新建计算字段 Sales_RANK，如图 5-50 所示。

图 5-50　新建计算字段

（2）将 d_date 字段拖拽到【列】区域，保留年维度即可，将新创建的 Sales_RANK 拖拽到【行】区域，将 i_category 字段拖拽到【标记】处的【颜色】选项卡处，在可视化组件板中选择【折线图】，如图 5-51 所示。

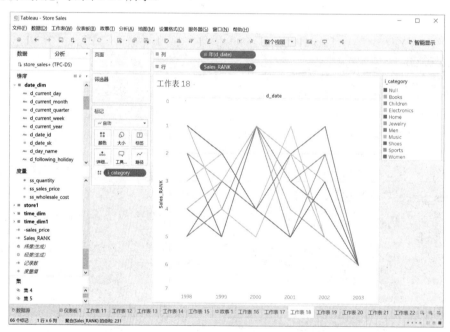

图 5-51　创建折线图

（3）右击【行】区域的 Sales_RANK 字段，在下拉菜单中单击【计算依据】→【i_category】；

（4）将另一个 Sales_RANK 字段拖到【行】区域，再次在下拉菜单中单击【计算依据】→【i_category】；

（5）右击其中一个 Sales_RANK 字段，在下拉菜单中单击【双轴】，将两个视图叠放在一起，如图 5-52 所示。

第 5 章　数据可视化基础

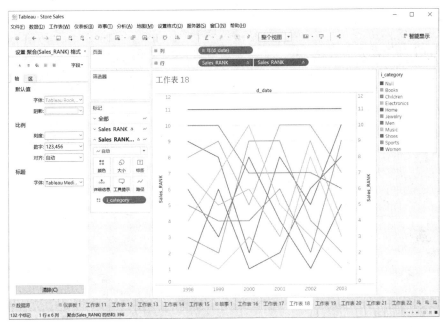

图 5-52　设置双轴

（6）将其中一个视图的可视化形式由【折线】修改为【圆形】，并调整圆形的大小；

（7）分别右击两个坐标轴，在弹出的菜单中单击【编辑轴】，并将坐标轴排列方式设置为【倒序】，最终可视化效果如图 5-53 所示。

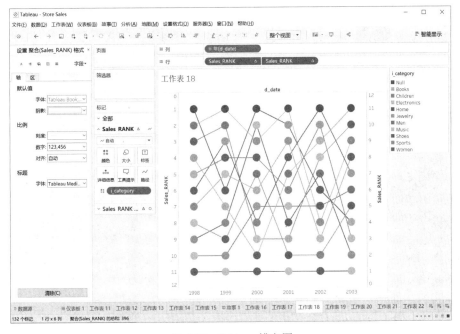

图 5-53　Tableau 排名图

【可视化解析】

排名图用于展示各组在同一个度量上的排名随时间推移的变化。在某一时间点的排名越高，在图表中的位置也就越高。

5.3.2 瀑布图

【例 5-11】使用瀑布图描述 store sales 网络在 1998—2002 年间各季度的销售总额的增减变动情况。

【Power BI 操作步骤】

（1）在可视化组件板中选择【瀑布图】；

（2）将 d_year 和 d_quarter_name 字段拖拽到【类别】区域，将 ss_ext_sales_price 字段拖拽到【Y 轴】区域，并将聚集计算方式设置为"求和"；

（3）将 d_year 字段拖拽到筛选器界面，选择 1998—2002 年 5 年间的记录；

（4）瀑布图支持下钻功能，年维度和季度维度的可视化效果如图 5-54、图 5-55 所示。

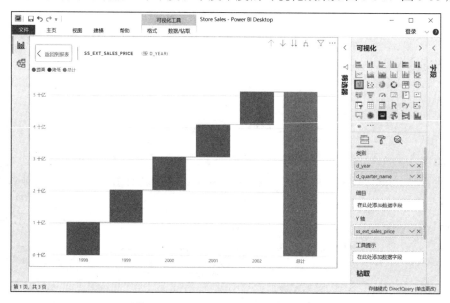

图 5-54　Power BI 瀑布图——年维度

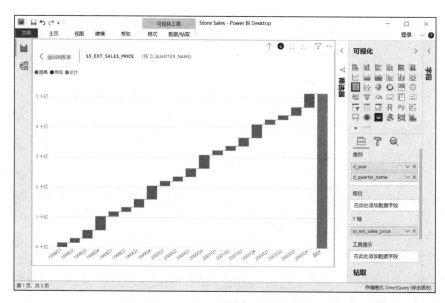

图 5-55　Power BI 瀑布图——季度维度

【Tableau 操作步骤】

（1）将 d_quarter_name 字段拖拽到【列】区域，将 ss_ext_sales_price 字段拖拽到【行】区域，并将聚集计算方式设置为"求和"，然后右击 ss_ext_sales_price 字段，在下拉菜单中单击【快速表计算】→【汇总】，计算依据设置为"d_quarter_name"；

（2）在【标记】处将图标类型修改为【甘特条形图】，如图 5-56 所示。

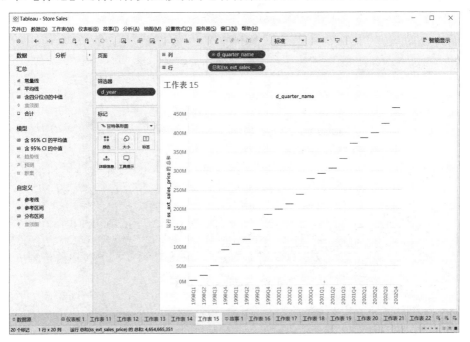

图 5-56　Tableau 瀑布图步骤 1

（3）右击度量字段列表的 ss_ext_sales_price 字段，在下拉菜单中单击【创建】→【计算字段】，设置新字段"-sales_price"，如图 5-57 所示。

图 5-57　Tableau 瀑布图步骤 2

（4）将新创建的-sales_price 字段拖拽到【标记】处的【大小】选项卡；

（5）在菜单栏单击【分析】→【合计】→【显示行总计】，最终可视化效果如图 5-58 所示。

【可视化解析】

瀑布图通常用于展示某一维度的度量值对于最终的总计值有着怎样的贡献，也可以描述特定度量值随时间的增减变动情况，柱形的高低代表了取值的大小。瀑布图既能反映数据的多少，又能直观地反映数据的增减变化。在本例中，1998 年第 1 季度至 2002 年第 4 季度的所有取值之和即为 1998—2002 年所有销售额的总和，通过各年份、各季度所代表的柱形图的高低可判断各年份、各季度的销售额对于销售总额的贡献程度。

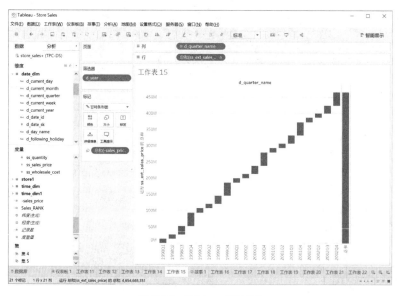

图 5-58　Tableau 瀑布图

5.3.3　树状图

【例 5-12】使用树状图对比描述 store sales 网络在 1998—2002 年间各门店的销售总额。

【Power BI 操作步骤】

（1）在可视化组件板中选择【树状图】；

（2）将 s_store_name 字段拖拽到【组】区域，将 ss_ext_sales_price 字段拖拽到【值】区域，并将聚集计算方式设置为"求和"，可视化效果如图 5-59 所示。

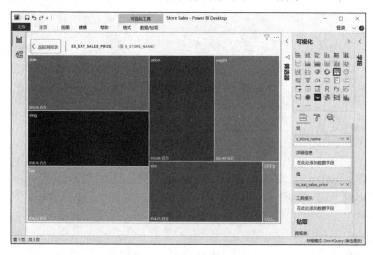

图 5-59　Power BI 树状图

【Tableau 操作步骤】

（1）将 ss_ext_sales_price 字段拖拽到【标记】处的【大小】选项卡以显示图块大小；

（2）将 ss_ext_sales_price 字段拖拽到【标记】处的【颜色】选项卡以显示图块颜色；

（3）将 s_store_name 字段拖拽到【标记】处的【标签】选项卡以显示数据标签，可视化效果如图 5-60 所示。

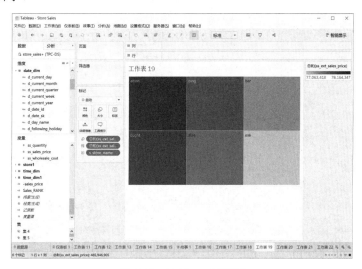

图 5-60　Tableau 树状图

【可视化解析】

树状图通常用于展示一个维度变量与一个度量变量之间的关系，其用法与普通的柱状图和条形图基本一样，只是组织的形式发生了变化。柱状图和条形图通过柱形的高低展示各组取值的大小，而树状图则通过方形面积的大小展示各组取值的大小。一般情况下，树状图可以作为普通条形图或柱状图的替代可视化方案。

如果将树状图中的方形区域替换成圆形，那么可得到气泡图。在 Tableau 中，将【标记】处的【方形】修改为【圆形】，即可得到填充气泡图，可视化效果如图 5-61 所示。

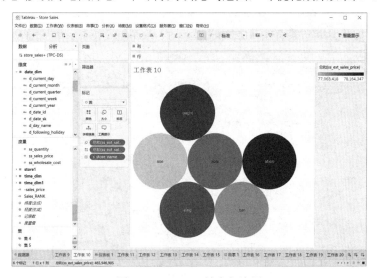

图 5-61　Tableau 填充气泡图

5.3.4 直方图

【例 5-13】使用直方图描述 store sales 网络每次消费金额的分布情况。

【Power BI 操作步骤】

（1）在可视化组件板中并没有【直方图】组件，单击上方菜单栏中的【来自应用商店】，在弹出的【Power BI 视觉对象】界面中选择【应用商店】→【Histogram Chart】，单击【添加】，如图 5-62 所示。

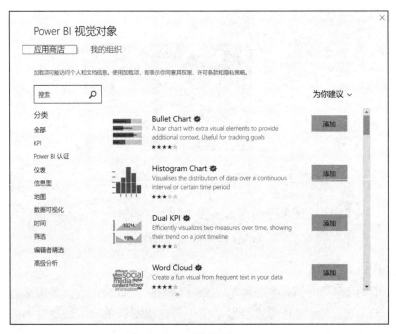

图 5-62　Power BI 导入直方图视觉对象

（2）添加后直方图组件出现在了可视化组件板中，选择【直方图】；

（3）将 ss_ext_sales_price 字段拖拽到【频率】区域，并将聚集计算方式设置为"计数"；

（4）将 ss_ext_sales_price 字段拖拽到【值】区域，右击该字段，在下拉菜单中选择【新建组】，可以调整直方图的分组依据，结果如图 5-63 所示。

图 5-63　Power BI 新建组

（5）单击【确定】，最终可视化效果如图 5-64 所示。

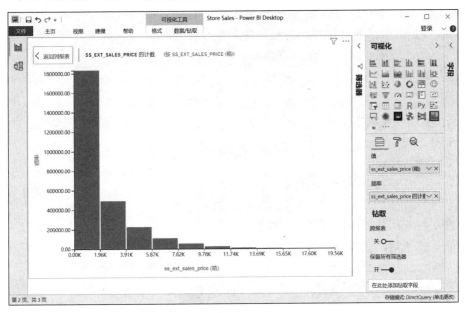

图 5-64　Power BI 直方图

【Tableau 操作步骤】
（1）将 ss_ext_sales_price 字段拖拽到工作表区域；
（2）在可视化组件板中选择【直方图】。

可视化效果如图 5-65 所示。

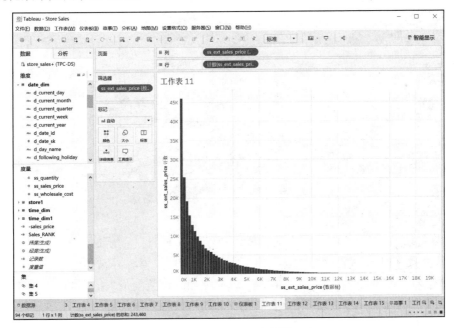

图 5-65　Tableau 直方图

【可视化解析】
直方图用于探究单个度量变量的分布情况。在绘制图表前需要首先将度量变量转换为维度变量，即变量分箱，再通过统计各个箱内的记录数从而得到度量变量的分布。在本例中，直方图将 store sales 网络中每笔的成交金额划分在了不同的金额区间，单笔成交金额呈现出明显的右偏分布特征，即大量的销售金额都集中在最小的几个区间内，随着金额区间的增大，落在该区间的交易笔数也在逐渐减少。

5.3.5 盒须图

【例 5-14】使用盒须图探究不同教育水平的用户在消费金额的分布上是否存在差异。

Power BI 中没有合适的盒须图组件，故略去。

【Tableau 操作步骤】

（1）将 ss_sales_price 字段拖拽到【行】区域，将 cd_education_status 字段拖拽到【列】区域，将 ss_tick_number 字段拖拽到【标记】处的【详细信息】选项卡；

（2）在可视化组件板中选择【盒须图】；

（3）设置筛选器，去掉空缺值，可视化效果如图 5-66 所示。

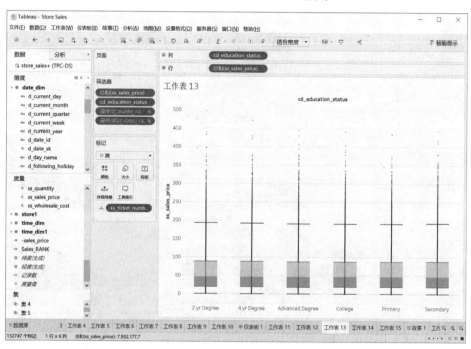

图 5-66　Tableau 盒须图

【可视化解析】

盒须图与直方图相似，都是用来探究度量变量的分布的。盒须图包括六个统计量：最小值、下四分位数（q1）、中位数、上四分位数（q3）、最大值、异常值。下四分位数、中位数、上四分位数组成一个"带有隔间的盒子"。在上四分位数到最大值之间有一条延伸线，这个延伸线就是"胡须"。最大值和最小值范围以外的值被视为异常值。盒须图可以横向比较不同组之间的分布差异。在本例中，销售金额与上一例中体现出来的分布趋势是相同的，都是明显的右偏分布，同时在不同教育水平的用户之间并没有体现出消费金额总和分布上的差别。

5.3.6 散点图

【例 5-15】使用散点图探究 store sales 网络中 "amalgamalgamalg #13" 品牌优惠券发放数量与销量之间的关系。

【Power BI 操作步骤】

（1）在可视化组件板中选择【散点图】；

（2）先将 ss_coupon_amt 字段拖拽到【X 轴】区域，将 ss_ext_sales_price 字段拖拽到【Y 轴】区域，再分别将两个字段的聚集类型设置为"不汇总"；

（3）将 i_brand 字段拖拽到筛选器界面，选择 "amalgamalgamalg #13"，再将 ss_coupon_amt 字段拖拽到筛选器界面，选择所有大于 0 的记录；

（4）用【格式】界面的【形状】选项适当调整散点的大小，可视化效果如图 5-67 所示。

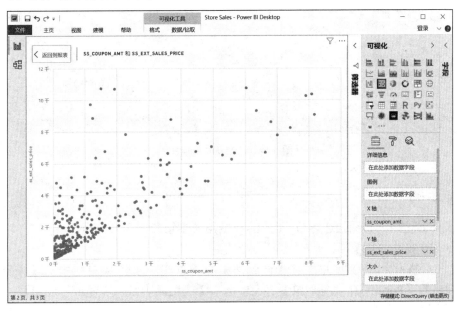

图 5-67　Power BI 散点图

【Tableau 操作步骤】

（1）先将 ss_coupon_amt 字段拖拽到【列】区域，将 ss_ext_sales_price 字段拖拽到【行】区域，再分别右击两个字段并将数值类型设置为"维度"；

（2）在可视化组件板中选择【散点图】；

（3）先将 i_brand 字段拖拽到筛选器界面，选择 "amalgamalgamalg #13"，再将 ss_coupon_amt 字段拖拽到筛选器界面，选择所有大于 0 的记录；

（4）用【标记】处【大小】选项适当调整散点的大小，可视化效果如图 5-68 所示。

Power View 虽然有散点图功能，但是却无法将维度变量转换为"维度"或者设置为"不汇总"，故无法体现出散点图的可视化效果。

【可视化解析】

散点图通常用于探究两个度量变量之间的相关或因果关系，图中每一个点均代表一条记录。一般而言，我们希望能够在散点图中寻找到某种线性或非线性的模式，用以描述两个维度变量之间的潜在关系。在本例中，随着优惠券发放数量的增加，销售总额存在着某种上升的趋势，说明二者之间可能存在一定的相关性。

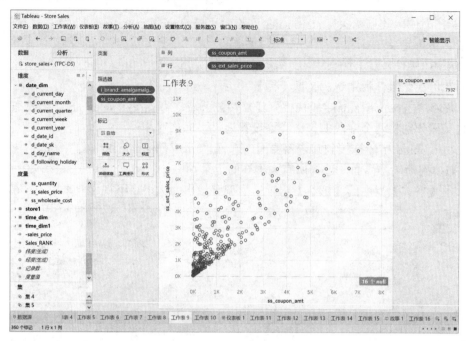

图 5-68　Tableau 散点图

5.3.7　词云图

【例 5-16】使用词云图描述导致 store sales 网络发生退货的主要原因。

【Power BI 操作步骤】

（1）在可视化组件板中并没有【词云图】组件，单击上方菜单栏中的【来自应用商店】，在弹出的【Power BI 视觉对象】界面中选择【应用商店】→【Word Cloud】，单击【添加】，如图 5-69 所示。

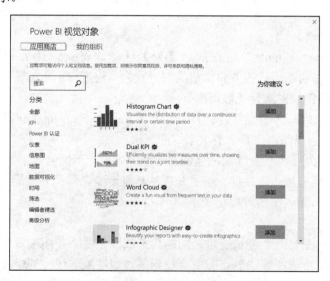

图 5-69　Power BI 导入词云图视觉对象

(2）添加后，词云图组件出现在了可视化组件板中，选择【词云图】；

(3）将 r_reason_desc 字段拖拽到【类别】区域，在筛选器中去掉无意义的取值；

(4）将 sr_reason_sk 字段拖拽到【值】区域，并将聚集方式设置为"计数"，可视化效果如图 5-70 所示。

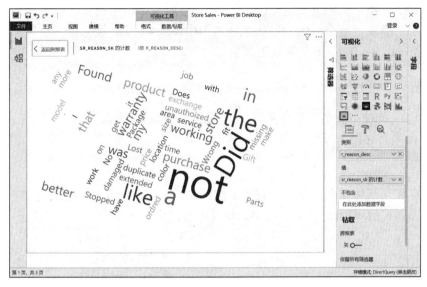

图 5-70　Power BI 词云图

【Tableau 操作步骤】

(1）将 r_reason_desc 字段拖拽到【标记】处的【文本】选项卡；

(2）将 sr_reason_sk 字段拖拽到【标记】处的【大小】选项卡，并将聚集方式设置为"计数"；

(3）将 sr_reason_sk 字段拖拽到【标记】处的【颜色】选项卡，在筛选器中去掉无实际意义的取值，可视化效果如图 5-71 所示。

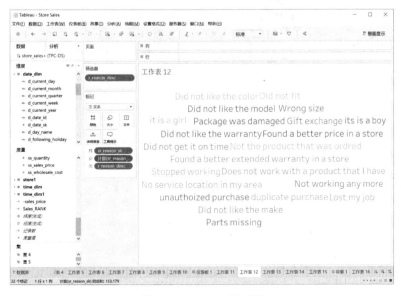

图 5-71　Tableau 词云图

【可视化解析】

词云图是一种较为新颖的可视化方式，其本质与条形图、树状图等是相同的，都用于展示一个维度变量在不同取值上的数量或聚集计算结果的大小。与传统的条形图、树状图相比，词云图更加灵活，但是词云图的维度变量最好是由文字组成的，否则可视化效果将会大打折扣。在使用过程中我们也发现，Power BI 会将所有语句中的单词单独分离开来统计词频，而 Tableau 会统计整个语句的频次。在本例中，Power BI 词云图无法排除无意义的代词、介词，相较而言，Tableau 的展示方式更加合理。

5.3.8 弦图与桑基图

【例 5-17】分别使用弦图与桑基图展示 website sales 网络的物流走向情况。

【Power BI 操作步骤】

1. 弦图

（1）在可视化组件板中并没有【弦图】组件，单击上方菜单栏中的【来自应用商店】，在弹出的【Power BI 视觉对象】界面中选择【应用商店】→【Chord】，单击【添加】，如图 5-72 所示。

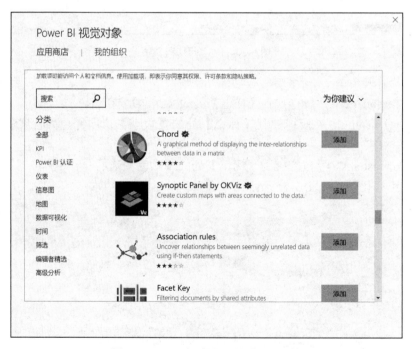

图 5-72　Power BI 导入弦图视觉对象

（2）添加后，弦图组件出现在了可视化组件板中，选择【弦图】；

（3）由于 store sales 网络中没有适用于弦图可视化展示的情景，因此我们单击菜单栏中的【获取数据】，从 TPC-DS 数据集中重新选择 warehouse 和 web_sales 两张数据表并单击【加载】，将其加入数据模型中，如图 5-73 所示。

第 5 章 数据可视化基础 203

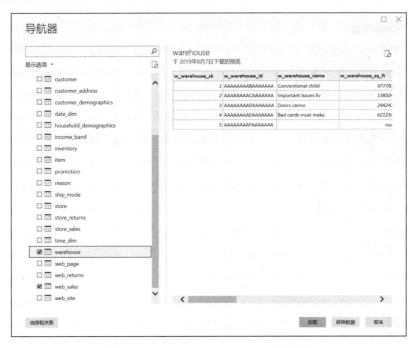

图 5-73 warehouse 和 web_sales 数据表

（4）将 w_warehouse_name 字段拖拽到【从】区域；

（5）将 ca_sate 字段拖拽到【到】区域，在筛选器处选择 AL、AR、FL、GA、IA、IL 等州；

（6）将 ws_quantity 字段拖拽到【值】区域，并将聚集方式设置为"求和"，可视化效果如图 5-74 所示。

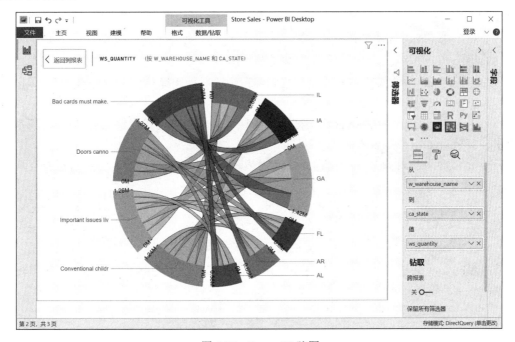

图 5-74 Power BI 弦图

2. 桑基图

（1）可视化组件板中并没有【桑基图】组件，单击上方菜单栏中的【来自应用商店】，在弹出的【Power BI 视觉对象】界面中选择【应用商店】→【Sankey Chart】，单击【添加】，如图 5-75 所示。

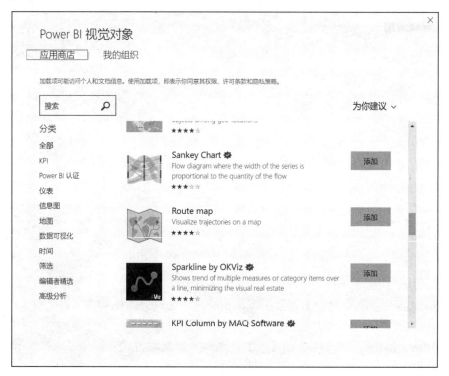

图 5-75　Power BI 导入桑基图视觉对象

（2）添加后，桑基图组件出现在了可视化组件板中，选择【桑基图】；

（3）将 w_warehouse_name 字段拖拽到【源】区域；

（4）将 ca_sate 字段拖拽到【目标】区域，在筛选器处选择 AL、AR、FL、GA、IA、IL 等州；

（5）将 ws_quantity 字段拖拽到【称重】区域，并将聚集方式设置为"求和"，可视化效果如图 5-76 所示。

Tableau 实现弦图和桑基图的过程均较为复杂，在此略去，感兴趣的读者可以自行探索。

【可视化解析】

弦图和桑基图是一种创新性的可视化工具，它们的功能较为相似，其最显著的应用场景就是展现某个取值的流向情况。在本例中，我们分别使用弦图和桑基图展现了 website sales 网络的物流走向情况，即监控从各仓库向各目的地运输产品数量的情况。弦图通过圆形区域展示物流走向，而桑基图是通过方形区域展示物流走向，图表中间部分表示流向的区域面积大小也体现了流量的相对大小。

第 5 章 数据可视化基础　　205

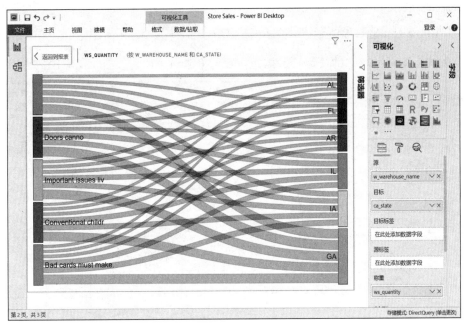

图 5-76　Power BI 桑基图

5.3.9　R & Python 视觉对象

Power BI 分别集成了 R 和 Python 工具用于创建可视化对象。在选择 R 或 Python 脚本对象时，系统提供了一个 R 或 Python 脚本编辑器，在窗格中输入 R 或 Python 语言脚本，执行后就会从 Power BI 发送到 R 或 Python 的本地安装上运行，获得生成的可视化对象，并显示在报表页面上。R 和 Python 可视化对象提供了 Power BI 与 R 和 Python 语言交互的通道，可以将 R 和 Python 语言强大的功能集成到 Power BI 系统中。

在 Power BI 中使用 R 或 Python 视觉对象的前提是已经在计算机上安装好了 R[①]和 Python[②]，相关教程与常见问题解答可见脚注链接。

当使用 R 脚本生成数据库图表时，首先在页面上加入 R 脚本控件，然后从【Fields】窗口中选择用于生成图表的属性，如将 d_quarter_name 与 ss_quantity 字段拖拽到【值】区域，此时 R 脚本编辑窗口自动增加如下 R 脚本命令：

1.　# 下面用于创建数据帧并删除重复行的代码始终执行，并用作脚本报头：
2.　
3.　# dataset <- data.frame(d_quarter_name, ss_quantity)
4.　# dataset <- unique(dataset)
5.　
6.　# 在此处粘贴或键入脚本代码：

---

① https://docs.microsoft.com/zh-cn/power-bi/desktop-r-visuals
② https://docs.microsoft.com/zh-cn/power-bi/desktop-python-visuals

7. attach(dataset)
8. barplot(tapply(ss_quantity,list(d_quarter_name),sum))

单击 R 脚本编辑窗口中的【运行】按钮，运行 R 脚本，生成条形图，如图 5-77 所示。

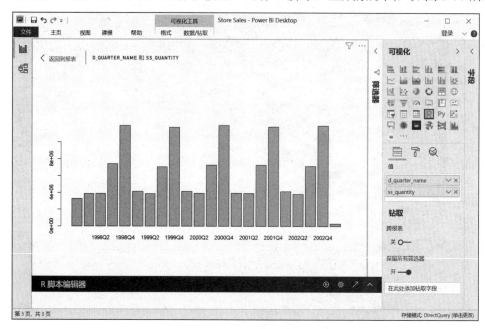

图 5-77 R 视觉对象

同样的，当使用 Python 脚本生成数据库图表时，首先在页面上加入 Python 脚本控件，然后从【Fields】窗口中选择用于生成图表的属性，如将 d_quarter_name 与 ss_quantity 字段拖拽到【值】区域，此时 Python 脚本编辑窗口自动增加如下 Python 脚本命令：

1. # 下面用于创建数据帧并删除重复行的代码始终执行，并用作脚本报头:
2.
3. # dataset = pandas.DataFrame(d_quarter_name, ss_quantity)
4. # dataset = dataset.drop_duplicates()
5.
6. # 在此处粘贴或键入脚本代码:
7. **import** pandas as pd
8. **import** matplotlib.pyplot as plt
9. dt=dataset.groupby(["d_quarter_name"]).sum().reset_index()
10. plt.bar(dt["d_quarter_name"],dt["ss_quantity"],color="#87CEFA")
11. plt.show()

单击 Python 脚本编辑窗口上的【运行】按钮，运行 Python 脚本，生成条形图，如图 5-78 所示。

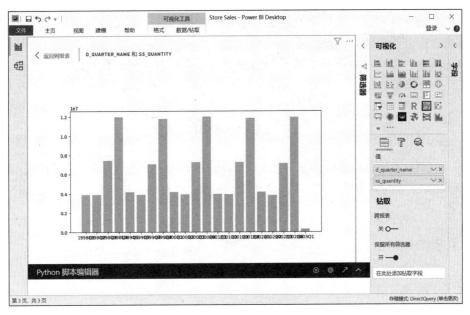

图 5-78　Python 视觉对象

Power BI 集成的 R 与 Python 工具可以在基于复杂关系的数据视图上方便地使用 R 与 Python 脚本工具，扩展了 Power BI 的图表功能，为 Power BI 可视化提供了更加灵活的解决方案。

5.3.10　进阶可视化应用小结

在本节中，我们介绍了排名图、瀑布图、树状图、直方图、盒须图、散点图、词云图、弦图与桑基图、地图和 R & Python 视觉对象共 9 种进阶可视化组件。Power BI 和 Tableau 之间的区别相信读者在实践过程中多少也有所体会。Power BI 更适合入门级的新手使用，它以可视化组件作为核心，在新建可视化图表时首先选择希望使用的可视化组件，再在此基础上选择合适的字段，并且不同的可视化组件依据其各自特点已经提前内置好了其所需的不同类型的字段，节省了大量的摸索时间；Tableau 对于入门级新手而言相对不是非常友好，它以字段作为核心，在新建可视化图表时往往是先确定希望开展分析的字段，再根据字段类型的组合选择恰当的可视化组件，同时一些较复杂的可视化组件在实现的过程中也需要较多的步骤，无论中间步骤中的哪一个环节出错都可能得不到最终的可视化效果；同样实现某一个可视化效果的技术方法也并不是唯一的。使用 Power BI 的过程就像在编程中调用前人已经编写好的程序包，直接拿来用就可以达到目的；但使用 Tableau 的过程却像一个算法研发人员，所有的可视化组件都需要使用者一步一步去搭建和实现，也正因此，Tableau 获得了更高的灵活性、技术性与挑战性。尽管 Tableau 乍看上去并不是非常容易上手，但事实上以字段为核心的数据分析才更加贴近数据分析的本质，即以数据分析的目标作为逻辑起点，而不是以数据可视化组件为逻辑起点。

除了本节介绍的进阶可视化组件，还有大量高阶的可视化工具，但由于篇幅限制，在此无法展开。在 Power BI 的【从应用商店导入】界面，读者会发现 Power BI 提供的大量的可视化组件。另外，熟练的 Tableau 使用者也可以利用各种各样的技巧实现丰富的可视化方法，这些都留给读者自行探索。但是就如本书开篇提到的一样，数据可视化只是发现、传递、展示信息的一种方式，无论多么酷炫的数据可视化组件，其最终目的都是为了得出可靠的、直观的数据分析结论，因此没有必要刻意追求图表的华丽，简单朴素的图表也一样能够得出可靠的结论。在满足数据分析需求的前提下，适当对数据可视化提出一些艺术性的优化方案则是一种更高的要求了，需要读者在实践中不断摸索、不断成长。

5.4 分析板块的应用

Power BI 和 Tableau 都提供了分析板块，可在可视化图表的基础上提供额外的分析功能。由于 Tableau 的分析功能相较于 Power BI 更加强大，因此本节将重点介绍 Tableau 分析板块的应用。

5.4.1 汇总功能

1. 平均值

我们先返回第 5.2.3 小节中使用 Tableau 绘制的折线图（即图 5-18），然后在字段列表的上方切换至【分析】界面，将【平均线】拖拽到【工作表】区域，可视化效果如图 5-79 所示。

这样就为销售总额的时序图创建了一条平均值线，由此我们可以清晰地判断出哪个时间的销售总额高于平均值，哪个时间的销售总额低于平均值。

2. 含四分位点的中值

同样的，若将【含四分位点的中值】拖拽到【工作表】区域，则可视化效果如图 5-80 所示。

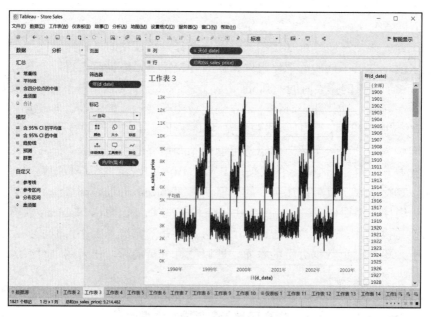

图 5-79　Tableau 平均线功能

第 5 章 数据可视化基础　　209

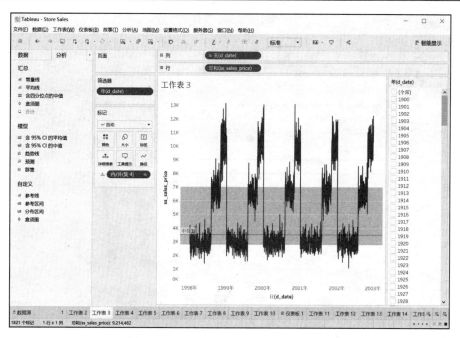

图 5-80　Tableau 含四分位点的中值功能

这样便得到了中位数，以及四分之一分位数和四分之三分位数所组成的区间，由此可以判断出哪个时间的销售总额位于中位数附近，哪些则远远高于或低于四分之一、四分之三分位数。

3. 盒须图

同样的，若将【盒须图】拖拽到【工作表】区域，则可视化效果如图 5-81 所示。

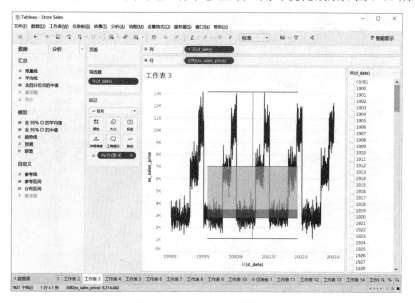

图 5-81　Tableau 盒须图功能

我们在 5.3.5 小节中介绍过盒须图的使用方法，此处不再赘述。在本例中，盒须图的作用与含四分位点的中值的作用是相同的，盒须图还额外提供了最大值点和最小值点的信息。

4. 常量线

同样的，若将【常量线】拖拽到【工作表】区域，横轴和纵轴都可以设置常量线，则可视化效果如图 5-82 所示。

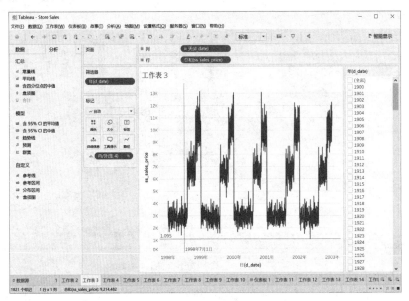

图 5-82　Tableau 常量线功能

5. 合计

【合计】的功能在 5.3.2 小节介绍瀑布图时已经有所涉及，图 5-83 中最右侧的柱状图就是【合计】功能返回的结果。

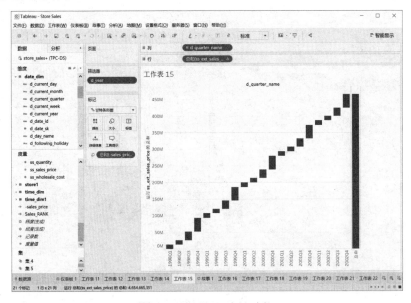

图 5-83　Tableau 合计功能

5.4.2 模型功能

1. 趋势线与预测线

截至目前，Tableau 提供的都是数据描述方面的支持，而分析板块的模型功能致力于帮助使用者在图表中发掘模式和规律，解释过去并预测未来。对于连续变量在时间维度上的取值，有时候需要通过绘制趋势线来反映数据的整体走势，如将【趋势线】拖拽到【工作表】区域。同样的，除了描述历史趋势，如果还希望通过历史趋势预测未来走势，如将【预测线】拖拽到【工作表】区域，可视化效果如图 5-84 所示。

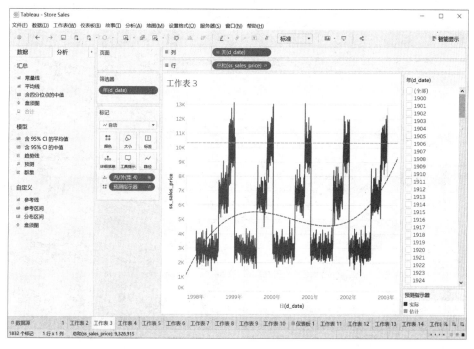

图 5-84　Tableau 趋势线&预测线功能

右击图中的趋势线和预测线，在下拉菜单中选择【编辑趋势线】，弹出的窗口如图 5-85 所示。

Tableau 趋势线和预测线仅提供了线性、对数、指数、多项式等拟合方式，我们也可以发现对于本例中呈现出的极强的周期性趋势而言，Tableau 提供的内置模型在精度上存在一定的局限性。

2. 群集

Tableau 还能够通过群集功能将行为模式相似的个体进行聚类，可以将【群集】拖拽到【工作表】区域，可视化效果如图 5-86 所示。

在图 5-86 中，销售总额的时间序列图被划分成三个类别，同一组内的销售额波动情况具有相同的模式。直观地看，销售总额的时间序列图确实是以这三个类别的时间段作为一个季节性循环的，集群效果较好。

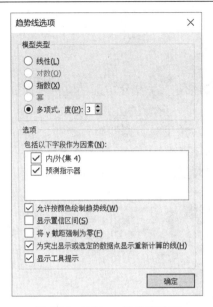

图 5-85　Tableau 趋势线选项

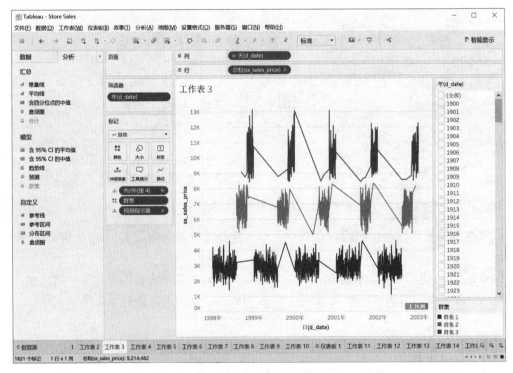

图 5-86　Tableau 群集功能

5.4.3　自定义功能

在 5.4.1 节中介绍的汇总功能中，我们只能使用已经提前内置好的汇总功能，而自定义功能则赋予了使用者个性化的数据分析功能与充分的自由定义空间，如图 5-87 所示。

图 5-87　Tableau 自定义功能

5.5　仪表板与故事

在此前的小节中，我们介绍了如何使用 Power BI 与 Tableau 制作一系列可视化图表。在企业级数据分析场景中，若干个数据可视化的结果往往需要组织在一起，展示或共享给其他同事。在本小节中我们将介绍如何创建仪表板、故事并实现仪表板的发布。

5.5.1　创建仪表板

仪表板（Dash Board）在单一面板上显示多个工作表和相应的信息，主要用于比较与监测多种类型的数据，并通过筛选器在仪表板上统一展示交互式操作结果。Power BI 和 Tableau 均提供仪表板的创建功能。

1. 创建 Power BI 仪表板

在创建 Power BI 仪表板前,首先需要设计报表。可以选择部分在 5.2 和 5.3 节中绘制的可视化组件,适当排版后便可完成报表的设计,如图 5-88 所示。

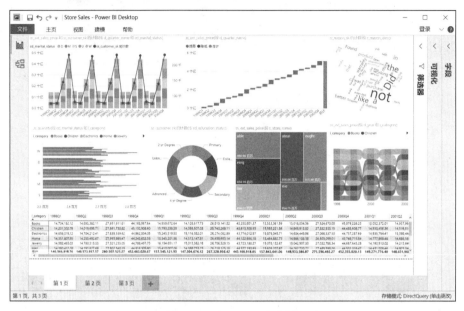

图 5-88 Power BI 仪表板

有两种方法可以在 Power BI 报表中创建页面级筛选条件。方法一,通过单击仪表板中任一图表中的任一组成部分,该报表上的所有其他图表都会产生联动效应。假设我们希望了解 "able" 门店的具体情况,可以单击树状图上代表 "able" 门店的绿色区域,其余所有图表都会呈现 "able" 门店的信息,如图 5-89 所示。

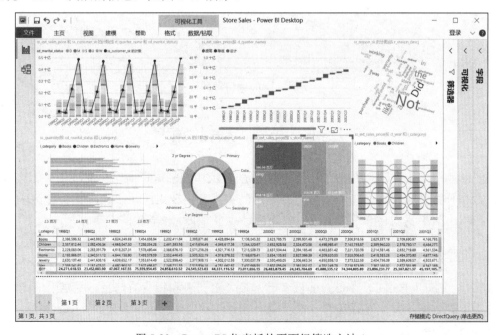

图 5-89 Power BI 仪表板的页面级筛选方法 1

方法二，将 s_store_name 字段拖拽到【筛选器】界面的【此视觉对象上的筛选器】界面，仅勾选"able"，如图 5-90 所示。

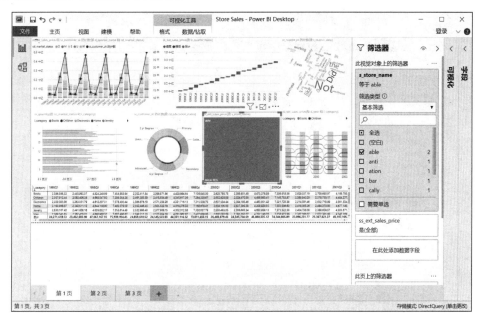

图 5-90 Power BI 页面级筛选方法 2

以上介绍的两种页面级筛选方法在可视化呈现效果上有所区别：方法一，直接在报表中单击图表组成部分，所有的可视化效果都将被保留，且所有未被选中的部分颜色变浅，只有被选中部分颜色变深；方法二，使用筛选器界面，只有被选中部分的可视化效果会呈现出来，所有未被选中的部分将会在仪表板中消失。

Power BI Desktop 可以通过向 Power BI 服务发布报表，实现与其他用户共享报表并制作仪表板的功能。要实现这一功能需要在读者的计算机上安装并配置网关，可以按照微软官方教程执行操作[①]。单击【主页】中的【发布】，发布成功后在对话框中给出链接，单击链接即可跳转到浏览器，打开 Power BI 在线平台，如图 5-91 所示。

图 5-91 将报表发布到 Power BI

---

① https://docs.microsoft.com/zh-cn/data-integration/gateway/service-gateway-install.

在 Power BI【我的工作区】中选择所发布的报表，通过浏览器显示 Power BI 报表，并提供基于网页的交互式数据分析处理能力，如图 5-92 所示。

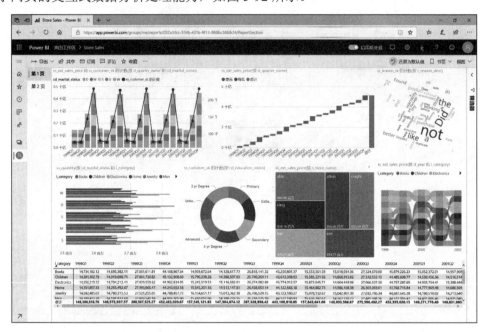

图 5-92　Power BI 线上工作区

接下来单击菜单栏上方的【…】，在下拉菜单中选择【固定活动页】，选择【新建仪表板】，并将仪表板命名为"store sales 网络销售情况回顾"，单击【固定活动页】即可创建 Power BI 仪表板，如图 5-93 所示。

图 5-93　Power BI 将报表固定到仪表板

第 5 章 数据可视化基础

单击【固定活动页】后,在右上角新弹出的界面中单击【转至仪表板】,得到创建好的 Power BI 仪表板,如图 5-94 所示。

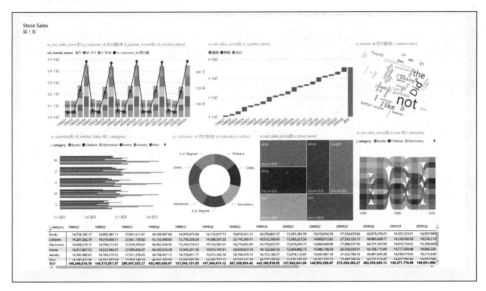

图 5-94 Power BI 仪表板

当报表发生改动时,可以重新发布报表。将 Power BI 服务中的报表替换为编辑后的版本,替换后,Power BI Desktop 最新版本文件中的数据集和报表将覆盖 Power BI 服务中的数据集和报表。

2. 创建 Tableau 仪表板

单击页面顶端的【仪表板】→【新建仪表板】,得到新创建的仪表板工作界面,如图 5-95 所示。

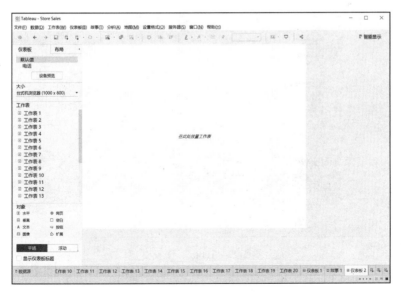

图 5-95 Tableau 仪表板工作界面

仪表板布局默认为平铺方式,各工作表或对象平等分布而互不覆盖,用户可以通过拖动区域边缘调整大小。浮动布局可将所选工作表或对象浮动并覆盖在背景视图之上，可以任意调整大小与位置。单击左下方的【平铺/浮动】可切换仪表板排布方式。单击左侧【大小】选项卡，在弹出的界面中可以自定义仪表板的高度和宽度。

接下来将左侧的工作表拖拽到仪表板工作簿区域，拖拽到的工作表默认使用平铺方式排列。单击图表右上角的向下箭头，在下拉菜单中选择【浮动】，如图 5-96 所示。

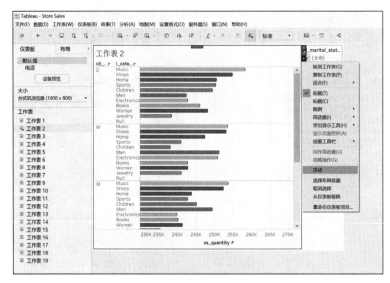

图 5-96　Tableau 设置浮动图表

接下来将若干此前绘制好的图表拖拽到仪表板中并进行布局，如图 5-97 所示。

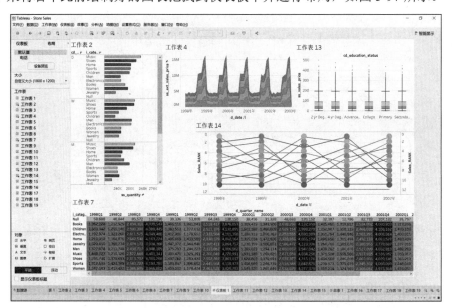

图 5-97　Tableau 仪表板

我们可以将任意图表设置为筛选器。例如，单击工作表 14 右侧的向下箭头，在弹出的下拉菜单中选择【用作筛选器】，此时按住 control 键并单击工作表 14 "Shoes" 的一整行记录，整个工作表的图表都会发生交互式联动，如图 5-98 所示。

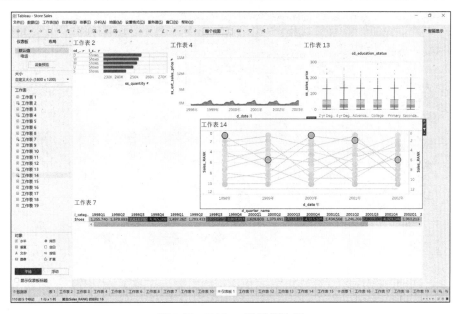

图 5-98 Tableau 设置筛选器

5.5.2 创建故事

创建故事是 Tableau 的特有功能。故事是一种特殊的工作表，它将工作表和仪表板组织成一个类似 PPT 的链接结构，为用户提供动态展示连续可视化数据视图的功能。

单击页面顶端的【故事】→【新建故事】，得到新创建的故事工作界面，如图 5-99 所示。

图 5-99 Tableau 故事工作界面

将故事标题修改为"TPC-DS 销售情况总结"。首先将工作表 3 拖拽到故事面板，更改导航器标题框文字为"销售额波动趋势"，在大小窗口中设置自动模式，自动放缩页面大小，如图 5-100 所示。

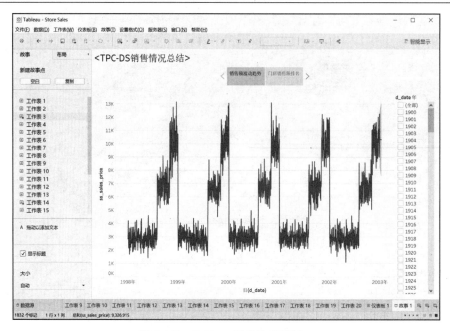

图 5-100 Tableau 新建故事面板 1

接下来单击左上角【空白】按键新建故事面板,将工作表 14 拖拽到故事面板,更改导航器标题框文字为"门店销售额排名",如图 5-101 所示。

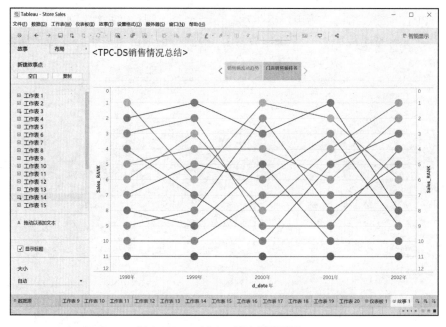

图 5-101 Tableau 新建故事面板 2

各页面设置完毕,单击菜单栏上方的【演示模式】播放故事,还可以通过导航器转到各页面,分别展示不同视角的数据情况。

本章小结

数据可视化是数据分析师最重要的基本能力之一,是向非数据分析人员(业务同事、领导等)展示数据特征、传递知识、表达观点的重要手段。有时一个直观、恰当、美观的图表的表达力会胜过枯燥、苍白的文字解释。数据可视化的内在表现是审美能力、同理心与数据思维的集合,外在表现则是数据可视化组件与工具的娴熟使用。仪表板讲述的是一个完整的故事,应该拥有统一的主题;不同的可视化组件之间也可以形成对话与沟通,从而构成相互衔接的逻辑关系。

案例实践

基于 TPC-DS 数据集,分别使用 Power BI Desktop 和 Tableau Desktop 设计一个交互式仪表板。注意设计仪表板的主题及各可视化组件之间的逻辑关系。

第三篇 实 战 篇

在实际的数据分析中，需要灵活使用各种相关的工具完成不同阶段、不同类型的数据分析处理任务，既需要运用数据库的数据管理技能，又需要熟练掌握 Power BI、Tableau 等数据可视化工具的使用方法，还需要具有通过 Python 编程语言对数据进行深入的分析和挖掘的能力，因此在学习的过程中需要将技能篇所介绍的相关知识与技能综合运用，面向分析任务使用不同的工具完成不同阶段的数据分析处理任务。

实战篇主要介绍如何应用在前两篇中掌握的知识与技能解决一系列企业级数据分析与挖掘任务。本篇由第 6、7 章构成，其中第 6 章介绍了用户数据分析与挖掘的重要价值与关键任务，并运用 Power BI 完成了多维度用户数据分析与监控仪表板的设计，运用 Python 完成了用户价值识别模型（RFM 模型）及用户优惠券使用行为预测模型的搭建。第 7 章介绍了供应链数据分析与挖掘的重要价值与关键任务，并运用 Tableau 完成了多维度供应链数据分析与监控仪表板的设计，运用 Python 完成了产品需求量预测模型的建模任务。本篇将知识与技能应用于实战，使读者在锻炼解决实际问题能力的同时深入理解数据分析、数据可视化与数据挖掘在企业级数据分析场景中扮演的角色及所发挥的重要价值。

第6章 用户数据分析与挖掘实战

本章学习要点：

本章作为实战篇的第一个章节，介绍了海量用户数据分析与挖掘对于企业的重要价值、基本思路及典型案例。本章首先介绍用户数据分析与挖掘的主要目的，即用户资产的精准评估和最大化利用，同时介绍用户数据分析与挖掘涉及的基本内容，包括用户行为多维度监控仪表板设计、用户价值评估、用户行为预测等；然后介绍如何应用 Power BI 制作用户宏观与微观监控仪表板，以实现针对企业的用户资产由粗至细颗粒度的全方位监控；接下来介绍用户价值识别模型（RFM 模型）的整个建模过程，运用 Python 实现用户价值的 Kmeans 算法聚类，并使用决策树模型进一步扩展用户价值识别模型的应用范围；最后介绍用户优惠券使用行为预测模型的整个建模过程，并运用 Python 完成一系列数据诊断、预分析、预处理、模型建立与效果评估等任务。

本章学习目标：

1. 了解用户数据分析与挖掘的主要目标及基本内容；
2. 应用 Power BI 设计多维度用户数据分析与监控仪表板；
3. 掌握用户价值识别模型（RFM 模型）的关键点并运用 Python 实现整个建模过程；
4. 掌握用户优惠券使用行为预测模型并运用 Python 完成整个建模过程。

6.1 引　言

用户资产（Customer Equity）是企业所有用户终身价值的折现值的总和，是企业价值的核心。用户终身价值（Customer Lifetime Value，CLV）通常被定义为每个用户在未来可能为该企业带来的收益总和的现值。对 CLV 的衡量采用的是 RFM 模型（将在 6.4 节中进行详细介绍），它类似于金融中使用的贴现现金流方法，但有两个关键的区别：其一，RFM 模型通常在单个用户或用户细分级别后定义和估计 CLV；其二，能够区分比其他人更有利可图的用户，而不仅仅是检查平均盈利能力。换言之，用 RFM 模型来衡量企业的用户资产，打破了从宏观视角衡量用户总体的传统模式，而将重点聚焦到每个用户，从个体的层面出发，尽可能精细地描述每个用户的行为习惯和消费特征，通过采取个性化、定制化的用户维系措施最大化企业利润。

实现用户资产的精准评估和最大化利用，需要企业完成以下几个任务：
（1）回顾、总结用户历史消费行为的总体情况；
（2）精确地定位每个用户的历史行为并评估其相对价值的高低；
（3）制定合理的标准定义用户价值的高低，并针对用户分群体展开管理；
（4）总结优惠券的发放效果，提升优惠券刺激用户消费的效率。

第 6 章 用户数据分析与挖掘实战

在本章中,我们将基于 store sales 网络、catalog sales 网络及 website sales 网络展开用户数据分析与挖掘,运用在先前章节中掌握的知识技能针对性地完成以上任务。

6.2 用户宏观监控仪表板设计

6.2.1 设计目的

为了对企业的用户资产形成一个宏观的总结和概览,需要从各个维度梳理企业用户的历史行为。

打开 Power BI,连接 SQL Server 2019 服务器中的 TPC-DS 数据库,导入所有与用户信息相关的数据表,包括三大销售网络的 6 张事实表和 4 张维度表:store_sales、store_returns、catalog_sales、catalog_returns、web_sales、web_returns、customer、customer_adress、date_dim 和 customer_demographics。用户数据分析与挖掘原始数据结构图如图 6-1 所示。

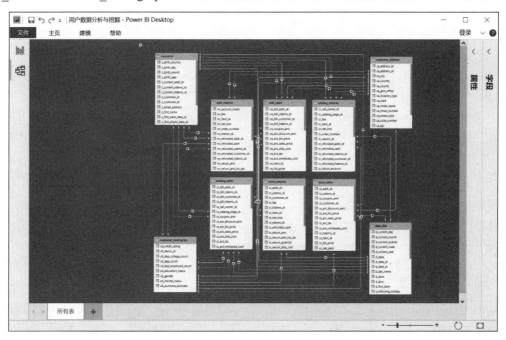

图 6-1 Power BI 用户数据分析与挖掘原始数据结构图

6.2.2 可视化效果

用户宏观监控仪表板记录了 catalog sales 网络(绿色)、store sales 网络(红色)及 website sales 网络的用户行为情况,从消费总金额、消费次数、退货金额、退货次数等维度展开分析,支持时间和单笔交易金额两个维度的筛选,可视化效果如图 6-2 所示。

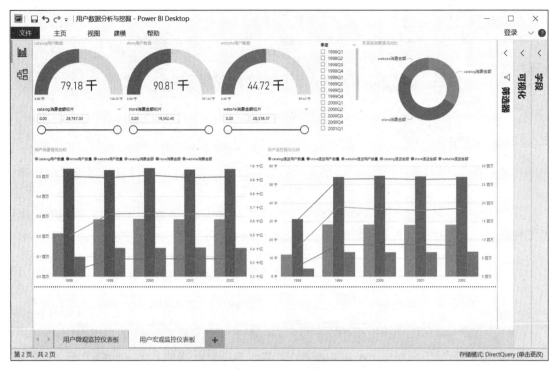

图 6-2 Power BI 用户宏观监控仪表板

6.2.3 组件介绍

1. 仪表

仪表记录了三大销售网络在某段时间内进行消费的用户总数。仪表在起到突出显示作用的同时还可以达到美化仪表板的效果，如图 6-3 所示。

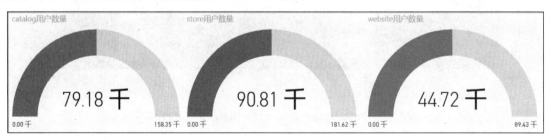

图 6-3 Power BI 用户宏观监控仪表板——仪表

2. 折线&柱状组合图

折线和柱状组合图组件分别记录了用户的消费行为和退货行为。折线图记录的是用户在各个网络的消费总金额及退货总金额随时间的变动趋势；柱状图记录的是用户在各个网络的消费总次数及退货总次数随时间的变动趋势。在本例中，我们将年份-季度-月份-周数层次作为横轴，方便后续下钻分析。目前展示年份维度的可视化效果，如图 6-4 所示。

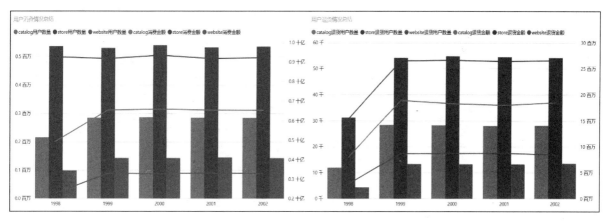

图 6-4 Power BI 用户宏观监控仪表板——折线&柱状组合图

3. 环状图

环状图概述了各个渠道消费金额的比例关系，如图 6-5 所示。

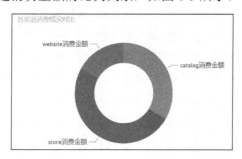

图 6-5 Power BI 用户宏观监控仪表板——环状图

4. 切片器

切片器支持两个维度的筛选，第一个维度是各个网络的单笔销售金额，它支持筛选单笔消费金额不同的用户，可以提供横向对比依据；第二个维度是时间维度，它支持按照季度进行筛选，可以提供纵向对比依据，如图 6-6 所示。

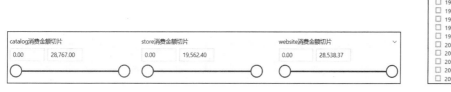

图 6-6 Power BI 用户宏观监控仪表板——切片器

5. 下钻效果

在仪表板中可以实现下钻功能，如在年份层次的基础上通过下钻依次实现季度、月份及周数层次的监控，从而体现出在时间维度上从宏观到微观的可视化效果，如图 6-7 所示。

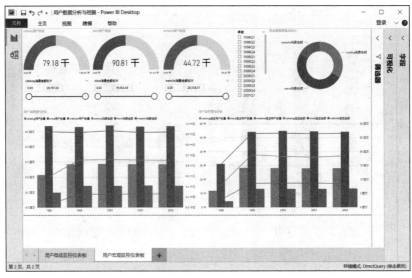
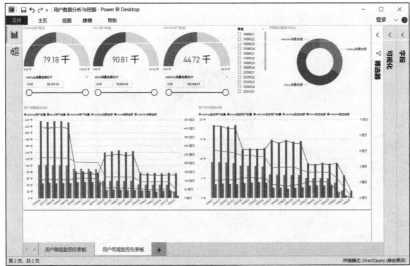
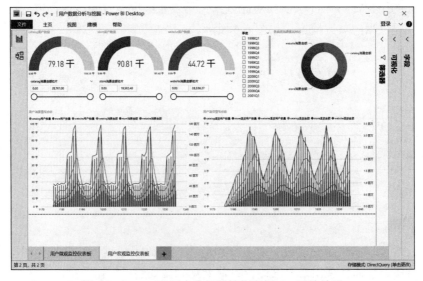

图 6-7 Power BI 用户宏观监控仪表板——下钻效果

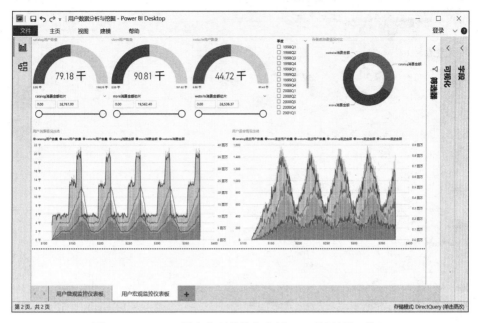

图 6-7　Power BI 用户宏观监控仪表板——下钻效果（续）

6.2.4　小结

用户宏观监控仪表板主要用于实现某个季度内各周用户消费情况的监控，核心的数据指标包括产生消费的用户数量、消费金额及产生退货的用户数量、退货金额。由于支持单笔消费金额的筛选，所以可以收集在特定消费能力区间的用户在过去一段时间的消费数据，在进行分析与挖掘后，可用于预测用户的消费行为。

6.3　用户微观监控仪表板设计

6.3.1　设计目的

在上一节中，我们实现了针对三大销售网络用户行为的宏观总结。在本节中，为了精确定位每个用户的历史行为，判断其价值高低，我们将运用 Power BI 设计用户微观监控仪表板，以实现针对个体用户基本信息及历史消费行为的全方位监控。

6.3.2　可视化效果

用户微观监控仪表板从用户基本信息，在各网络的消费金额、消费次数、消费行为趋势的角度展开分析，支持个体用户维度的筛选，可视化效果如图 6-8 所示。

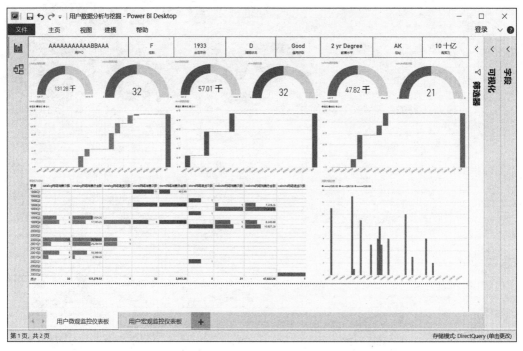

图 6-8 Power BI 用户微观监控仪表板

6.3.3 组件介绍

1. 卡片

用户微观监控仪表板由卡片和矩阵两种简单的可视化组件组成。卡片主要记录了每个用户的基本信息,如用户 ID、性别、出生年份、婚姻状况、信用评级、教育水平、住址、购买力等,如图 6-9 所示。

AAAAAAAAAABBAAA	F	1933	D	Good	2 yr Degree	AK	10 十亿
用户 ID	性别	出生年份	婚姻状况	信用中级	教育水平	住址	购买力

图 6-9 Power BI 用户微观监控仪表板——卡片

2 仪表

仪表记录了每个用户在各个销售网络的总消费金额及总消费次数,从中可以判断用户对于各个销售网络的总体消费偏好、消费黏性及消费贡献,如图 6-10 所示。

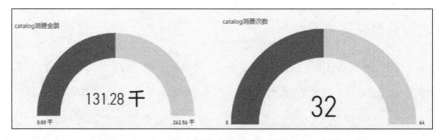

图 6-10 Power BI 用户微观监控仪表板——仪表

3. 瀑布图

瀑布图是用户对各个销售网络消费贡献情况按照时间维度的拆解，体现了用户在不同时间段的消费行为，如图 6-11 所示。

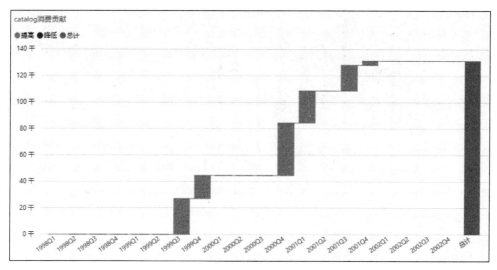

图 6-11　Power BI 用户微观监控仪表板——瀑布图

4. 矩阵

矩阵记录了时间和销售渠道两个维度上的信息，分别记录了每个用户在 1998—2002 年间各个季度在各个销售渠道的消费次数、消费总金额及退货次数，如图 6-12 所示。

在第 3 章中我们提到，Power BI Desktop 不支持复合主外键关联，因此在本例中，三个销售渠道的 sales 表和 returns 表都是没有直接建立关联的，但我们依旧可以将销售信息和退货信息整合到矩阵中，原因是我们通过时间和用户两个维度将 sales 表和 returns 表建立了间接的关联关系，从而实现了信息的整合。

5. 簇状柱状图

簇状柱状图记录了每个用户在各个销售渠道的消费行为随时间的变化情况，可借此判断用户消费行为的发展趋势，如图 6-13 所示。

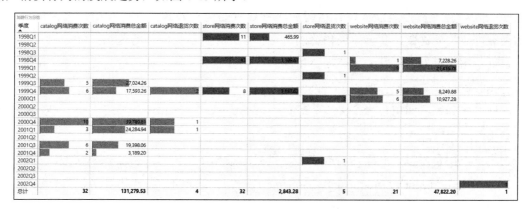

图 6-12　Power BI 用户微观监控仪表板——矩阵

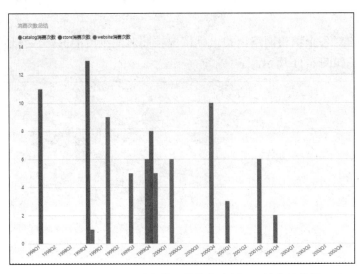

图 6-13　Power BI 用户微观监控仪表板——簇状柱状图

6.3.4　小结

用户微观监控仪表板主要用于监控单个用户的历史消费行为。仪表板首先记录了用户的人口统计学信息，包括性别、年龄、婚姻状况、教育水平等；接下来通过消费金额、消费次数、退货次数等核心数据指标，分别描述用户在各个消费网络的消费情况随时间的变动情况。通过追踪用户历史行为，可以大致判断用户的消费习惯、消费偏好及相对价值高低。

6.4　用户价值识别模型（RFM 模型）

6.4.1　背景简介

在传统企业的运营体系中，面对海量的用户群体，决策者往往在对用户缺乏了解的情况下依照个人经验，甚至是直觉进行运营。这种盲目的运营方式缺失了对用户真实特征的考察，很有可能收效甚微，甚至造成预算的无谓损失。在大数据时代背景下，海量用户的特征属性数据与历史行为数据对于企业而言更易获得和存储。因此，如何通过充分地了解用户的历史行为数据，建立一套合理实用的判断标准，尽可能准确地定义、识别企业用户的个体价值，并针对不同价值的用户群体采取差异化的运营方式，从而实现收益最大化，是当前市场决策最重要的命题之一。

用户价值识别模型，又称 RFM 模型，是目前最为主流的用户价值识别模型，其基本原理是依据用户在 recency、frequency、monetary 三个维度上的信息对用户价值进行识别和判断，按照相对价值大小实现用户分群，针对不同群体的特点设计个性化的运营方案。其中 recency 表示用户最近的一次消费时间距离 2003 年 1 月 1 日的天数（TPC-DS 各个网络的销售记录为 2002 年 12 月以前，所以可假定该分析是从 2003 年 1 月 1 日开始的），天数越短，说明该用户的消费行为距今越近，近期内再次消费的可能性越大，其用户价值也越大；天数越长，则说明该用户已经很久没有消费，再次消费的可能性越小，其用户价值也越小。frequency 表示用户一共有过多少次历史消费记录，历史消费记录的次数越多，用户价值越大，反之则用户价值越小。monetary 表示用户的总消费贡献额，总消费贡献额越高，用户价值越大，反之则用户价值越小。在本例中，我们希望应用 RFM 模型实现 TPC-DS 所有用户的价值评估及群体划分。

尽管以上三个维度对于用户价值的大小均有着明确的判断标准，但是抛开另外两个维度而仅仅通过单一维度判断用户价值是不合理的。例如，假设我们仅通过 monetary 这一维度判断用户价值的大小，若某个用户的总消费贡献额高于所有用户平均总消费贡献额的 3 倍，那么该用户就应该被定义为高价值用户。但是考虑一个极端情况，如果该用户是在距今 4 年前才发生过这一笔消费，并且在这 4 年间该用户有且仅有这一次消费记录，那么从直观的业务角度判断，该用户绝对不属于高价值用户，他很可能是在 4 年前发生了一笔大规模的交易，比如购买了昂贵的奢侈品，使得他的总消费贡献额遥遥领先其他用户，但是若结合 frequency 和 recency 的信息来看，他在未来较长的一段时间内都很可能无法贡献任何消费，因此该用户的实际价值并不高。正是基于以上考虑，RFM 模型才从三个不同的维度考察用户价值，尽量全面地、综合性地描述每个用户的价值，并将他与其他的用户相区分。

RFM 模型既可以通过人为划分标准的方式将用户聚类，也可以利用机器学习的方法实现聚类。RFM 模型在机器学习问题中是一个典型的无监督学习问题。无监督学习的含义是，我们对于用户的价值并没有一个明确的答案，需要依据机器学习算法自动给出问题的答案。在本例中，我们将通过编写 Python 代码，应用 Kmeans 算法实现 RFM 模型的搭建。

6.4.2 目标定义与数据获取

目标定义的过程是将一个具体的业务问题转换为一个具体的数据分析或挖掘建模问题的过程。本例的目标定义过程较为简单，我们获取每个用户在 RFM 三个维度上的属性后，执行聚类分析即可。

在 Windows 菜单栏中打开 Jupyter Notebook，新建 Python 3 Notebook 文件，并命名为"TPC-DS RFM 模型"，编写 Python 代码连接 SQL Server 2019，编写 SQL 查询语句以获取用户 RFM 属性。

```
1.  #导入程序包
2.  import pymssql
3.  import pandas as pd
4.  import matplotlib.pyplot as plt
5.  from pylab import *
6.  mpl.rcParams["font.sans-serif"]=["SimHei"]
```

```
7.
8.    #设置 SQL Server 2019 连接参数
9.    host='.'
10.   user='sa'
11.   password='******'
12.   database='TPC-DS'
13.
14.   #获取连接 connect
15.   connect=pymssql.connect(host,user,password,database)
16.   #获取游标 cursor
17.   cursor=connect.cursor()
18.
19.   #获取用户 RFM 属性 SQL 语句
20.   query="""
21.   select
22.       customer_sk,
23.       datediff(day,max(d_date),'2002-12-31') as recency,
24.       count(customer_sk) as frequency,
25.       sum(monetary) as monetary
26.   from
27.   (select
28.       ss_customer_sk as customer_sk,
29.       ss_sold_date_sk as sold_date_sk,
30.       ss_ext_sales_price as monetary
31.   from
32.       store_sales
33.   union all
34.   select
35.       ws_bill_customer_sk as customer_sk,
36.       ws_sold_date_sk as sold_date_sk,
37.       ws_ext_sales_price as monetary
38.   from
39.       web_sales
40.   union all
41.   select
42.       cs_bill_customer_sk as customer_sk,
43.       cs_sold_date_sk as sold_date_sk,
44.       cs_ext_sales_price as monetary
45.   from
```

```
46.         catalog_sales) a
47.     left join date_dim d
48.     on a.sold_date_sk=d.d_date_sk
49.     where
50.         d_date between '1998-01-01' and '2002-12-31'
51.     group by
52.         customer_sk
53. """
54.
55. #获取原始数据
56. dt_raw=pd.read_sql(query,con=connect)
57. #删除空缺值
58. dt_raw=dt_raw.dropna()
59. #查看数据
60. dt_raw.head()
```

以上代码不仅实现了 SQL Server 2019 数据库平台的连接，还通过 Python 代码远程操作数据库并执行查询，获取挖掘建模所需的原始数据，并删除了原始数据中的空缺值。执行代码后，查看原始数据，如图 6-14 所示。

	customer_sk	recency	frequency	monetary
0	92323.0	714	91	225609.49
1	15652.0	841	47	116662.58
2	24142.0	341	31	53168.39
3	41122.0	60	42	86656.94
4	32632.0	107	27	44621.47

图 6-14 获取用户 RFM 属性值

6.4.3 数据预处理与分析

在获取原始数据后、执行挖掘建模前，往往需要对原始数据展开预处理与分析，以增进对于数据的了解，并将数据转化为适合进行挖掘建模的形式。

1. 变量分布探究

首先对各个基本属性特征的分布情况进行探究。

```
1. #绘制 recency 直方图
2. plt.hist(dt_raw["recency"],histtype='bar',bins=30,rwidth=0.8)
3. plt.show
```

执行代码后，得到 recency 直方图，如图 6-15 所示。

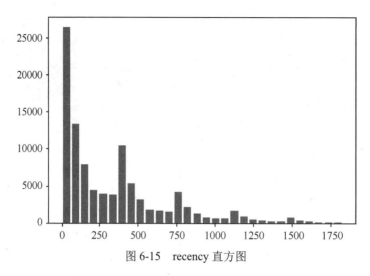

图 6-15　recency 直方图

recency 变量的分布属于明显的右偏分布，大多数用户的 recency 取值在 500 天以内；500 天以上的用户数量较少，呈现出明显的长尾特征。

1. #绘制 frequency 直方图
2. plt.hist(dt_raw["frequency"],histtype='bar',bins=30,rwidth=0.8)
3. plt.show

执行代码后，得到 frequency 直方图，如图 6-16 所示。

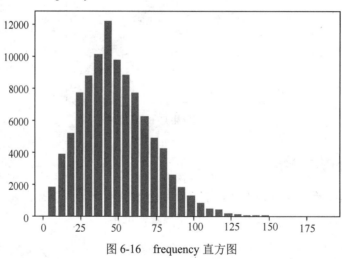

图 6-16　frequency 直方图

frequency 变量的分布属于明显的正态分布，所有用户的 frequency 均值在 50 次左右。

1. #绘制 monetary 直方图
2. plt.hist(dt_raw["monetary"],histtype='bar',bins=30,rwidth=0.8)
3. plt.show

执行代码后，得到 monetary 直方图，如图 6-17 所示。

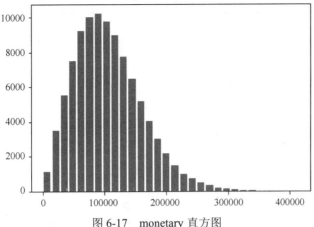

图 6-17 monetary 直方图

monetary 变量的分布也属于明显的正态分布，具有轻微的右偏特征，所有用户的 monetary 均值在 100 000 元左右。

2. 去除异常点

Kmeans 聚类分析很容易受到异常值的影响，因此在执行聚类之前需要将潜在的异常点去除。在本例中，异常点指的是消费行为非常特殊的用户。如果某用户在某个变量的取值大于所有用户平均值的 3 倍标准差以上，那么该用户会被作为异常用户剔除，从而最大限度地保障 Kmeans 聚类的合理性。

1. #计算 recency 的标准差与均值
2. recency_std=np.std(dt_raw["recency"])
3. recency_mean=np.mean(dt_raw["recency"])
4. #计算 frequency 的标准差与均值
5. frequency_std=np.std(dt_raw["frequency"])
6. frequency_mean=np.mean(dt_raw["frequency"])
7. #计算 monetary 的标准差与均值
8. monetary_std=np.std(dt_raw["monetary"])
9. monetary_mean=np.mean(dt_raw["monetary"])
10. #去掉任一变量的取值在 3 倍标准差以外的用户记录
11. dt_1=dt_raw[(dt_raw["recency"]<=(recency_mean+3*recency_std))&
12. (dt_raw["frequency"]<=(frequency_mean+3*frequency_std))&
13. (dt_raw["monetary"]<=(monetary_mean+3*monetary_std))]

在去除异常点后，再次通过直方图查看各个变量的分布情况，检视异常点的去除效果。

1. #绘制删除异常点后的 recency 直方图
2. plt.hist(dt_1["recency"],histtype='bar',bins=30,rwidth=0.8)
3. plt.show

删除异常点后的 recency 直方图如图 6-18 所示。

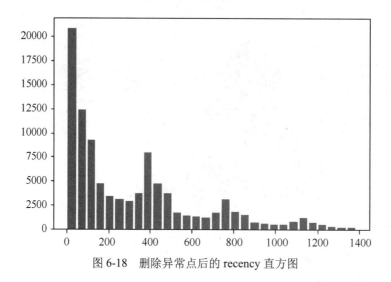

图 6-18　删除异常点后的 recency 直方图

1. #绘制删除异常点后的 frequency 直方图
2. plt.hist(dt_1["frequency"],histtype='bar',bins=30,rwidth=0.8)
3. plt.show

删除异常点后的 frequency 直方图如图 6-19 所示。

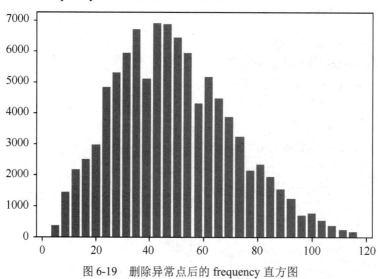

图 6-19　删除异常点后的 frequency 直方图

1. #绘制删除异常点后的 monetary 直方图
2. plt.hist(dt_1["monetary"],histtype='bar',bins=30,rwidth=0.8)
3. plt.show

删除异常点后的 monetary 直方图如图 6-20 所示。

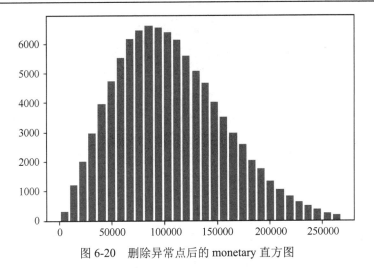

图 6-20 删除异常点后的 monetary 直方图

如图 6-18 至图 6-20 所示,所有直方图的 X 轴范围均有不同程度的缩小,说明已经删除了某个变量取值位于 3 个标准差以外的用户数据。

3. 数据标准化

数据标准化主要用于应对特征属性中数据很分散的情况,通常是将数据按比例缩放,使之落入一个小的特定区间内,用于去除数据的单位限制,将其转化为无量纲的纯数值,使不同单位或量级的指标能够进行比较和加权。另外,数据标准化也有加速训练、防止梯度爆炸的作用。在本例中,我们需要将聚类所需的三个变量进行标准化,将数据压缩到 0~1 之间。采用的标准化公式为:

$$X = \frac{X - \min(X)}{\max(X) - \min(X)}$$

1. #保留 recency,frequency,monetary 三个变量的信息
2. dt_2=dt_1[["recency","frequency","monetary"]]
3. #新建数据框
4. dt_3=pd.DataFrame()
5. #数据标准化
6. dt_3["recency_m"]=(dt_2["recency"]-min(dt_2["recency"]))/(max(dt_2["recency"])-min(dt_2["recency"]))
7. dt_3["frequency_m"]=(dt_2["frequency"]-min(dt_2["frequency"]))/(max(dt_2["frequency"])-min(dt_2["frequency"]))
8. dt_3["monetary_m"]=(dt_2["monetary"]-min(dt_2["monetary"]))/(max(dt_2["monetary"])-min(dt_2["monetary"]))
9. #查看标准化后的数据
10. dt_3.head()

执行代码后,查看标准化后的数据,如图 6-21 所示。

	recency_m	frequency_m	monetary_m
0	0.515152	0.771930	0.840671
1	0.606782	0.385965	0.433983
2	0.246032	0.245614	0.196966
3	0.043290	0.342105	0.321975
4	0.077201	0.210526	0.165061

图 6-21 标准化后的用户 RFM 数据

4. 确定聚类簇数

接下来需要确定聚类的簇数，即需要将所有用户划分为几个群体。选择一个合理的聚类簇数对于用户群体划分而言是非常重要的：簇数过少，会使得同一用户群体内的用户特征差别过大，差异化运营的效果无法体现；簇数过多，又会使得差异化运营方案的制定过程过于复杂且难以持续跟进运营效果。一般情况下，可以根据运营人员的实际经验制定聚类簇数，也可以借助机器学习的方法确定最佳的聚类簇数。在本例中，我们采用手肘法确定最佳聚类簇数。Kmeans 算法使用的成本函数是各个类畸变程度（Distortions）之和，每个类的畸变程度等于该类重心与其内部成员位置距离的平方和。随着簇数的增加，类畸变程度会递减。我们可以逐渐增加聚类簇数，依次计算各类的畸变程度之和，并据此绘制出手肘图。一般可将明显的拐点处作为最佳的聚类簇数。

```
1.  #引入 Kmeans 算法包
2.  from sklearn.cluster import KMeans
3.  #新建列表用于存储不同簇数的畸变程度之和
4.  SSE=[]
5.  #对于 1 到 9 个聚类簇数进行循环
6.  for k in range(1,9):
7.      #执行聚类
8.      est=KMeans(n_clusters=k).fit(dt_3)
9.      #计算并存储畸变程度之和
10.     SSE.append(est.inertia_)
11. #绘制手肘图，确定最佳聚类簇数
12. X=range(1, 9)
13. plt.title("手肘图")
14. plt.xlabel("k")
15. plt.ylabel("SSE")
16. plt.plot(X,SSE,"o-")
17. plt.show()
```

执行代码后，查看手肘图，如图 6-22 所示。

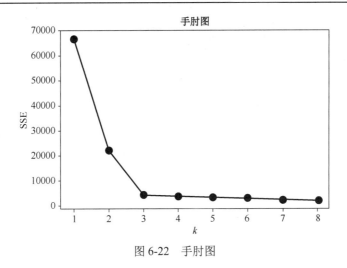

图 6-22 手肘图

当聚类簇数为 3 时，各类畸变程度之和的形状突然由陡峭转变为平缓，出现了一个明显的"肘部"；当聚类簇数再增加时，各类畸变程度之和的下降趋势不再明显，继续增加簇数的收益非常小。因此，在本例中选择 3 为簇数是最合适的。

6.4.4 建立模型

1. 执行聚类

在数据预处理与分析的过程中，我们对原始数据变量的分布进行了学习，去除了潜在的异常点，实现了数据标准化，并通过手肘图确定了最佳聚类簇数。现在所有的数据准备工作已经完成，正式进入建模过程。

```
1.  #设定聚类簇数为3
2.  k=3
3.  #执行聚类
4.  est=KMeans(n_clusters=k).fit(dt_3)
5.  #获取各类标签
6.  clusters=est.labels_
7.  dt_3["labels"]=clusters
8.  #保存聚类结果
9.  dt_4=pd.concat([dt_1,dt_3["labels"]],axis=1)
10. #dt_4.to_csv(r"...",index=False,header=True)
11. #查看聚类结果
12. dt_4.head()
```

执行代码后，查看聚类结果，如图 6-23 所示。

聚类完成后，在原始数据中新增一列用于存储每个用户的类别划分信息。注意 Python 的编号一般从 0 开始，因此"0""1""2"分别是执行聚类后的三个类别标签。

	customer_sk	recency	frequency	monetary	labels
0	92323.0	714	91	225609.49	1
1	15652.0	841	47	116662.58	0
2	24142.0	341	31	53168.39	2
3	41122.0	60	42	86656.94	2
4	32632.0	107	27	44621.47	2

图 6-23 聚类结果

2. 聚类效果总结

在此基础上对聚类结果进行一个全面的总结，以考察聚类效果。

```
1.  #总结聚类结果
2.  cluster_result=pd.merge(dt_4[["customer_sk","labels"]].groupby("labels",as_index=False).count(),
3.              dt_4[["recency","frequency","monetary","labels"]].groupby("labels",as_index=False).mean(),
4.              on="labels",how="inner")
5.  cluster_result.columns=["类别","用户数","recency 均值","frequency 均值","monetary 均值"]
6.  cluster_result
```

执行代码后，聚类结果总结如图 6-24 所示。

	类别	用户数	recency均值	frequency均值	monetary均值
0	0	17761	843.086932	31.761838	68587.131741
1	1	33517	172.222365	72.108482	160892.123343
2	2	44869	202.180080	37.913013	80154.476498

图 6-24 聚类结果总结

类别 0 共有 17 761 个用户，他们的 recency 均值相较于其他两组要大很多，说明这类用户已经很久没有进行过消费了；另外他们的 frequency 均值与 monetary 均值相较于其他两组都要低很多，说明这类用户的消费频率与贡献金额也较低，可以定义为低价值的已流失用户，几乎没有运营的价值。类别 1 共有 33 517 个用户，他们的 recency 均值是最低的，说明这类用户在近期内有过消费；另外他们的 frequency 均值与 monetary 均值相较于其他两组都要高很多，说明这类用户的消费频率与贡献金额都很高，可以定义为高价值的用户，可采取激进的营销措施从而最大限度地刺激消费。类别 2 共有 44 869 个用户，他们在三个维度方面的表现都处于中等水平，属于中等价值用户，可以采取一定的营销措施加以挽留，避免他们成为低价值流失用户，同时尽可能将他们发展成为高价值用户。

3. 聚类效果可视化展示

除了通过透视表式的总结，还可以通过散点图可视化的方式展示聚类效果。由于本例中选用三个连续变量进行聚类，因此共需要绘制三个散点图才能完全展示各个维度的聚类效果。

```
1.  #查看聚类可视化效果：recency 与 frequency 维度
2.  plt.scatter(dt_4[dt_4["labels"]==0].iloc[:,1],dt_4[dt_4["labels"]==0].iloc[:,2],color="#FFC125",s=0.5,label='类别 0')
3.  plt.scatter(dt_4[dt_4["labels"]==1].iloc[:,1],dt_4[dt_4["labels"]==1].iloc[:,2],color="#FF3030",s=0.5,label='类别 1')
4.  plt.scatter(dt_4[dt_4["labels"]==2].iloc[:,1],dt_4[dt_4["labels"]==2].iloc[:,2],color="#5CACEE",s=0.5,label='类别 2')
5.  plt.title("recency vs. frequency")
6.  plt.xlabel("recency")
7.  plt.ylabel("frequency")
8.  plt.legend()
9.  plt.show
```

执行代码后，recency 与 frequency 维度聚类效果如图 6-25 所示。

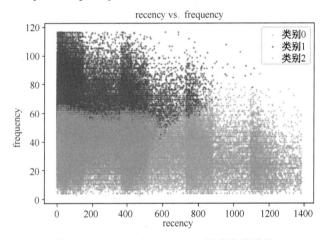

图 6-25　recency 与 frequency 维度聚类效果

黄色代表类别 0，即低价值用户；红色代表类别 1，即高价值用户；蓝色代表类别 2，即中等价值用户。可以看到三个类别的用户在 recency 与 frequency 两个维度上的区分度较为明显，聚类效果比较理想。

```
1.  #查看聚类可视化效果：recency 与 monetary 维度
2.  plt.scatter(dt_4[dt_4["labels"]==0].iloc[:,1],dt_4[dt_4["labels"]==0].iloc[:,3],color="#FFC125",s=0.5,label='类别 0')
3.  plt.scatter(dt_4[dt_4["labels"]==1].iloc[:,1],dt_4[dt_4["labels"]==1].iloc[:,3],color="#FF3030",s=0.5,label='类别 1')
4.  plt.scatter(dt_4[dt_4["labels"]==2].iloc[:,1],dt_4[dt_4["labels"]==2].iloc[:,3],color="#5CACEE",s=0.5,label='类别 2')
5.  plt.title("recency vs. monetary")
6.  plt.xlabel("recency")
7.  plt.ylabel("monetary")
```

8. plt.legend()
9. plt.show

执行代码后，recency 与 monetary 维度聚类效果如图 6-26 所示。

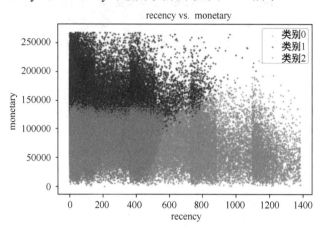

图 6-26 recency 与 monetary 维度聚类效果

同样的，各个类别在 recency 与 monetary 两个维度上的区分度较为明显，聚类效果比较理想。

1. #查看聚类可视化效果：frequency 与 monetary 维度
2. plt.scatter(dt_4[dt_4["labels"]==0].iloc[:,2],dt_4[dt_4["labels"]==0].iloc[:,3],color="#FFC125",s=0.5,label='类别 0')
3. plt.scatter(dt_4[dt_4["labels"]==1].iloc[:,2],dt_4[dt_4["labels"]==1].iloc[:,3],color="#FF3030",s=0.5,label='类别 1')
4. plt.scatter(dt_4[dt_4["labels"]==2].iloc[:,2],dt_4[dt_4["labels"]==2].iloc[:,3],color="#5CACEE",s=0.5,label='类别 2')
5. plt.title("frequency vs. monetary")
6. plt.xlabel("frequency")
7. plt.ylabel("monetary")
8. plt.legend()
9. plt.show

执行代码后，frequency 与 monetary 维度聚类效果如图 6-27 所示。

frequency 与 monetary 维度的聚类效果看起来并不如前两幅散点图的效果好，原因是在 frequency 与 monetary 维度上，类别 0 与类别 2 群体的重合度较高。但是在 recency 维度上的区分度较大。类别 2 与类别 1 在 frequency 与 monetary 的划分非常明显，呈现出不错的聚类效果。

除了直接在 Python 中实现聚类效果的可视化展示，我们还可以将聚类结果保存在本地，只需将路径修改为读者自己的路径即可。

1. dt_4.to_csv(r"... .csv",index=False,header=True)

接下来打开 Tableau，在【连接】选项卡中选择【文本文件】，读取刚刚存储在本地的聚类结果文件，如图 6-28 所示。

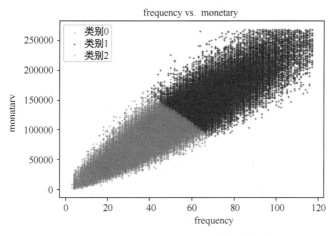

图 6-27　frequency 与 monetary 维度聚类效果

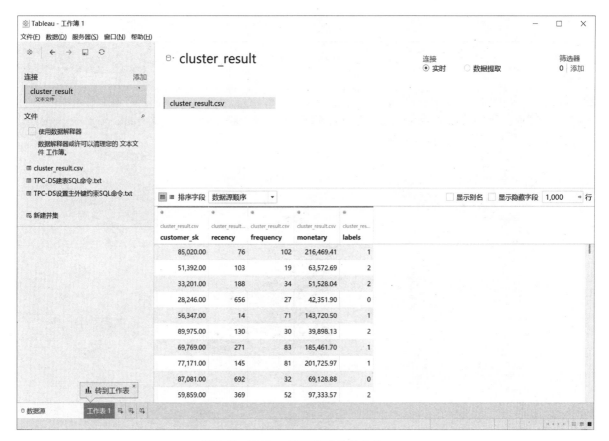

图 6-28　Tableau 读取聚类结果文件

转到工作表后，将 labels 字段转换为维度，分别将 recency 字段与 frequency 字段拖拽到【行】和【列】的位置，单击字段，在下拉菜单中选择【维度】；接下来将 labels 字段拖拽到【标记】处的【颜色】选项卡，形状选择【圆】。需要注意的是，Tableau 中各类颜色的设置与

Python 中的设置有所区别，可视化效果如图 6-29 所示。

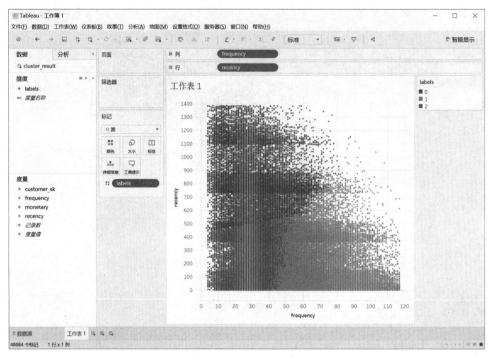

图 6-29　Tableau 实现 recency 与 frequency 维度聚类效果

同理，我们可以利用 Tableau 绘制 recency 与 monetary 维度，以及 frequency 与 monetary 维度的聚类效果，如图 6-30 与图 6-31 所示。

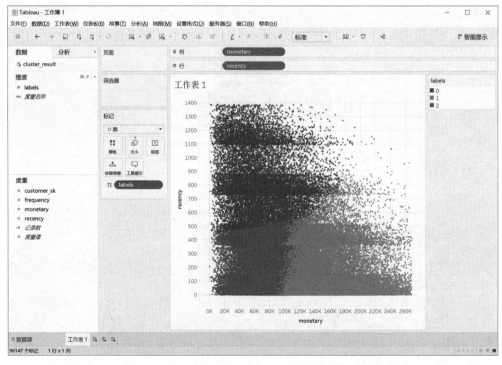

图 6-30　Tableau 实现 recency 与 monetary 维度聚类效果

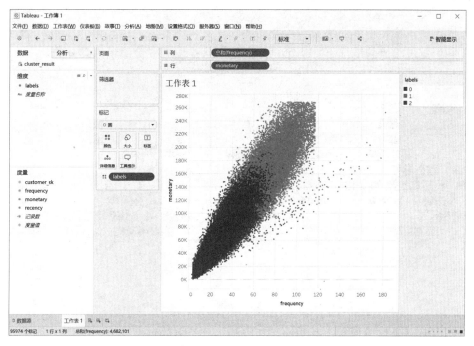

图 6-31　Tableau 实现 frequency 与 monetary 维度聚类效果

6.4.5　模型评价与应用

在执行聚类后我们获取了每个用户的类别标签，可以在此基础上训练用户分类器，这样在未来的运营过程中，就可以依据同样的标准对任何一个新用户的价值高低进行评价和归类，而无须重新执行聚类过程。

1. #引入决策树程序包
2. **from** sklearn **import** tree
3. #引入训练集、测试集划分程序包
4. **from** sklearn.model_selection **import** train_test_split
5. #将 65%的数据划分为训练集，将剩余 25%的数据划分为测试集
6. X_train,X_test,y_train,y_test=train_test_split(dt_4.iloc[:,1:4],dt_4.iloc[:,4],test_size=0.25)
7. #训练决策树模型
8. clf=tree.DecisionTreeClassifier().fit(X_train,y_train)
9. #绘制决策树
10. **from** IPython.display **import** Image
11. dot_data = tree.export_graphviz(clf, out_file=None,
12. 　　　　　　feature_names=["recency","frequency","monetary"],
13. 　　　　　　class_names=["0","1","2"],
14. 　　　　　　filled=True,rounded=True,
15. 　　　　　　special_characters=True)
16. graph = pydotplus.graph_from_dot_data(dot_data)
17. Image(graph.create_png())

执行代码后,绘制得到的决策树模型的部分分支如图 6-32 所示,其中详细记录了在给定一个用户各个变量取值的情况下,决策树模型是如何实现用户价值识别划分的。

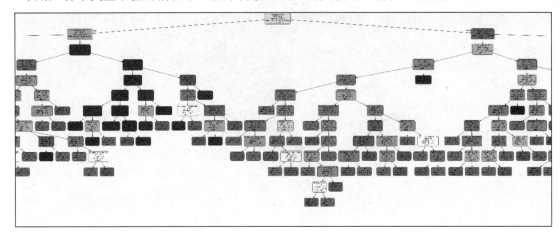

图 6-32　决策树模型示意图(部分分支)

在得到决策树分类模型后,利用混淆矩阵测试分类器的精度。

1. #引入混淆矩阵程序包
2. **from** sklearn.metrics **import** confusion_matrix
3. #计算得到混淆矩阵
4. cm=confusion_matrix(y_test,clf.predict(X_test),labels=[0,1,2])
5. classes=[0,1,2]
6. #绘制混淆矩阵热图
7. plt.imshow(cm,interpolation='nearest',cmap=plt.cm.Blues)
8. plt.title('Confusion Matrix')
9. plt.colorbar()
10. tick_marks = np.arange(len(classes))
11. plt.xticks(tick_marks,classes)
12. plt.yticks(tick_marks,classes)
13. thresh=cm.max()/2
14. #ij 配对,遍历矩阵迭代器
15. iters=np.reshape([[[i,j] **for** j **in** range(3)] **for** i **in** range(3)],(cm.size,2))
16. **for** i,j **in** iters:
17. 　　#显示对应的数字
18. 　　plt.text(j,i,format(cm[i,j]))
19. plt.ylabel('Real Label')
20. plt.xlabel('Prediction')
21. plt.show

执行代码后,得到的用户价值分类混淆矩阵热图如图 6-33 所示。

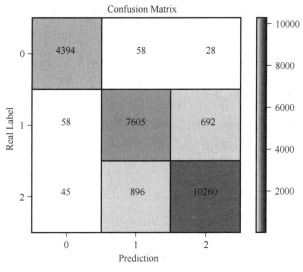

图 6-33　用户价值分类混淆矩阵热图

在混淆矩阵中，每行的取值之和是每个类别的真实数量，每列的取值之和是分类器预测出来的每个类别的数量。左上至右下斜对角线的取值是分类器预测准确的数量，其他位置的数值均是预测错误的数量。在本例中，斜对角线的取值之和占所有位置取值之和的绝大部分，说明分类器的预测精度较高。

6.4.6　小结

至此我们完成了用户价值识别模型——RFM 模型的搭建及实际应用。我们可以利用 RFM 模型实现海量用户的价值评估与群体划分，为不同价值等级的用户群体制定个性化的运营策略，从而使消费刺激带来的利润增长最大。我们还可以利用训练好的类别标签构建分类器，以实现新用户的价值评估。

6.5　用户优惠券使用行为预测模型

6.5.1　背景简介

预测用户行为一直是大数据时代背景下企业的重要话题。在第 1 章中我们介绍过数据驱动决策的含义，即通过学习历史数据预测未来并基于此做出决策。这样的决策既包括宏观的战略决策，也包括微观的个体决策。宏观的战略决策一般会包含决定企业在未来一段时间应该向哪个方向发展，以及如何发展；而微观的个体决策则会将颗粒度大大降低。例如在本例中，我们希望能够预测给哪些用户发放优惠券才能最大限度地刺激用户消费，也就是说，我们只给那些有可能会使用优惠券的用户发放优惠券，从而节约促销预算，提高促销效果。

面对庞大的用户群体，我们不可能依靠人工逐一判断哪个用户更有可能使用优惠券，因此我们需要借助机器学习的手段，通过学习用户的某些特征属性及历史行为实现用户个体的自动化预测。如果能够建立起用户优惠券使用行为预测模型，那么在每次准备发放优惠券时，我们都可以使用该模型对所有的用户进行判断，对那些使用优惠券进行消费概率高的用户发放优惠券,而对那些使用优惠券进行消费概率低的用户不发放优惠券。本例在机器学习问题中是一个典型的有监督学习过程,具体地说,是一个分类问题。因为我们已经事先知道某个用户在某个时间点的消费过程中是否使用了优惠券,所以我们是基于这样一个"正确"答案实现建模过程的。

由于 TPC-DS 数据集是标准化测试数据,其数据是虚拟的、高度平衡性的,并非来自真实的企业,因此并不能从 TPC-DS 数据中得到有效的用户优惠券使用行为预测模型,它更多的是带领读者熟悉企业级数据挖掘建模的方法论和基本流程。接下来我们将运用 Python 完成用户优惠券使用行为预测模型的搭建。

6.5.2 目标定义与特征工程

目标定义的过程是将一个具体的业务问题转换为一个具体的数据分析或挖掘建模问题的过程。在本例中,我们的目的是预测用户使用优惠券进行消费的可能性,那么这个问题可以转化为:以用户未来是否会使用优惠券作为因变量,以用户的基本属性特征及历史行为数据作为自变量,学习自变量与因变量之间的关系,建立模型,从而实现在给定自变量取值的情况下利用模型自动预测因变量的取值。

首先需要明确的是,用户的哪些基本属性特征可能会影响优惠券的使用,如年龄、性别、婚姻状况、教育水平、购买力、信用状况等。确定用户基本属性特征的过程往往需要一定的业务经验或者主观直觉。例如,从主观直觉的角度出发,购买力较低的用户对于优惠券会更加敏感,因为这部分用户本身收入不高,对于优惠券带来的实惠一般会更加敏感;或者可以从数据分析的结论出发,发掘一些仅仅依靠直觉并不是很容易发现的规律,如通过关联分析发现,单身的用户更偏向于使用优惠券进行消费,在我们的直觉中这一知识也许并不会成立,但由于这一知识是作为数据分析的结论获得的,所以它对于我们的特征属性选择过程也是很有帮助的。除了用户的特征属性外,我们还需要确定用户哪些方面的历史行为能够帮助我们预测用户未来是否会使用优惠券,如在上一节中介绍的用户 RFM 三个维度的属性、用户过去使用优惠券消费的总金额,以及总次数等变量都可能影响用户在下一次消费过程中是否会使用优惠券。

有时在实际工作过程中有太多的特征属性需要预先考虑,从工作量的角度出发,我们很难逐一判断哪些属性对于因变量的取值是有影响的。在面对这样的情况时,我们可以将所有潜在的特征属性用数据模型进行学习,有些机器学习算法包能够自动帮助我们判断各个自变量对于预测因变量的相对重要性。以上过程又称为特征工程,我们既可以手动实现特征工程,也可以借助机器学习算法实现特征工程。

模型的本质是通过客户历史行为模式来预测未来,在建立模型时,评分时点前后的事实都是已知的,建立模型就是找出评分时点前后的事件的关联关系。为了量化评分时点前后的事实,需要确定建立模型开发的观察期和表现期,观察期为评分时点前的一段时间,表现期为评分时点后的一段时间,观察期和表现期长度不一定相同。在本例中,我们选择截至 2001 年 12 月 31 日的用户基本属性及 1998 年 1 月 1 日至 2001 年 12 月 31 日共 4 年间的用户历史行为数据作为自变量,以 2002 年用户的第一笔消费记录是否使用了优惠券作为因变量,如果未使用优惠券,则定义为 1,如果使用了优惠券,则定义为 0。由于以上定义,用户范围被限定在了 1998 年 1 月 1 日至 2001 年 12 月 31 日期间和 2002 年 1 月 1 日至 2002 年 12 月 31 日期间均有过消费记录的用户,如果一个用户只在第一个时间区间或者只在第二个时间区间有过消费记录，那么他是不会被列入考虑范围的。

在本例中，第一个时间区间，即 1998 年 1 月 1 日至 2001 年 12 月 31 日被称为观察期，我们在该区间收集用户的基本特征属性及历史行为数据；第二个时间区间，即 2002 年 1 月 1 日至 2002 年 12 月 31 日被称为表现期，我们在该区间收集用户使用优惠券的行为情况。观察期和表现期的定义都需要经过预先的分析。在本例中，如果观察期过短，则不足以暴露出用户所有的历史行为，我们也就难以学习到用户的真实特征；如果表现期过短，则只有少量用户能够参与建模，数据量过小，不利于模型的搭建及泛化能力的提升。

完成目标定义和特征工程的工作后，在 Windows 菜单栏中打开 Jupyter Notebook，新建 Python 3 Notebook 文件并将其命名为 "TPC-DS 用户优惠券使用行为预测"，编写 Python 代码连接 SQL Server 2019，编写 SQL 查询语句以获取用户在表现期和观察期的数据。

```
1.    #导入程序包
2.    import pymssql
3.    import pandas as pd
4.    import numpy as np
5.    import matplotlib.pyplot as plt
6.    from pylab import *
7.    mpl.rcParams["font.sans-serif"]=["SimHei"]
8.    from sklearn.metrics import confusion_matrix
9.
10.   #设置 SQL Server 2019 连接参数
11.   host='.'
12.   user='sa'
13.   password='******'
14.   database='TPC-DS'
15.
16.   #获取连接 connect
17.   connect=pymssql.connect(host,user,password,database)
18.   #获取游标 cursor
19.   cursor=connect.cursor()
20.
21.   #获取用户特征属性与历史消费行为的 SQL 语句
22.   query="""
23.   with historical as
24.   --观察期的用户基本特征属性及历史行为数据
25.   (
26.   select
27.       customer_sk,
28.       2002-c_birth_year as age,
29.       cd_gender as gender,  --性别
```

```sql
30.     cd_marital_status as marital_status, --婚姻状况
31.     cd_education_status as education_status, --教育水平
32.     cd_purchase_estimate as purchase_estimate, --消费预测
33.     cd_credit_rating as credit_rating, --信用状况
34.     hd_buy_potential, --购买力
35.     datediff(day,max(d_date),'2001-12-31') as recency, --最近一次购买距离上次的天数
36.     count(customer_sk) as frequency, --消费频次
37.     sum(quantity) as quantity, --购买商品数量
38.     sum(monetary) as monetary, --总消费金额
39.     sum(case when coupon_amt>0 then 1 else 0 end) as coupon_count, --使用优惠券次数
40.     sum(coupon_amt) as coupon_amt --使用优惠券促销金额
41. from
42.     (select
43.         ss_customer_sk as customer_sk,
44.         ss_sold_date_sk as sold_date_sk,
45.         ss_cdemo_sk as cdemo_sk,
46.         ss_hdemo_sk as hdemo_sk,
47.         ss_quantity as quantity,
48.         ss_ext_sales_price as monetary,
49.         ss_coupon_amt as coupon_amt
50.     from
51.         store_sales
52.     union all
53.     select
54.         ws_bill_customer_sk as customer_sk,
55.         ws_sold_date_sk as sold_date_sk,
56.         ws_bill_cdemo_sk as cdemo_sk,
57.         ws_bill_hdemo_sk as hdemo_sk,
58.         ws_quantity as quantity,
59.         ws_ext_sales_price as monetary,
60.         ws_coupon_amt as coupon_amt
61.     from
62.         web_sales
63.     union all
64.     select
65.         cs_bill_customer_sk as customer_sk,
66.         cs_sold_date_sk as sold_date_sk,
67.         cs_bill_cdemo_sk as cdemo_sk,
68.         cs_bill_hdemo_sk as hdemo_sk,
69.         cs_quantity as quantity,
```

```sql
70.         cs_ext_sales_price as monetary,
71.         cs_coupon_amt as coupon_amt
72.     from
73.         catalog_sales) a
74.     left join date_dim d
75.     on a.sold_date_sk=d.d_date_sk
76.     left join customer c
77.     on a.customer_sk=c.c_customer_sk
78.     left join customer_demographics cd
79.     on a.cdemo_sk=cd.cd_demo_sk
80.     left join household_demographics hd
81.     on a.hdemo_sk=hd.hd_demo_sk
82.     where
83.         d_date between '1998-01-01' and '2001-12-31'
84.         and customer_sk is not null
85.     group by
86.         customer_sk,
87.         2002-c_birth_year,
88.         cd_gender,
89.         cd_marital_status,
90.         cd_education_status,
91.         cd_purchase_estimate,
92.         cd_credit_rating,
93.         hd_buy_potential
94. ),
95.
96. actual as
97. --表现期的用户优惠券使用行为数据
98. (
99.     select
100.        a.customer_sk,
101.        a.d_date, --取每个用户在2002年全年的第一次消费日期
102.        (case when b.coupon_amt>0 then 0 else 1 end) as is_coupon_used --判断在该次消费中是否使用了优惠券
103.    from
104.        (select
105.            customer_sk,
106.            min(d_date) as d_date
107.        from
108.            (select
```

```
109.            ss_customer_sk as customer_sk,
110.            ss_sold_date_sk as sold_date_sk
111.        from
112.            store_sales
113.        union all
114.        select
115.            ws_bill_customer_sk as customer_sk,
116.            ws_sold_date_sk as sold_date_sk
117.        from
118.            web_sales
119.        union all
120.        select
121.            cs_bill_customer_sk as customer_sk,
122.            cs_sold_date_sk as sold_date_sk
123.        from
124.            catalog_sales) b
125.    left join date_dim d
126.    on b.sold_date_sk=d.d_date_sk
127.    where
128.        d_date between '2002-01-01' and '2002-12-31'
129.        and customer_sk is not null
130.    group by
131.        customer_sk) a
132. inner join
133. (
134. select
135.     customer_sk,
136.     d_date,
137.     sum(coupon_amt) as coupon_amt
138. from
139.     (select
140.         ss_customer_sk as customer_sk,
141.         ss_sold_date_sk as sold_date_sk,
142.         ss_coupon_amt as coupon_amt
143.     from
144.         store_sales
145.     union all
146.     select
147.         ws_bill_customer_sk as customer_sk,
148.         ws_sold_date_sk as sold_date_sk,
```

```
149.            ws_coupon_amt as coupon_amt
150.         from
151.            web_sales
152.         union all
153.         select
154.            cs_bill_customer_sk as customer_sk,
155.            cs_sold_date_sk as sold_date_sk,
156.            cs_coupon_amt as coupon_amt
157.         from
158.            catalog_sales) b
159.      left join date_dim d
160.      on b.sold_date_sk=d.d_date_sk
161.      where
162.         d_date between '2002-01-01' and '2002-12-31'
163.         and customer_sk is not null
164.      group by
165.         customer_sk,
166.         d_date
167.   )b
168. on a.customer_sk=b.customer_sk
169. and a.d_date=b.d_date
170. )
171.
172. select
173.    actual.customer_sk,
174.    d_date,
175.    is_coupon_used,
176.    age,
177.    gender,
178.    marital_status,
179.    education_status,
180.    purchase_estimate,
181.    credit_rating,
182.    hd_buy_potential,
183.    recency,
184.    frequency,
185.    quantity,
186.    monetary,
187.    coupon_count,
188.    coupon_amt
```

```
189.     from
190.         actual
191.     inner join historical
192.     on actual.customer_sk=historical.customer_sk;
193.     """
194.
195. #获取原始数据
196. dt_raw=pd.read_sql(query,con=connect)
197.
198. #查看数据
199. dt_raw.head()
```

在 SQL 查询代码中,historical 派生表用于抓取用户在观察期的基本特征属性及历史行为数据,actual 派生表用于抓取用户在表现期的优惠券使用行为数据,分别抓取后将两个派生表连接以获取建模原始数据。执行代码后,观察建模原始数据,如图 6-34 所示。

	customer_sk	d_date	is_coupon_used	age	gender	marital_status	education_status	purchase_estimate	credit_rating	hd_buy_potential	recency
0	12174	2002-01-02	0	53.0	M	S	Primary	10000.0	Good	1001-5000	339
1	58248	2002-02-23	0	51.0	M	M	Advanced Degree	500.0	Good	1001-5000	1447
2	91925	2002-10-02	0	34.0	F	W	4 yr Degree	9500.0	Unknown	0-500	144
3	2464	2002-07-28	0	61.0	M	W	College	7500.0	Good	5001-10000	357
4	33733	2002-09-06	0	61.0	F	M	Unknown	9500.0	High Risk	501-1000	766

图 6-34 获取建模原始数据

在原始数据中,第 1 列"customer_sk"为用户 ID,第 2 列"d_date"为该用户在 2002 年第一次消费发生的具体日期,第 3 列"is_coupon_used"为该用户在这次消费过程中是否使用了优惠券,0 表示使用了,1 表示未使用,为本例中的因变量。其余列均为观察期的用户基本特征属性及历史行为数据,在本例中均为自变量(由于图片大小限制未展示出所有自变量)。

6.5.3 数值质量诊断与变量描述性统计

在执行建模之前,需要首先对原始数据的质量进行诊断,因为数据的不完整、不合理、不准确等方面的缺陷会影响建模质量。在诊断数据质量的同时,可以对各变量进行描述性统计,并初步探究变量的预测能力。

1. 因变量描述性统计

```
1. #is_coupon_used(因变量)描述性统计
2. dt_is_coupon_used=dt_raw[["is_coupon_used","customer_sk"]].groupby(["is_coupon_used"]).count().reset_index()
```

3. is_coupon_used_null_count=int(dt_raw[["is_coupon_used"]].shape[0]-
   dt_raw[["is_coupon_used"]].count())
4. dt_is_coupon_used_null=pd.DataFrame([["Null",is_coupon_used_null_count]],
5.   columns=["is_coupon_used","customer_sk"])
6. is_coupon_used_desc=pd.concat([dt_is_coupon_used,dt_is_coupon_used_null],axis=0)
7. is_coupon_used_desc.columns=["is_coupon_used","count"]
8. is_coupon_used_desc["percentage"]=round(is_coupon_used_desc["count"]/int(dt_raw[["is_coupon_used"]].shape[0]),3).apply(**lambda** x: '%.2f%%' % (x*100))
9. is_coupon_used_desc.reset_index(drop=True)

执行代码后，得到因变量描述性统计，如图 6-35 所示。

	is_coupon_used	count	percentage
0	0	212710	87.40%
1	1	30702	12.60%
2	Null	0	0.00%

图 6-35　is_coupon_used 因变量描述性统计

is_coupon_used 列记录的是用户取值，count 列记录的是用户数量，percentage 列记录的是各组用户数比例。在参与建模的约 24 万用户中，有 87.4%的用户都在下一次的消费中使用了优惠券，仅有 12.6%的用户在下一次的消费中未使用优惠券，可见因变量没有空缺值。

2．连续变量描述性统计

首先对所有的连续变量进行概述式的描述。

1. #连续变量数据描述统计
2. dt_age=pd.DataFrame(dt_raw["age"].describe())
3. dt_purchase_estimate=pd.DataFrame(dt_raw["purchase_estimate"].describe())
4. dt_recency=pd.DataFrame(dt_raw["recency"].describe())
5. dt_frequency=pd.DataFrame(dt_raw["frequency"].describe())
6. dt_quantity=pd.DataFrame(dt_raw["quantity"].describe())
7. dt_monetary=pd.DataFrame(dt_raw["monetary"].describe())
8. dt_coupon_count=pd.DataFrame(dt_raw["coupon_count"].describe())
9. dt_coupon_amt=pd.DataFrame(dt_raw["coupon_amt"].describe())
10. dt_desc=pd.concat([dt_age,
11.   dt_purchase_estimate,
12.   dt_recency,
13.   dt_frequency,
14.   dt_quantity,
15.   dt_monetary,
16.   dt_coupon_count,

```
17.         dt_coupon_amt],axis=1)
18.     dt_desc.loc["Null"]=[
19.         round(int(dt_raw[["age"]].shape[0]-dt_raw[["age"]].count())/int(dt_raw[["age"]].shape[0]),3),
20.         round(int(dt_raw[["purchase_estimate"]].shape[0] -
            dt_raw[["purchase_estimate"]].count())/int(dt_raw[["purchase_estimate"]].shape[0]),3),
21.         round(int(dt_raw[["recency"]].shape[0] -
            dt_raw[["recency"]].count())/int(dt_raw[["recency"]].shape[0]),3),
22.         round(int(dt_raw[["frequency"]].shape[0] -
            dt_raw[["frequency"]].count())/int(dt_raw[["frequency"]].shape[0]),3),
23.         round(int(dt_raw[["quantity"]].shape[0] -
            dt_raw[["quantity"]].count())/int(dt_raw[["quantity"]].shape[0]),3),
24.         round(int(dt_raw[["monetary"]].shape[0] -
            dt_raw[["monetary"]].count())/int(dt_raw[["monetary"]].shape[0]),3),
25.         round(int(dt_raw[["coupon_count"]].shape[0] -
            dt_raw[["coupon_count"]].count())/int(dt_raw[["coupon_count"]].shape[0]),3),
26.         round(int(dt_raw[["coupon_amt"]].shape[0] -
            dt_raw[["coupon_amt"]].count())/int(dt_raw[["coupon_amt"]].shape[0]),3)
27.     ]
28.     dt_desc
```

执行代码后，连续变量概述性统计如图 6-36 所示。

	age	purchase_estimate	recency	frequency	quantity	monetary	coupon_count	coupon_amt
count	234776.000000	228048.000000	243412.000000	243412.000000	232146.000000	232063.000000	243412.000000	232140.000000
mean	44.030621	5243.157142	679.718625	9.510661	500.025867	21787.303189	1.851988	2183.001157
std	19.820300	2885.835343	421.494386	3.958335	202.211327	11941.803637	1.459854	2911.064037
min	10.000000	500.000000	0.000000	1.000000	1.000000	0.000000	0.000000	0.000000
25%	27.000000	2500.000000	364.000000	8.000000	372.000000	13450.605000	1.000000	133.007500
50%	44.000000	5000.000000	727.000000	10.000000	509.000000	20566.670000	2.000000	1079.700000
75%	61.000000	7500.000000	1096.000000	13.000000	643.000000	28847.195000	3.000000	3099.682500
max	78.000000	10000.000000	1460.000000	30.000000	1597.000000	101891.400000	10.000000	38226.430000
Null	0.035000	0.063000	0.000000	0.000000	0.046000	0.047000	0.000000	0.046000

图 6-36　连续变量概述性统计

对于连续变量，我们通过概述性统计描述了各个变量的平均值、标准差、最小值、1/4、1/2、3/4 分位数、最大值及空缺值比例。

接下来对各个连续变量展开更加详细的分析。

```
1.  #age 变量描述
2.  plt.hist(dt_raw[dt_raw["is_coupon_used"]==0]["age"].dropna(),histtype='bar',label="使用了优惠券
    ",bins=30,rwidth=0.8)
```

3. plt.hist(dt_raw[dt_raw["is_coupon_used"]==1]["age"].dropna(),histtype='bar',label="未使用优惠券",bins=30,rwidth=0.8)
4. plt.legend()
5. plt.show

执行代码后，age 变量直方图如图 6-37 所示。

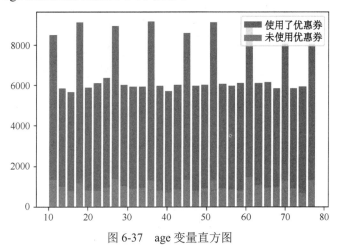

图 6-37　age 变量直方图

我们使用不同的颜色标记使用优惠券和未使用优惠券的用户在年龄上的分布情况，试图在图中寻找是否使用优惠券与用户年龄之间的关系，然而从图中来看二者并没有明显的相关性。

同样的，我们依次对其余连续变量展开类似的分析，并尝试在图中寻找自变量与因变量之间的关系。由于其他变量直方图绘制代码与 age 变量的绘制代码相似，故略去。

执行 purchase_estimate 变量描述代码后，purchase_estimate 变量直方图如图 6-38 所示。

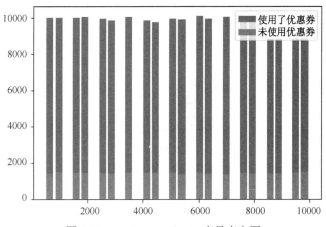

图 6-38　purchase_estimate 变量直方图

执行 recency 变量描述代码后，recency 变量直方图如图 6-39 所示。

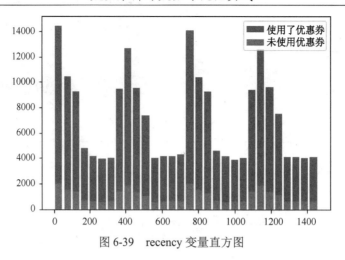

图 6-39　recency 变量直方图

执行 frequency 变量描述代码后，frequency 变量直方图如图 6-40 所示。

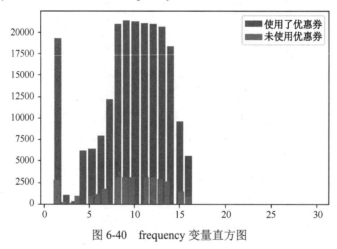

图 6-40　frequency 变量直方图

执行 quantity 变量描述代码后，quantity 变量直方图如图 6-41 所示。

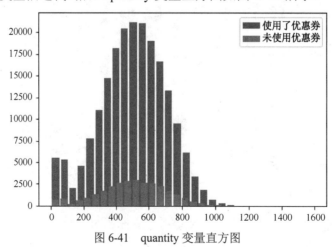

图 6-41　quantity 变量直方图

执行 monetary 变量描述代码后，monetary 变量直方图如图 6-42 所示。

第 6 章 用户数据分析与挖掘实战 261

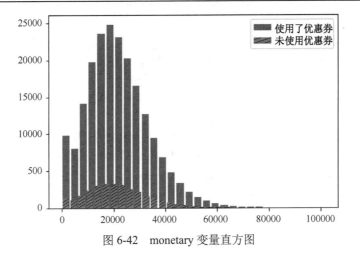

图 6-42 monetary 变量直方图

执行 coupon_count 变量描述代码后，coupon_count 变量直方图如图 6-43 所示。

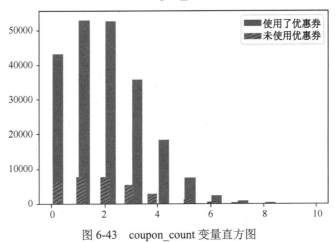

图 6-43 coupon_count 变量直方图

执行 coupon_amt 变量描述代码后，coupon_amt 变量直方图如图 6-44 所示。

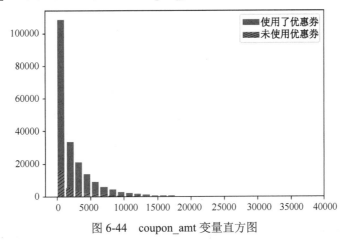

图 6-44 coupon_amt 变量直方图

3. 离散变量描述性统计

对于离散变量，我们通过表格的形式展示各变量的数据质量、分布特征及与因变量之间潜在的相关性。

```
1.  #gender 变量描述
2.  dt_gender=dt_raw[["gender","customer_sk"]].groupby(["gender"]).count().reset_index()
3.  gender_null_count=int(dt_raw[["gender"]].shape[0]-dt_raw[["gender"]].count())
4.  dt_gender_null=pd.DataFrame([["Null",gender_null_count]],
5.                columns=["gender","customer_sk"])
6.  gender_desc=pd.concat([dt_gender,dt_gender_null],axis=0)
7.  gender_desc.columns=["gender","overall_count"]
8.  gender_desc["overall_percentage"]=round(gender_desc["overall_count"]/int(dt_raw[["gender"]].shape[0]),3).apply(lambda x: '%.2f%%' % (x*100))
9.  gender_desc=pd.merge(gender_desc.reset_index(drop=True),
10.      dt_raw[dt_raw["is_coupon_used"]==1][["gender","customer_sk","is_coupon_used"]].groupby(["gender","is_coupon_used"]).count().reset_index().iloc[:,[0,2]],
11.      on="gender",how="left")
12. gender_desc.columns=["gender","overall_count","overall_percentage","target_count"]
13. gender_desc["target_percentage"]=round(gender_desc["target_count"]/gender_desc["overall_count"],3).apply(lambda x: '%.2f%%' % (x*100))
14. gender_desc
```

执行代码后，gender 变量描述性统计如图 6-45 所示。

	gender	overall_count	overall_percentage	target_count	target_percentage
0	F	114080	46.90%	14349.0	12.60%
1	M	113968	46.80%	14416.0	12.60%
2	Null	15364	6.30%	NaN	nan%

图 6-45　gender 变量描述性统计

gender 列代表取值及空缺值，overall_count 列和 overall_percentage 列分别代表各个取值的用户数量及比例。图 6-45 所示 114 080 个用户为女性，占比 46.9%，113 968 个用户为男性，占比 46.8%，6.3%个用户的性别为空缺值；target_count 列表示每类用户中未使用优惠券的用户数量，target_percentage 列表示每类用户中未使用优惠券的用户数量占这类用户总数的比例。我们一方面通过空缺值占比诊断数据质量，一方面从男性与女性用户数量占比了解 gender 变量的分布情况，最后期望能够从男性和女性用户中未使用优惠券的用户数量占比中找到 gender 变量与因变量之间的相关性。

同样的，我们依次对其余离散变量展开类似的分析，并尝试在图中寻找自变量与因变量之间的关系。由于其他变量描述性统计代码与 gender 变量的代码相似，故略去。

执行 education_status 变量描述性统计代码后，结果如图 6-46 所示。

	education_status	overall_count	overall_percentage	target_count	target_percentage
0	2 yr Degree	32357	13.30%	4128.0	12.80%
1	4 yr Degree	32750	13.50%	4104.0	12.50%
2	Advanced Degree	32575	13.40%	4141.0	12.70%
3	College	32658	13.40%	4075.0	12.50%
4	Primary	32686	13.40%	4130.0	12.60%
5	Secondary	32863	13.50%	4095.0	12.50%
6	Unknown	32159	13.20%	4092.0	12.70%
7	Null	15364	6.30%	NaN	nan%

图 6-46 education_status 变量描述性统计

执行 credit_rating 变量描述性统计代码后,结果如图 6-47 所示。

	credit_rating	overall_count	overall_percentage	target_count	target_percentage
0	Good	56958	23.40%	7232.0	22.40%
1	High Risk	57295	23.50%	7195.0	22.00%
2	Low Risk	56733	23.30%	7155.0	22.00%
3	Unknown	57062	23.40%	7183.0	22.00%
4	Null	15364	6.30%	NaN	nan%

图 6-47 credit_rating 变量描述性统计

执行 hd_buy_potential 变量描述性统计代码后,结果如图 6-48 所示。

	hd_buy_potential	overall_count	overall_percentage	target_count	target_percentage
0	0-500	38118	15.70%	4826.0	14.90%
1	1001-5000	37741	15.50%	4751.0	14.50%
2	5001-10000	38123	15.70%	4842.0	14.90%
3	501-1000	37962	15.60%	4792.0	14.70%
4	>10000	37967	15.60%	4788.0	14.60%
5	Unknown	38114	15.70%	4830.0	14.70%
6	Null	15387	6.30%	NaN	nan%

图 6-48 hd_buy_potential 变量描述性统计

6.5.4 数据预处理

在图 6-46 至图 6-48 中,我们发现了原数据中存在的不合理情况,如 education_status、credit_rating 与 hd_buy_potential 三个变量存在取值为 Unknown 的情况,同时也存在空缺值(Null)。对于建模而言,Unknown 与 Null 的含义本质上是相同的,都表示数据空缺值,因此需要将原数据中所有取值为 Unknown 的部分全部转换为 Null。

1. #调整原始数据
2. dt_1=dt_raw.copy()
3. dt_1["education_status"]=np.where(dt_1["education_status"]=="Unknown   ",np.nan,dt_1["education_status"])
4. dt_1["credit_rating"]=np.where(dt_1["credit_rating"]=="Unknown   ",np.nan,dt_1["credit_rating"])

5. dt_1["hd_buy_potential"]=np.where(dt_1["hd_buy_potential"]=="Unknown   ",np.nan,dt_1["hd_buy_potential"])
6. dt_1["gender"]=np.where(dt_1["gender"]=="None",np.nan,dt_1["gender"])

接下来对连续变量进行标准化处理。

1. #连续变量标准化
2. dt_1["age"]=np.where(dt_1["age"].isnull()==True,np.nan,
3.   (dt_1["age"]-min(dt_1["age"]))/(max(dt_1["age"])-min(dt_1["age"])))
4. dt_1["purchase_estimate"]=np.where(dt_1["purchase_estimate"].isnull()==True,np.nan,
5.   (dt_1["purchase_estimate"]-min(dt_1["purchase_estimate"]))/(max(dt_1["purchase_estimate"])-min(dt_1["purchase_estimate"])))
6. dt_1["quantity"]=np.where(dt_1["quantity"].isnull()==True,np.nan,
7.   (dt_1["quantity"]-min(dt_1["quantity"]))/(max(dt_1["quantity"])-min(dt_1["quantity"])))
8. dt_1["recency"]=np.where(dt_1["recency"].isnull()==True,np.nan,
9.   (dt_1["recency"]-min(dt_1["recency"]))/(max(dt_1["recency"])-min(dt_1["recency"])))
10. dt_1["frequency"]=np.where(dt_1["frequency"].isnull()==True,np.nan,
11.   (dt_1["frequency"]-min(dt_1["frequency"]))/(max(dt_1["frequency"])-min(dt_1["frequency"])))
12. dt_1["monetary"]=np.where(dt_1["monetary"].isnull()==True,np.nan,
13.   (dt_1["monetary"]-min(dt_1["monetary"]))/(max(dt_1["monetary"])-min(dt_1["monetary"])))
14. dt_1["coupon_count"]=np.where(dt_1["coupon_count"].isnull()==True,np.nan,
15.   (dt_1["coupon_count"]-min(dt_1["coupon_count"]))/(max(dt_1["coupon_count"])-min(dt_1["coupon_count"])))
16. dt_1["coupon_amt"]=np.where(dt_1["coupon_amt"].isnull()==True,np.nan,
17.   (dt_1["coupon_amt"]-min(dt_1["coupon_amt"]))/(max(dt_1["coupon_amt"])-min(dt_1["coupon_amt"])))

目前我们的离散变量都是字符型变量，无法直接用于建模，因此需要将所有的离散变量转换为0/1取值的哑变量。

1. #将所有离散变量转换为0/1哑变量
2. dt_2=pd.get_dummies(dt_1.iloc[:,2:])

然后将原数据划分为75%和25%比例的训练集与测试集。

1. #将75%的数据划分为训练集，将剩余25%的数据划分为测试集
2. **from** sklearn.model_selection **import** train_test_split
3. dt_3=dt_2.copy()
4. #为了使数据能够应用于Logistic算法建模，将所有的哑变量的最后一个类别所在0/1变量列删除
5. #为了保持简洁，除Logistic算法以外，其他所有算法均使用该数据集进行建模
6. dt_3=dt_2[["is_coupon_used", "age", "purchase_estimate",

```
7.      "recency", "frequency", "quantity", "monetary", "coupon_count",
8.      "coupon_amt", "gender_F", "marital_status_D",
9.      "marital_status_M", "marital_status_S", "marital_status_U",
10.     "education_status_2 yr Degree       ",
11.     "education_status_4 yr Degree       ",
12.     "education_status_Advanced Degree   ",
13.     "education_status_College           ",
14.     "education_status_Primary           ",
15.     "education_status_Secondary         ",
16.     "credit_rating_Good     ", "credit_rating_High Risk ",
17.     "hd_buy_potential_0-500         ",
18.     "hd_buy_potential_1001-5000     ",
19.     "hd_buy_potential_5001-10000    ",
20.     "hd_buy_potential_501-1000      "]].dropna()
21. X_train,X_test,y_train,y_test=train_test_split(dt_3.iloc[:,1:],dt_3.iloc[:,0],test_size=0.25)
```

在本例中，未使用优惠券与使用优惠券的用户比例约为 1:7，存在比较严重的类别不平衡现象。类别不平衡现象指的是在分类问题中两个类别的样本数量非常不均衡的现象，如果不进行处理会严重影响建模效果。在本例中，我们选择使用 SMOTE 算法进行过采样以解决类别不平衡的问题。SMOTE 的全称是 Synthetic Minority Oversampling Technique，即合成少数类过采样技术，其基本思想是对少数类样本进行分析并根据少数类样本人工合成新样本添加到数据集中。

```
1. #运用过采样技术解决类别不平衡问题
2. from sklearn.externals import joblib
3. from imblearn.over_sampling import SMOTE
4. over_sample=SMOTE()
5. #获得过采样后的训练集
6. over_sample_X_train,over_sample_y_train=over_sample.fit_sample(X_train,y_train)
```

接下来为了绘制混淆矩阵热图以评估建模效果，我们定义混淆矩阵绘制函数，方便接下来的调用。

```
1. #定义混淆矩阵热图绘制函数
2. def Confusion_Matrix(model):
3.     cm=confusion_matrix(y_test,model.predict(X_test),labels=[0,1])
4.     classes=[0,1]
5.     plt.imshow(cm,interpolation="nearest",cmap=plt.cm.Blues)
6.     plt.title("Confusion Matrix")
7.     plt.colorbar()
8.     tick_marks = np.arange(len(classes))
9.     plt.xticks(tick_marks,classes)
```

```
10.     plt.yticks(tick_marks,classes)
11.     thresh=cm.max()/2
12.     iters=np.reshape([[[i,j] for j in range(2)] for i in range(2)],(cm.size,2))
13.     for i,j in iters:
14.         plt.text(j,i,format(cm[i,j]))
15.     plt.ylabel("Real Label")
16.     plt.xlabel("Prediction")
17.     plt.show
```

6.5.5 模型建立与效果评估

在这一小节中，我们将尝试运用 Logistic 回归、决策树、随机森林及神经网络四种机器学习算法拟合数据并建立模型。

1. Logistic 回归

```
1.  #建立 Logistic 回归分类模型
2.  from sklearn.linear_model import LogisticRegression
3.  Model_LogisticRegression=LogisticRegression(solver="liblinear").fit(over_sample_X_train,over_sample_y_train)
4.
5.  #绘制混淆矩阵热图
6.  Confusion_Matrix(Model_LogisticRegression)
```

执行代码后，完成 Logistic 回归模型的搭建，并运用测试集评估模型效果，混淆矩阵热图如图 6-49 所示。

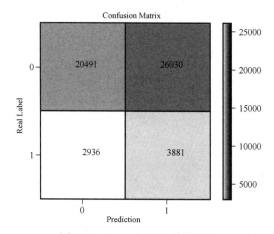

图 6-49 Logistic 回归模型效果

从混淆矩阵可以看出建模效果是非常不理想的，无论是对于使用优惠券的用户还是未使用优惠券的用户，模型的误差都在 50%左右，这一点也印证了 TPC-DS 数据集的平衡性与仿真性，数据中并未蕴含着特别的规律。接下来继续尝试其他算法的效果。

2. 决策树

1. #建立决策树分类模型
2. **from** sklearn **import** tree
3. Model_DecisionTree=tree.DecisionTreeClassifier(max_features=10,
4.   max_depth=5,
5.   min_samples_split=3,
6.   min_samples_leaf=4,
7.   criterion='entropy').fit(over_sample_X_train,over_sample_y_train)
8. #绘制混淆矩阵热图
9. Confusion_Matrix(Model_DecisionTree)

执行代码后，完成决策树模型的搭建，并运用测试集评估模型效果，混淆矩阵热图如图 6-50 所示。

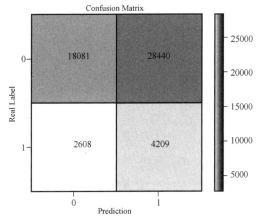

图 6-50 决策树模型效果

从混淆矩阵可以看出，决策模型的建模效果也并不理想。

3. 随机森林

1. #建立随机森林分类模型
2. **from** sklearn.ensemble **import** RandomForestClassifier
3. Model_RandomForest=RandomForestClassifier(n_estimators=8,
4.   max_features=8,
5.   max_depth=4,
6.   min_samples_split=3,
7.   min_samples_leaf=4,
8.   random_state=0).fit(over_sample_X_train,over_sample_y_train)
9. #绘制混淆矩阵热图
10. Confusion_Matrix(Model_RandomForest)

执行代码后，完成随机森林模型的搭建，并运用测试集评估模型效果，混淆矩阵热图如

图 6-51 所示。

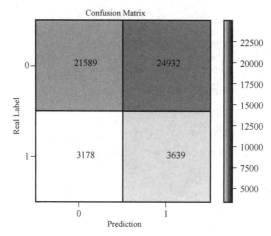

图 6-51　随机森林模型效果

从混淆矩阵可以看出，随机森林模型的建模效果也不理想。

4．神经网络

```
1.  #建立神经网络分类模型
2.  from sklearn.neural_network import MLPClassifier
3.  Model_NeuralNetwork=MLPClassifier(solver='lbfgs',
4.                  alpha=1e-5,
5.                  hidden_layer_sizes=(9,4),
6.                  random_state=1).fit(over_sample_X_train,over_sample_y_train)
7.  #绘制混淆矩阵热图
8.  Confusion_Matrix(Model_NeuralNetwork)
```

执行代码后，完成神经网络模型的搭建，并运用测试集评估模型效果，混淆矩阵热图如图 6-52 所示。

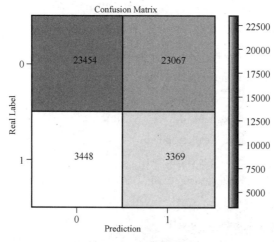

图 6-52　神经网络模型效果

从混淆矩阵可以看出，神经网络模型的建模效果也不理想。

最后我们绘制各个模型的 ROC 曲线并确定各个模型的 AUC 取值。ROC（Receiver Operating Characteristic Curve）曲线根据学习器的预测结果对样例进行排序，按此顺序逐个把样本作为正例进行预测，每次计算出假阳性率（FPR）与真阳性率（TPR）的取值，再分别以它们为横、纵坐标作图。AUC（Area Under Curve）取值是 ROC 曲线下的面积，介于 0.1 和 1 之间，作为数值可以直观地评价分类器的好坏，值越大说明模型预测精度越高。AUC 值是一个概率值，当我们随机挑选一个正样本和一个负样本时，当前的分类算法根据计算得到的 Score 值将这个正样本排在负样本前面的概率就是 AUC 值，AUC 值越大，当前分类算法越有可能将正样本排在负样本前面，从而能够更好地分类。

```
1.  from sklearn.metrics import roc_curve,auc
2.  #绘制 Logistic 模型 ROC 曲线
3.  test_prob=pd.DataFrame(Model_LogisticRegression.predict_proba(X_test)).drop(columns=[0],axis=1)
4.  test_label=pd.DataFrame(y_test).reset_index(drop=True)
5.  test_result=pd.concat([test_label,test_prob],axis=1)
6.  test_result.columns=["target","proba"]
7.  test_fpr,test_tpr,test_threshold=roc_curve(test_result["target"],test_result["proba"])
8.  test_roc=auc(test_fpr,test_tpr)
9.  plt.plot(test_fpr,test_tpr,color="red",lw=2,label="Logistic ROC curve (area = %0.2f)"% test_roc)
10. #绘制决策树模型 ROC 曲线
11. test_prob=pd.DataFrame(Model_DecisionTree.predict_proba(X_test)).drop(columns=[0],axis=1)
12. test_label=pd.DataFrame(y_test).reset_index(drop=True)
13. test_result=pd.concat([test_label,test_prob],axis=1)
14. test_result.columns=["target","proba"]
15. test_fpr,test_tpr,test_threshold=roc_curve(test_result["target"],test_result["proba"])
16. test_roc=auc(test_fpr,test_tpr)
17. plt.plot(test_fpr,test_tpr,color="green",lw=2,label="DecisionTree ROC curve (area = %0.2f)"% test_roc)
18. #绘制随机森林模型 ROC 曲线
19. test_prob=pd.DataFrame(Model_RandomForest.predict_proba(X_test)).drop(columns=[0],axis=1)
20. test_label=pd.DataFrame(y_test).reset_index(drop=True)
21. test_result=pd.concat([test_label,test_prob],axis=1)
22. test_result.columns=["target","proba"]
23. test_fpr,test_tpr,test_threshold=roc_curve(test_result["target"],test_result["proba"])
24. test_roc=auc(test_fpr,test_tpr)
25. plt.plot(test_fpr,test_tpr,color="orange",lw=2,label="RandomForest ROC curve (area = %0.2f)"% test_roc)
26. #绘制神经网络模型 ROC 曲线
27. test_prob=pd.DataFrame(Model_NeuralNetwork.predict_proba(X_test)).drop(columns=[0],axis=1)
28. test_label=pd.DataFrame(y_test).reset_index(drop=True)
29. test_result=pd.concat([test_label,test_prob],axis=1)
```

30. test_result.columns=["target","proba"]
31. test_fpr,test_tpr,test_threshold=roc_curve(test_result["target"],test_result["proba"])
32. test_roc=auc(test_fpr,test_tpr)
33. plt.plot(test_fpr,test_tpr,color="purple",lw=2,label="NeuralNetwork ROC curve (area = %0.2f)"% test_roc)
34. #设置 ROC 曲线格式
35. plt.plot([0, 1], [0, 1],color="navy",lw=2,linestyle="--")
36. plt.xlim([0.0, 1.0])
37. plt.ylim([0.0, 1.05])
38. plt.xlabel("False Positive Rate")
39. plt.ylabel("True Positive Rate")
40. plt.title("Roc Curve")
41. plt.legend(loc="lower right")
42. plt.show

执行代码后，得到各个模型的 ROC 曲线及 AUC 取值，如图 6-53 所示。

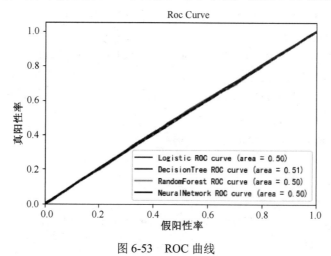

图 6-53　ROC 曲线

通过各个模型的混淆矩阵及 ROC 曲线可以发现，无论是采用哪种机器学习算法，最终的分类准确性都很低。模型的预测能力在很大程度上取决于数据的效力，如果选择的变量解释力不够、定义的观察期和表现期不够合理、数据本身没有蕴含足够的信息，再高深的机器学习算法都是无能为力的。在真实工作场景中，当发现模型预测精度不佳时，需要对模型发生误差的原因进行深入的分析，了解导致模型预测能力不佳的若干个潜在原因，并想办法逐步解决这些潜在的问题，如增加更有解释力的变量、增加样本数、优化观察期与表现期、定义逻辑、调整算法参数、更换算法等。

6.5.6　小结

至此我们完成了用户优惠券使用行为预测模型的整个建模过程，包括因变量定义、表现期和观察期的时间区间选取、数据质量诊断、特征功能、建立模型、模型评估等具体任务。

由于数据集本身没有蕴含有价值的规律,所以最终的建模效果很不理想。尽管没有搭建出一个有效的机器学习模型,但是本例对于我们而言依然有着重要的启示。

在真实的建模场景中,人们往往会花费大量的时间更换算法、调整算法参数,因为在潜意识中,模型搭建最酷炫、最核心的内容就是算法的调用。然而事实往往并非如此,在整个建模过程中,调用机器学习算法搭建模型的时间往往只占所有工作时间的 15%不到,剩余的时间都用在数据预分析处理及误差分析的工作上。这些工作尽管看起来有些琐碎和"低级",然而却是最考验工作经验和工作能力的部分,也是决定最终模型性能天花板的决定性步骤。如何将实际业务问题转换为建模问题、选择哪些自变量进入模型、如何选择时间区间、如何定义因变量、如何找到模型精度不佳的原因、如何获取更有解释力的数据、如何进行针对性的修改等,这些细节都是决定最终数据产品质量的核心,而不仅仅是使用了哪些高深复杂的算法。尽管在某些特定的数据集上一些算法的表现极佳,但是面对没有价值的数据时,任何算法都难以"造"出一个出色的模型。同样的,在面对一个很多算法都能够解决的数据问题时,简单的算法有时会比复杂的算法效果更好。所以没有必要追求表面的酷炫而故意选择复杂的算法,特别是在对于复杂算法理解不深的情况下,可能产生负效果而不自知。

本章小结

用户数据分析与挖掘旨在通过学习海量的用户行为数据,帮助企业划分用户群体、进行个性化精准营销、预测用户行为、提高用户黏性。用户数据分析与挖掘是绝大多数企业都会面临的挑战,实现用户资产的保值增值对于企业的生存发展是至关重要的,也是数据分析师实战经验的重要来源。用户数据分析与挖掘包含多个数据分析维度,如宏观监控、微观定位、聚类分析、预测行为等。

案例实践

假设 TPC-DS 数据集的所属公司近期希望能够识别潜在的流失用户,并在用户流失前采取营销措施加以挽留。请思考哪些属性特征可能预示着用户未来的流失,并尝试搭建用户流失预警模型。

第7章 供应链数据分析与挖掘实战

本章学习要点：

本章作为实战篇的第二个章节，首先介绍了用户满意度提高的供应链成本的降低对于企业的重要价值，并介绍了在供应链数据分析与挖掘部分所涉及的几个重要任务，分别是用户偏好的全方位洞察、用户满足情况的多维度总结及产品需求量的精准预测；接下来介绍了如何应用 Tableau 制作用户偏好及用户满足维度的供应链监控仪表板；最后介绍了如何应用 Python 建立产品需求量预测模型，强调了建模过程中需要重点考虑的问题，并展现了数据预分析、产品行为模式聚类及时间序列建模与效果评估的整个建模流程。

本章学习目标：

1. 了解供应链数据分析与挖掘的主要目标和基本内容；
2. 运用 Tableau 设计多维度供应链数据分析与监控仪表板；
3. 掌握产品需求量预测的关键点并运用 Python 建立产品需求量预测模型。

7.1 引　言

对现代企业而言，提高用户满意度和降低成本是获得竞争优势的关键。用户满意度在很大程度上取决于企业为用户提供的产品与服务的质量高低。对于快消以及电商行业的企业而言，及时为用户提供他们所需要的、高质量的产品是提高用户满意度的关键途径之一。在电商平台购买产品时，用户既希望能够找到心仪的、高质量的产品，又希望这些产品能够尽快地送达他们手中。同时做到这些对于企业供应链的运营效率与成本是一个很大的挑战。供应链成本的降低主要来自产品存货的高效率购入、运输和存储，如果仓库中的备货能够恰好满足所有用户的需求，接近"零库存"的理想状态，那么企业的供应链成本将会大大降低，从而提高企业的竞争优势。

与上一章聚焦于用户维度不同，本章将会聚焦于产品维度，从个体产品出发，反映企业供应链的运营状况，从而提升运营质量。提高供应链运营效率，降低供应链运营成本，需要企业完成以下几个任务：

（1）通过用户整体的历史消费行为反映用户偏好在产品维度的体现；

（2）通过用户整体的历史售后行为反映用户满意度在产品维度的体现；

（3）预估用户对各产品的需求，预先备货以降低产品缺货概率、提高用户满意度、降低存货堆积带来的额外成本。

在本章中，我们将基于 catalog sales 网络和 website sales 网络展开供应链数据分析与挖掘，运用在先前章节中掌握的知识技能针对性地完成以上任务。

7.2 用户偏好维度供应链监控仪表板设计

7.2.1 设计目的

供应链数据分析的一个重要方面是了解用户偏好，包括用户最喜欢什么产品，哪些地区对于这些产品的需求量最大，用户对于产品的需求量随时间的变动趋势等。

进行供应链数据分析与挖掘需要 TPC-DS 数据集中的四张事实表，分别是 catalog_sales、web_sales、catalog_returns 与 web_returns。由于 Tableau 并不能像 Power BI 那样支持将没有主外键约束的事实表导入同一个数据模型中，因此需要编写 SQL 查询代码从以上四张事实表中提取分析所需的数据构成一个新的事实表。事实表数据提取与合并 SQL 查询代码如下。

```sql
--catalog_sales,web_sales,catalog_returns,web_returns 表数据合并 SQL
select
    a.channel,
    a.sold_date_sk,
    a.ship_date_sk,
    a.bill_addr_sk,
    a.ship_mode_sk,
    a.warehouse_sk,
    a.item_sk,
    a.order_number,
    a.quantity,
    a.net_paid,
    b.reason_sk,
    b.return_quantity,
    b.net_loss
from
    (select
        'catalog_sales' as channel,
        cs_sold_date_sk as sold_date_sk,
        cs_ship_date_sk as ship_date_sk,
        cs_bill_addr_sk as bill_addr_sk,
        cs_ship_mode_sk as ship_mode_sk,
        cs_warehouse_sk as warehouse_sk,
        cs_item_sk as item_sk,
        cs_order_number as order_number,
```

```
26.         cs_quantity as quantity,
27.         cs_net_paid as net_paid
28.     from
29.         catalog_sales
30.     union all
31.     select
32.         'web_sales' as channel,
33.         ws_sold_date_sk as sold_date_sk,
34.         ws_ship_date_sk as ship_date_sk,
35.         ws_bill_addr_sk as bill_addr_sk,
36.         ws_ship_mode_sk as ship_mode_sk,
37.         ws_warehouse_sk as warehouse_sk,
38.         ws_item_sk as item_sk,
39.         ws_order_number as order_number,
40.         ws_quantity as quantity,
41.         ws_net_paid as net_paid
42.     from
43.         web_sales) a
44.     left join
45.     (select
46.         'catalog_sales' as channel,
47.         cr_item_sk as item_sk,
48.         cr_order_number as order_number,
49.         cr_reason_sk as reason_sk,
50.         cr_return_quantity as return_quantity,
51.         cr_net_loss as net_loss
52.     from
53.         catalog_returns
54.     union all
55.     select
56.         'web_sales' as channel,
57.         wr_item_sk as item_sk,
58.         wr_order_number as order_number,
59.         wr_reason_sk as reason_sk,
60.         wr_return_quantity as return_quantity,
61.         wr_net_loss as net_loss
62.     from
```

63.　　web_returns) b
64.　**on** a.channel=b.channel
65.　　and a.item_sk=b.item_sk
66.　　and a.order_number=b.order_number;

我们分别将 catalog_sales 和 web_sales 表，以及 catalog_returns 和 web_returns 表合并成销售事实表和退货事实表，新设"channel"字段对各条销售、退货事实记录的产生来源进行标记，接下来将销售事实表和退货事实表按照"item_sk"和"order_number"字段连接。

打开 Tableau，连接 SQL Server 2019 服务器后，在数据源界面单击左下角【编辑自定义 SQL】，将以上 SQL 代码输入弹出的窗口中，如图 7-1 所示。

```
编辑自定义 SQL                               ×
select
        a.channel,
        a.sold_date_sk,
        a.ship_date_sk,
        a.bill_addr_sk,
        a.ship_mode_sk,
        a.warehouse_sk,
        a.item_sk,
        a.order_number,
        a.quantity,
        a.net_paid,
        b.reason_sk,
        b.return_quantity,
        b.net_loss
from
(select
        'catalog_sales' as channel,
        cs_sold_date_sk as sold_date_sk,
        cs_ship_date_sk as ship_date_sk,
        cs_bill_addr_sk as bill_addr_sk,
        cs_ship_mode_sk as ship_mode_sk,
        cs_warehouse_sk as warehouse_sk,
        cs_item_sk as item_sk,
        cs_order_number as order_number,
        cs_quantity as quantity,
        cs_net_paid as net_paid
from
        catalog_sales
union all
select
        'web_sales' as channel,
        ws_sold_date_sk as sold_date_sk,
        ws_ship_date_sk as ship_date_sk,
```

图 7-1　Tableau 获取自定义数据

单击【确定】后，获得合并后的事实表，重命名为"catalog&web_sales"。接下来将 customer_address、item、reason、ship_mode、warehouse、date_dim 等数据表拖拽到数据源区域并设置与 catalog&web_sales 表的连接关系（均使用左连接）。需要注意的是，由于 catalog&web_sales 表有两列日期外键，分别是 sold_date_sk 与 ship_date_sk，因此需要拖拽到两张 date_dim 表以建立与 catalog&web_sales 表的连接关系，并分别重命名为 sold_date_dim 与 ship_date_dim，如图 7-2 所示。

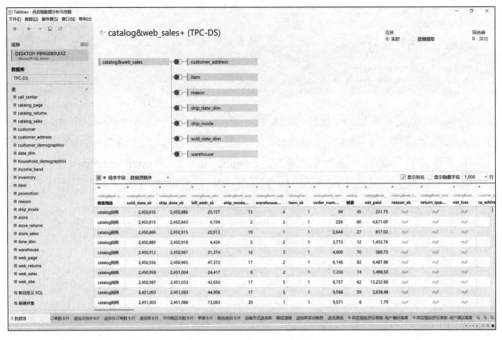

图 7-2　供应链数据分析模型搭建

7.2.2　可视化效果

用户偏好维度供应链监控仪表板展示了用户在各个时间段对各类别商品的偏好情况，支持时间与产品大类两个维度的筛选，可视化效果如图 7-3 所示。

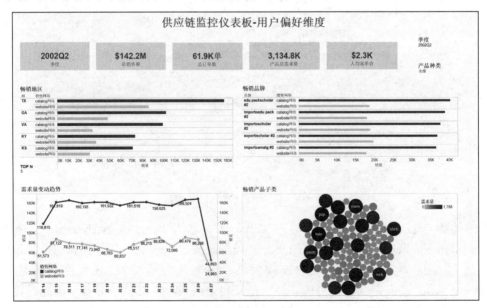

图 7-3　用户偏好维度供应链监控仪表板

7.2.3 组件介绍

1. 卡片

卡片突出展示了用户偏好维度最为关键的数据指标，包括时间区间（季度）、总销售额、总订单数、产品总需求量、人均客单价等，如图7-4所示。

图7-4　用户偏好维度供应链监控仪表板——卡片

2. 簇状条形图

簇状条形图分别将地理维度和品牌维度的产品需求量信息拆分为了 catalog sales 网络与 website sales 网络，按照产品需求量降序排列并展示了需求量最高的五个地区与品牌，如图7-5所示。

图7-5　用户偏好维度供应链监控仪表板——簇状条形图

3. 折线图

折线图展示了各类别产品在一个季度的各周内分别在 catalog sales 网络与 website sales 网络的需求量变化趋势，如图7-6所示。

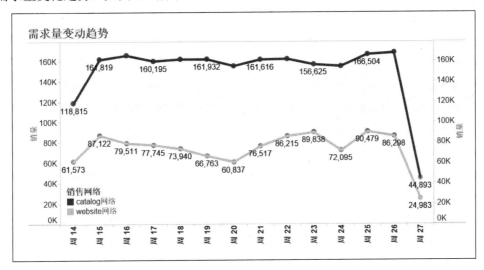

图7-6　用户偏好维度供应链监控仪表板——折线图

4. 气泡图

气泡图展示了销量最高的产品子类别，直观展示出各个类别的相对热度，如图 7-7 所示。

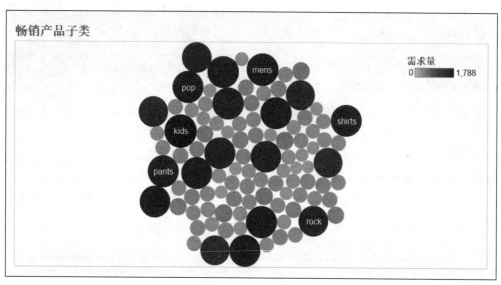

图 7-7　用户偏好维度供应链监控仪表板——气泡图

7.2.4　小结

用户偏好维度供应链监控仪表板主要展示了各类别产品在总销售额、总订单量、产品总需求量、人均客单价四个重要的数据指标方面的表现，可用于监控某类别产品的畅销程度随时间的变化趋势从而洞察用户偏好并据此制定后续的针对性策略。

7.3　用户满足维度供应链监控仪表板设计

7.3.1　设计目的

供应链数据分析的另一个重要方面是满足用户需求，即提高用户对每次消费的满意程度。一般而言，用户的满意程度取决于产品的质量及运输所花费的时间，因此需要设计相应的仪表板以实现用户满意程度的监控。

7.3.2　可视化效果

用户满足维度供应链监控仪表板展示了用户在各个时间段的满意度情况，使用退货率（退货订单数/总订单数）及响应速度（下单时间与发货时间的差）作为主要数据指标，支持时间与产品大类两个维度的筛选，可视化效果如图 7-8 所示。

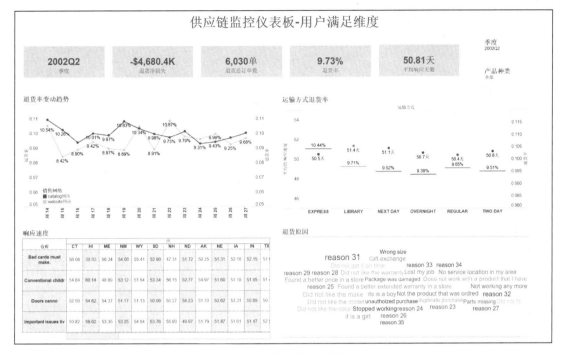

图 7-8 用户满足维度供应链监控仪表板

7.3.3 组件介绍

1. 卡片

卡片突出展示了用户满足维度最为关键的数据指标，包括时间区间（季度）、退货净损失、退货总订单量、总退货率、平均响应天数等，如图 7-9 所示。

图 7-9 用户满足维度供应链监控仪表板——卡片

2. 折线图

折线图展示了各类别产品在一个季度的各周内分别在 catalog sales 网络与 website sales 网络的退货率变动趋势，如图 7-10 所示。

3. 组合图

组合图分别展现了各个运输方式下的平均响应速度及退货率，如图 7-11 所示。

4. 矩阵

矩阵展示了从各个仓库发往各个地区订单的平均响应速度，如图 7-12 所示。

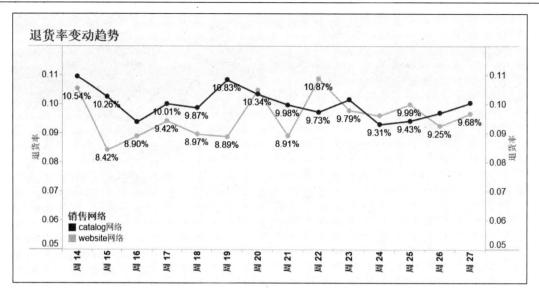

图 7-10 用户满足维度供应链监控仪表板——折线图

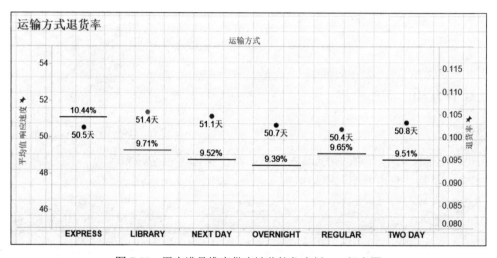

图 7-11 用户满足维度供应链监控仪表板——组合图

响应速度	州											
仓库	CT	HI	ME	NM	WY	SD	NH	ND	AK	NE	IA	IN	TX
Bad cards must make.	56.08	39.93	56.34	54.06	55.41	52.90	47.31	51.72	50.25	51.31	52.16	52.15	51.6
Conventional childr	54.64	60.14	48.89	53.12	51.64	53.34	56.15	52.77	54.97	51.60	51.19	51.85	51.
Doors canno	52.50	54.62	54.37	51.17	51.13	50.09	50.27	54.23	51.70	53.62	53.31	50.89	50.
Important issues liv	50.82	59.62	53.35	53.25	54.04	53.76	55.93	49.97	51.79	51.87	51.61	51.47	52.

图 7-12 用户满足维度供应链监控仪表板——矩阵

5. 词云图

词云图展示了退货订单中的各种原因出现的频率，文字体积越大表示由于该种原因发生退货的情况就越多，如图 7-13 所示。

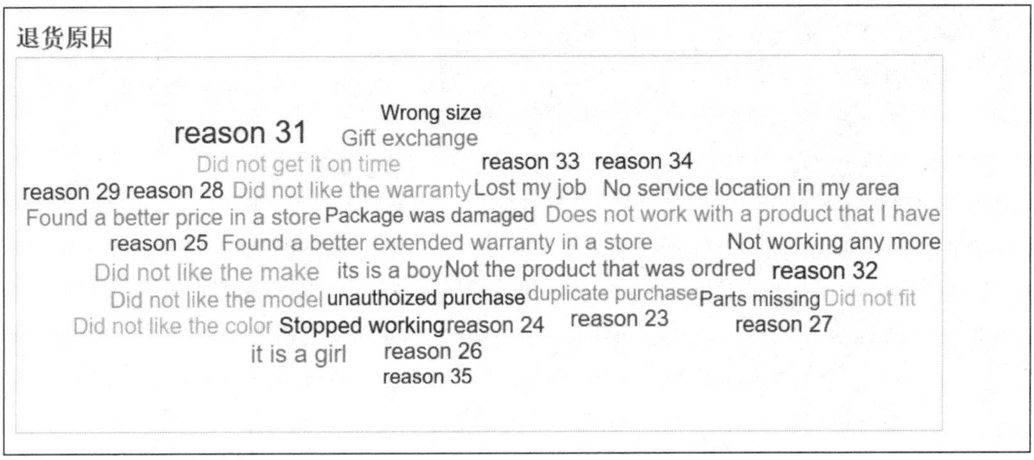

```
退货原因

                    Wrong size
      reason 31  Gift exchange
          Did not get it on time    reason 33  reason 34
  reason 29 reason 28 Did not like the warranty Lost my job  No service location in my area
  Found a better price in a store Package was damaged Does not work with a product that I have
      reason 25  Found a better extended warranty in a store   Not working any more
      Did not like the make   its is a boy Not the product that was ordred  reason 32
      Did not like the model unauthorized purchase duplicate purchase Parts missing Did not fit
      Did not like the color  Stopped working reason 24   reason 23     reason 27
                    it is a girl    reason 26
                                    reason 35
```

图 7-13　用户满足维度供应链监控仪表板——词云图

7.3.4　小结

用户满足维度供应链监控仪表板以退货率和响应速度作为关键的数据指标，从时间、运输方式、物流目的地等维度进行拆解计算，以实现针对供应链满足用户需求情况的监控。

7.4　产品需求量预测模型

7.4.1　背景简介

预测产品需求量一直是快消行业和电商行业企业提升供应链效率的关键，其核心是在用户发生购买行为之前预先将适量的产品放置于库房中，以满足未来一段时间的用户需求。如果不能够对产品需求量做出一个比较精准的预测，那么不合理的备货很有可能会导致产品缺货或产品堆积。产品缺货会严重影响销售营业额、降低用户满意度；产品堆积则会大大占用库房资源、增加库存成本。因此，实现产品需求量预测一方面能够提高用户满意度和成交量，另一方面也能够节省资源降低成本，为企业带来大量的收益。接下来我们将运用 Python 完成产品需求预测模型的搭建。

7.4.2　数据准备

尽管产品需求是由用户的消费行为创造的，但是与用户数据分析与挖掘聚焦于用户维度不同，供应链数据分析与挖掘聚焦于产品维度，因此将产品需求量预测定义为产品行为而非用户行为的分析和预测是更加合理的。

产品需求量预测是若干个时间序列预测问题的集合。在理想状态下，应该对每种产品在每个地区的未来某个时间段的需求都做出预测，这样才能够做出完整的备货决策，然而实际情况是，当产品数量众多（百万种产品）时，对每种产品都建立预测模型是不可行的，因为这会带来过重的运算负荷，并且会使得整个预测系统过于复杂且难以维护。面对这样的难题我们采取的折中方案是将所有的产品按照其历史行为的特征进行聚类，每类产品的历史行为是比较相似的，包括需求体量、周期性趋势、长期趋势等。针对每类产品建立时间序列预测模型后，所有该类别的产品都使用同一个模型实现预测。但这样做需要考虑另一个关键的问题：到底应该将所有的产品划分为几个类别。一般而言，划分的类别越多最终的预测精度也就越高，因为当类别的数量与产品的总数相等时，就等同于对每种产品都建立预测模型，因此我们面临着一个模型简洁度、运算负荷及预测精度之间的权衡问题。

接下来需要考虑的是，产品的历史行为与哪些因素有关？一般而言，隶属于同一种类或同一品牌的产品可能拥有相似的历史行为，于是便产生了一种自然的聚类方法，即对每个种类的产品进行建模，这样做的前提假设是所有同类别或同品牌的产品拥有相同的历史行为模式，然而这一点并不总是成立，事实上同一类别内的不同产品也可能有着很不一样的历史行为模型。因此，是否在产品聚类的过程中考虑产品的种类、品牌等因素，还是仅仅考虑产品的历史行为，这些都需要通过数据的预分析给出答案。

最后需要考虑的是，如何确定产品需求预测在时间维度上的精细度，即精准至天、周、月还是季度？一般而言，颗粒度越细，预测值对于备货的指导意义就越强，但是预测难度也就越大，预测值的可靠性越低；颗粒度越粗，预测值对于备货的指导意义就越弱，但是预测难度较低，预测值的可靠性也就越高。这一点也需要依据实际的业务需求而定。

考虑完以上问题后，在 Windows 菜单栏中打开 Jupyter Notebook，新建 Python 3 Notebook 文件，并命名为"TPC-DS 产品需求量预测模型"，编写 Python 代码连接 SQL Server 2019，编写 SQL 查询语句以获取原始数据。

假设此时我们希望将预测的颗粒度设置为月份，即以月为时间单位展开预测，则编写代码如下。

```
1.  #导入程序包
2.  import pymssql
3.  import pandas as pd
4.  import numpy as np
5.  import matplotlib.pyplot as plt
6.  from pylab import *
7.  mpl.rcParams["font.sans-serif"]=["SimHei"]
8.  from sklearn.metrics import confusion_matrix
9.
10. #设置 SQL Server 2019 连接参数
11. host='.'
12. user='sa'
13. password='******'
14. database='TPC-DS'
15.
16. #获取连接 connect
```

17. connect=pymssql.connect(host,user,password,database)
18. #获取游标 cursor
19. cursor=connect.cursor()
20.
21. #获取产品历史需求的 SQL 语句
22. query="""
23. select
24.   i_item_id,
25.   i_brand_id,
26.   i_class_id,
27.   i_category_id,
28.   sum(case when concat(year(d_date),'-',month(d_date))='1998-1' then quantity else 0 end) as q1998_1,
29.   sum(case when concat(year(d_date),'-',month(d_date))='1998-2' then quantity else 0 end) as q1998_2,
30.   sum(case when concat(year(d_date),'-',month(d_date))='1998-3' then quantity else 0 end) as q1998_3,
31.   sum(case when concat(year(d_date),'-',month(d_date))='1998-4' then quantity else 0 end) as q1998_4,
32.   sum(case when concat(year(d_date),'-',month(d_date))='1998-5' then quantity else 0 end) as q1998_5,
33.   sum(case when concat(year(d_date),'-',month(d_date))='1998-6' then quantity else 0 end) as q1998_6,
34.   sum(case when concat(year(d_date),'-',month(d_date))='1998-7' then quantity else 0 end) as q1998_7,
35.   sum(case when concat(year(d_date),'-',month(d_date))='1998-8' then quantity else 0 end) as q1998_8,
36.   sum(case when concat(year(d_date),'-',month(d_date))='1998-9' then quantity else 0 end) as q1998_9,
37.   sum(case when concat(year(d_date),'-',month(d_date))='1998-10' then quantity else 0 end) as q1998_10,
38.   sum(case when concat(year(d_date),'-',month(d_date))='1998-11' then quantity else 0 end) as q1998_11,
39.   sum(case when concat(year(d_date),'-',month(d_date))='1998-12' then quantity else 0 end) as q1998_12,
40.   sum(case when concat(year(d_date),'-',month(d_date))='1999-1' then quantity else 0 end) as q1999_1,
41.   sum(case when concat(year(d_date),'-',month(d_date))='1999-2' then quantity else 0 end) as q1999_2,
42.   sum(case when concat(year(d_date),'-',month(d_date))='1999-3' then quantity else 0 end) as q1999_3,
43.   sum(case when concat(year(d_date),'-',month(d_date))='1999-4' then quantity else 0 end) as q1999_4,
44.   sum(case when concat(year(d_date),'-',month(d_date))='1999-5' then quantity else 0 end) as q1999_5,
45.   sum(case when concat(year(d_date),'-',month(d_date))='1999-6' then quantity else 0 end) as q1999_6,
46.   sum(case when concat(year(d_date),'-',month(d_date))='1999-7' then quantity else 0 end) as q1999_7,
47.   sum(case when concat(year(d_date),'-',month(d_date))='1999-8' then quantity else 0 end) as q1999_8,
48.   sum(case when concat(year(d_date),'-',month(d_date))='1999-9' then quantity else 0 end) as q1999_9,
49.   sum(case when concat(year(d_date),'-',month(d_date))='1999-10' then quantity else 0 end) as q1999_10,
50.   sum(case when concat(year(d_date),'-',month(d_date))='1999-11' then quantity else 0 end) as q1999_11,
51.   sum(case when concat(year(d_date),'-',month(d_date))='1999-12' then quantity else 0 end) as q1999_12,
52.   sum(case when concat(year(d_date),'-',month(d_date))='2000-1' then quantity else 0 end) as q2000_1,
53.   sum(case when concat(year(d_date),'-',month(d_date))='2000-2' then quantity else 0 end) as q2000_2,
54.   sum(case when concat(year(d_date),'-',month(d_date))='2000-3' then quantity else 0 end) as q2000_3,
55.   sum(case when concat(year(d_date),'-',month(d_date))='2000-4' then quantity else 0 end) as q2000_4,
56.   sum(case when concat(year(d_date),'-',month(d_date))='2000-5' then quantity else 0 end) as q2000_5,

```sql
57.     sum(case when concat(year(d_date),'-',month(d_date))='2000-6' then quantity else 0 end) as q2000_6,
58.     sum(case when concat(year(d_date),'-',month(d_date))='2000-7' then quantity else 0 end) as q2000_7,
59.     sum(case when concat(year(d_date),'-',month(d_date))='2000-8' then quantity else 0 end) as q2000_8,
60.     sum(case when concat(year(d_date),'-',month(d_date))='2000-9' then quantity else 0 end) as q2000_9,
61.     sum(case when concat(year(d_date),'-',month(d_date))='2000-10' then quantity else 0 end) as q2000_10,
62.     sum(case when concat(year(d_date),'-',month(d_date))='2000-11' then quantity else 0 end) as q2000_11,
63.     sum(case when concat(year(d_date),'-',month(d_date))='2000-12' then quantity else 0 end) as q2000_12,
64.     sum(case when concat(year(d_date),'-',month(d_date))='2001-1' then quantity else 0 end) as q2001_1,
65.     sum(case when concat(year(d_date),'-',month(d_date))='2001-2' then quantity else 0 end) as q2001_2,
66.     sum(case when concat(year(d_date),'-',month(d_date))='2001-3' then quantity else 0 end) as q2001_3,
67.     sum(case when concat(year(d_date),'-',month(d_date))='2001-4' then quantity else 0 end) as q2001_4,
68.     sum(case when concat(year(d_date),'-',month(d_date))='2001-5' then quantity else 0 end) as q2001_5,
69.     sum(case when concat(year(d_date),'-',month(d_date))='2001-6' then quantity else 0 end) as q2001_6,
70.     sum(case when concat(year(d_date),'-',month(d_date))='2001-7' then quantity else 0 end) as q2001_7,
71.     sum(case when concat(year(d_date),'-',month(d_date))='2001-8' then quantity else 0 end) as q2001_8,
72.     sum(case when concat(year(d_date),'-',month(d_date))='2001-9' then quantity else 0 end) as q2001_9,
73.     sum(case when concat(year(d_date),'-',month(d_date))='2001-10' then quantity else 0 end) as q2001_10,
74.     sum(case when concat(year(d_date),'-',month(d_date))='2001-11' then quantity else 0 end) as q2001_11,
75.     sum(case when concat(year(d_date),'-',month(d_date))='2001-12' then quantity else 0 end) as q2001_12,
76.     sum(case when concat(year(d_date),'-',month(d_date))='2002-1' then quantity else 0 end) as q2002_1,
77.     sum(case when concat(year(d_date),'-',month(d_date))='2002-2' then quantity else 0 end) as q2002_2,
78.     sum(case when concat(year(d_date),'-',month(d_date))='2002-3' then quantity else 0 end) as q2002_3,
79.     sum(case when concat(year(d_date),'-',month(d_date))='2002-4' then quantity else 0 end) as q2002_4,
80.     sum(case when concat(year(d_date),'-',month(d_date))='2002-5' then quantity else 0 end) as q2002_5,
81.     sum(case when concat(year(d_date),'-',month(d_date))='2002-6' then quantity else 0 end) as q2002_6,
82.     sum(case when concat(year(d_date),'-',month(d_date))='2002-7' then quantity else 0 end) as q2002_7,
83.     sum(case when concat(year(d_date),'-',month(d_date))='2002-8' then quantity else 0 end) as q2002_8,
84.     sum(case when concat(year(d_date),'-',month(d_date))='2002-9' then quantity else 0 end) as q2002_9,
85.     sum(case when concat(year(d_date),'-',month(d_date))='2002-10' then quantity else 0 end) as q2002_10,
86.     sum(case when concat(year(d_date),'-',month(d_date))='2002-11' then quantity else 0 end) as q2002_11,
87.     sum(case when concat(year(d_date),'-',month(d_date))='2002-12' then quantity else 0 end) as q2002_12
88. from
89.     (
90.     select
91.         ws_item_sk as item_sk,
92.         ws_sold_date_sk as sold_date_sk,
93.         ws_quantity as quantity
94.     from
95.         web_sales
96.     union all
```

```
97.    select
98.        cs_item_sk as item_sk,
99.        cs_sold_date_sk as sold_date_sk,
100.       cs_quantity as quantity
101.   from
102.       catalog_sales
103.   ) a
104.   left join item i
105.   on a.item_sk=i.i_item_sk
106.   left join date_dim d
107.   on a.sold_date_sk=d.d_date_sk
108.   where
109.       i_item_id is not null
110.       and i_brand_id is not null
111.       and i_category_id is not null
112.       and i_class_id is not null
113.   group by
114.       i_item_id,
115.       i_brand_id,
116.       i_class_id,
117.       i_category_id;
118.   """
119.
120.   #获取原始数据
121.   dt_raw=pd.read_sql(query,con=connect)
122.
123.   #查看数据
124.   dt_raw.head()
```

以上 SQL 代码抓取了每种产品在过去 60 个月的时间内每个月的实际需求量,并获取产品名称(item)、品牌(brand)、子类(class)和种类(category)四种颗粒度由细至粗的产品属性。本例中我们仅考虑 catalog sales 网络和 website sales 网络,执行代码后,观察建模原始数据,如图 7-14 所示。

	i_item_id	i_brand_id	i_class_id	i_category_id	q1998_1	q1998_2	q1998_3	q1998_4	q1998_5	q1998_6
0	AAAAAAAAAABAAAA	6005001	5	6	195	176	84	197	0	171
1	AAAAAAAAABAAAAA	2004001	4	2	57	98	100	115	72	326
2	AAAAAAAAACCAAAA	10002003	2	10	0	0	0	0	0	0
3	AAAAAAAAADCAAAA	5002002	2	5	0	0	0	0	0	0
4	AAAAAAAAAEAAAA	6009002	9	6	0	0	0	0	0	0

图 7-14 获取原始数据

7.4.3 数据预分析

接下来对各个颗粒度的产品行为进行分析,选择最佳颗粒度的产品行为进行建模。

1. item 颗粒度

首先针对 item 颗粒度进行分析,提取 item 颗粒度的产品行为。

```
1.  #item 颗粒度产品行为分析
2.  dt_item=dt_raw[["i_item_id",
3.          "q1998_1","q1998_2","q1998_3","q1998_4","q1998_5","q1998_6","q1998_7","q1998_8","q1998_9","q1998_10","q1998_11","q1998_12",
4.          "q1999_1","q1999_2","q1999_3","q1999_4","q1999_5","q1999_6","q1999_7","q1999_8","q1999_9","q1999_10","q1999_11","q1999_12",
5.          "q2000_1","q2000_2","q2000_3","q2000_4","q2000_5","q2000_6","q2000_7","q2000_8","q2000_9","q2000_10","q2000_11","q2000_12",
6.          "q2001_1","q2001_2","q2001_3","q2001_4","q2001_5","q2001_6","q2001_7","q2001_8","q2001_9","q2001_10","q2001_11","q2001_12",
7.          "q2002_1","q2002_2","q2002_3","q2002_4","q2002_5","q2002_6","q2002_7","q2002_8","q2002_9","q2002_10","q2002_11","q2002_12"]]
8.  #按照 item 维度聚集计算产品需求量
9.  dt_item=dt_item.groupby(["i_item_id"]).sum()
10. #绘制 item 维度产品行为趋势图
11. dt_item.iloc[0:9,:].T.plot(legend=False,grid=True,title="产品行为趋势图")
12. print("类别总数: "+str(dt_item.shape[0]))
```

执行代码后,得到 item 颗粒度产品行为趋势图,为了图示直观仅选择前 10 种产品行为进行展示,如图 7-15 所示。

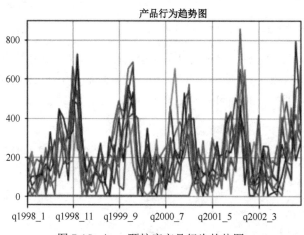

图 7-15 item 颗粒度产品行为趋势图

图 7-15 中,item 颗粒度共有 8987 种产品,且每种产品的行为模式相差很大,直接执行

item 颗粒度的建模困难较高。

2. brand 颗粒度

接下来对 brand 颗粒度进行分析，提取 brand 颗粒度的产品行为。

```
1.  #brand 颗粒度产品行为分析
2.  dt_brand=dt_raw[["i_brand_id",
3.          "q1998_1","q1998_2","q1998_3","q1998_4","q1998_5","q1998_6","q1998_7","q1998_8","q1998_9","q1998_10","q1998_11","q1998_12",
4.          "q1999_1","q1999_2","q1999_3","q1999_4","q1999_5","q1999_6","q1999_7","q1999_8","q1999_9","q1999_10","q1999_11","q1999_12",
5.          "q2000_1","q2000_2","q2000_3","q2000_4","q2000_5","q2000_6","q2000_7","q2000_8","q2000_9","q2000_10","q2000_11","q2000_12",
6.          "q2001_1","q2001_2","q2001_3","q2001_4","q2001_5","q2001_6","q2001_7","q2001_8","q2001_9","q2001_10","q2001_11","q2001_12",
7.          "q2002_1","q2002_2","q2002_3","q2002_4","q2002_5","q2002_6","q2002_7","q2002_8","q2002_9","q2002_10","q2002_11","q2002_12"]]
8.  #按照 brand 维度聚集计算产品需求量
9.  dt_brand=dt_brand.groupby(["i_brand_id"]).sum()
10. #绘制 brand 维度产品行为趋势图
11. dt_brand.T.plot(legend=False,grid=True,title="产品行为趋势图")
12. print("类别总数: "+str(dt_brand.shape[0]))
```

执行代码后，得到 brand 颗粒度产品行为趋势图，如图 7-16 所示。

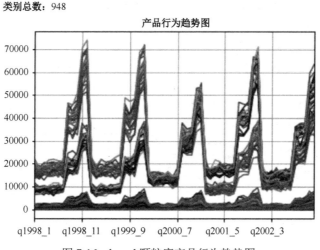

图 7-16 brand 颗粒度产品行为趋势图

图 7-16 中，8987 种产品分别隶属于 948 个品牌，且图中可以观察到各品牌的行为模式可以大体上划分为三种，前两个品牌的需求量一直处于较高的水平，最小值在 10 000 左右，峰值可以达到 60 000～70 000，且周期性非常明显；而第三个品牌的需求量相对而言处于一个较低的水平，最大值也未超过 10 000。

3. class 颗粒度

接下来对 class 颗粒度进行分析，提取 class 颗粒度的产品行为。

```
1.  #class 颗粒度产品行为分析
2.  dt_class=dt_raw[["i_class_id",
3.          "q1998_1","q1998_2","q1998_3","q1998_4","q1998_5","q1998_6","q1998_7","q1998_8","q1998_9","q1998_10","q1998_11","q1998_12",
4.          "q1999_1","q1999_2","q1999_3","q1999_4","q1999_5","q1999_6","q1999_7","q1999_8","q1999_9","q1999_10","q1999_11","q1999_12",
5.          "q2000_1","q2000_2","q2000_3","q2000_4","q2000_5","q2000_6","q2000_7","q2000_8","q2000_9","q2000_10","q2000_11","q2000_12",
6.          "q2001_1","q2001_2","q2001_3","q2001_4","q2001_5","q2001_6","q2001_7","q2001_8","q2001_9","q2001_10","q2001_11","q2001_12",
7.          "q2002_1","q2002_2","q2002_3","q2002_4","q2002_5","q2002_6","q2002_7","q2002_8","q2002_9","q2002_10","q2002_11","q2002_12"]]
8.  #按照 class 维度聚集计算产品需求量
9.  dt_class=dt_class.groupby(["i_class_id"]).sum()
10. #绘制 class 维度产品行为趋势图
11. dt_class.T.plot(legend=False,grid=True,title="产品行为趋势图")
12. print("类别总数: "+str(dt_class.shape[0]))
```

执行代码后，得到 class 颗粒度产品行为趋势图，如图 7-17 所示。

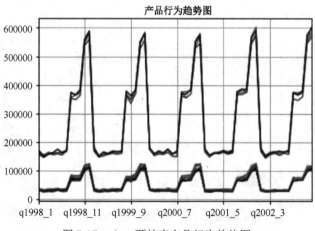

图 7-17　class 颗粒度产品行为趋势图

图 7-17 中，8 987 种产品分别隶属于 16 个子类，颗粒度变得更粗，从图中可以明显地识别出两种行为模式，且周期性非常明显。

4. category 维度

接下来对 category 颗粒度进行分析，提取 category 颗粒度的产品行为。

```
1.  #category 颗粒度产品行为分析
2.  dt_category=dt_raw[["i_category_id",
3.          "q1998_1","q1998_2","q1998_3","q1998_4","q1998_5","q1998_6","q1998_7","q1998_8","q1998_9","q1998_10","q1998_11","q1998_12",
4.          "q1999_1","q1999_2","q1999_3","q1999_4","q1999_5","q1999_6","q1999_7","q1999_8","q1999_9","q1999_10","q1999_11","q1999_12",
5.          "q2000_1","q2000_2","q2000_3","q2000_4","q2000_5","q2000_6","q2000_7","q2000_8","q2000_9","q2000_10","q2000_11","q2000_12",
6.          "q2001_1","q2001_2","q2001_3","q2001_4","q2001_5","q2001_6","q2001_7","q2001_8","q2001_9","q2001_10","q2001_11","q2001_12",
7.          "q2002_1","q2002_2","q2002_3","q2002_4","q2002_5","q2002_6","q2002_7","q2002_8","q2002_9","q2002_10","q2002_11","q2002_12"]]
8.  #按照 category 维度聚集计算产品需求量
9.  dt_category=dt_category.groupby(["i_category_id"]).sum()
10. #绘制 category 维度产品行为趋势图
11. dt_category.T.plot(legend=False,grid=True,title="产品行为趋势图")
12. print("类别总数: "+str(dt_category.shape[0]))
```

执行代码后，得到 category 颗粒度产品行为趋势图，如图 7-18 所示。

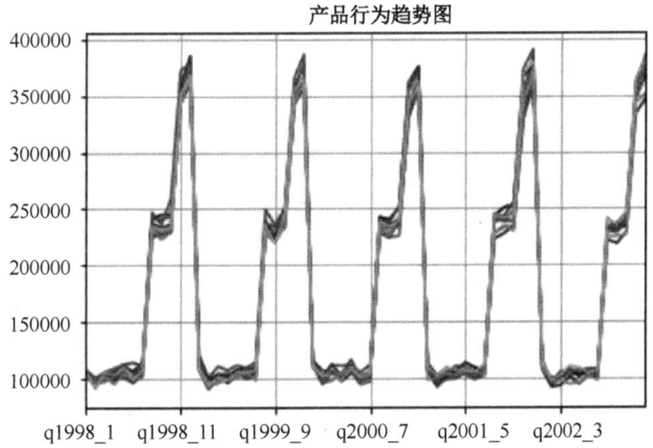

图 7-18　category 颗粒度产品行为趋势图

图 7-18 中，在 category 颗粒度下，产品行为已经完全退化为一种行为模式，针对 category 建模很明显是没有意义的。

综上，我们完成了四种颗粒度的产品行为的预分析。在理想状态下，应该就 item 颗粒度的产品行为展开聚类并建模，但是过程会过于复杂；而 class 维度和 category 维度的颗粒度太粗，不足以覆盖大多数的产品行为模式，预测模型的精度将会很差；而 brand 颗粒度足够精细（948 种 brand），能够在很大程度上覆盖大多数的产品行为特征，同时我们在产品行为图中也已经识别出了三种行为模式，建模难度和复杂度也得到了很好的控制，因此，在本例中我们将对 brand 颗粒度的产品行为展开聚类并建模。

7.4.4 产品行为模式聚类

在决定针对 brand 颗粒度的产品行为进行建模后,需要首先识别 brand 颗粒度的产品行为模式。尽管我们在图中已经识别出了三种具体的行为模式,但是并不能完全确定划分为三种行为模式是否是合理的,因此依旧需要借助 Kmeans 聚类算法帮助我们更加科学地确定最佳聚类数。

1. #引入 KMeans 算法包
2. **from** sklearn.cluster **import** KMeans
3. #新建列表用于存储不同簇数的畸变程度之和
4. SSE=[]
5. #对于 1 到 9 个聚类簇数进行循环
6. **for** k **in** range(1,9):
7.   #执行聚类
8.   est=KMeans(n_clusters=k).fit(dt_brand)
9.   #计算并存储畸变程度之和
10.   SSE.append(est.inertia_)
11. #绘制手肘图,确定最佳聚类簇数
12. X=range(1,9)
13. plt.title("手肘图")
14. plt.xlabel("k")
15. plt.ylabel("SSE")
16. plt.plot(X,SSE,"o-")
17. plt.show()

执行代码后,得到手肘图,如图 7-19 所示。

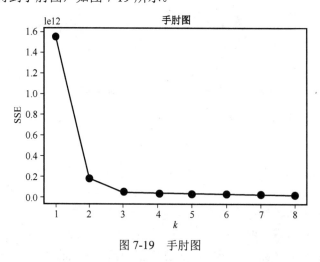

图 7-19 手肘图

当聚类数为 3 时,手肘图到达明显拐点,与我们的直观观察是一致的。

接下来我们将聚类数设置为 3,执行 brand 颗粒度的产品行为模式聚类。

```
1.  #设定聚类簇数为3
2.  k=3
3.  #执行聚类
4.  est=KMeans(n_clusters=k).fit(dt_brand)
5.  #获取各类标签
6.  clusters=est.labels_
7.  dt_brand["labels"]=clusters
8.  #汇报聚类结果
9.  cluster_result=dt_brand[["q1998_1","labels"]].groupby("labels",as_index=False).count()
10. cluster_result.columns=["类别","品牌数"]
11. cluster_result
```

执行代码后，得到各聚类簇数结果汇总，如图 7-20 所示。

	类别	品牌数
0	0	908
1	1	20
2	2	20

图 7-20 聚类结果汇总

聚类后各组的品牌数量非常不平衡，类别 0 有 908 个品牌，而类别 1 和类别 2 分别有 20 个品牌。接下来直观查看各组的聚类情况。

```
1.  #绘制类别0个品牌需求量均值及1倍标准差范围区间
2.  dt_brand_cluster_0=dt_brand[dt_brand["labels"]==0].iloc[:,:-1]
3.  cluster_0_mean=[]
4.  cluster_0_upper_std=[]
5.  cluster_0_lower_std=[]
6.  for col in dt_brand_cluster_0.columns.values:
7.      cluster_0_mean.append(mean(dt_brand_cluster_0[col]))
8.      cluster_0_upper_std.append(mean(dt_brand_cluster_0[col])+std(dt_brand_cluster_0[col]))
9.      cluster_0_lower_std.append(mean(dt_brand_cluster_0[col])-std(dt_brand_cluster_0[col]))
10. curve_cluster_0=pd.concat([
11.     pd.DataFrame(cluster_0_mean).rename(columns={0:"cluster 0"}),
12.     pd.DataFrame(cluster_0_upper_std).rename(columns={0:"mean+1*std"}),
13.     pd.DataFrame(cluster_0_lower_std).rename(columns={0:"mean-1*std"})],axis=1)
14. plt.plot(curve_cluster_0.iloc[:,0],color="green",linestyle="--")
15. plt.fill_between(range(60),
16.     curve_cluster_0.iloc[:,1],
17.     curve_cluster_0.iloc[:,2],
18.     color="green",
```

```
19.         alpha=0.3)
20.
21.  #绘制类别1品牌需求量均值及1倍标准差范围区间
22.  dt_brand_cluster_1=dt_brand[dt_brand["labels"]==1].iloc[:,:-1]
23.  cluster_1_mean=[]
24.  cluster_1_upper_std=[]
25.  cluster_1_lower_std=[]
26.  for col in dt_brand_cluster_1.columns.values:
27.      cluster_1_mean.append(mean(dt_brand_cluster_1[col]))
28.      cluster_1_upper_std.append(mean(dt_brand_cluster_1[col])+std(dt_brand_cluster_1[col]))
29.      cluster_1_lower_std.append(mean(dt_brand_cluster_1[col])-std(dt_brand_cluster_1[col]))
30.  curve_cluster_1=pd.concat([
31.      pd.DataFrame(cluster_1_mean).rename(columns={0:"cluster 1"}),
32.      pd.DataFrame(cluster_1_upper_std).rename(columns={0:"mean+1*std"}),
33.      pd.DataFrame(cluster_1_lower_std).rename(columns={0:"mean-1*std"})],axis=1)
34.  plt.plot(curve_cluster_1.iloc[:,0],color="red",linestyle=" - ")
35.  plt.fill_between(range(60),
36.          curve_cluster_1.iloc[:,1],
37.          curve_cluster_1.iloc[:,2],
38.          color="red",
39.          alpha=0.3)
40.
41.  #绘制类别2品牌需求量均值及1倍标准差范围区间
42.  dt_brand_cluster_2=dt_brand[dt_brand["labels"]==2].iloc[:,:-1]
43.  cluster_2_mean=[]
44.  cluster_2_upper_std=[]
45.  cluster_2_lower_std=[]
46.  for col in dt_brand_cluster_2.columns.values:
47.      cluster_2_mean.append(mean(dt_brand_cluster_2[col]))
48.      cluster_2_upper_std.append(mean(dt_brand_cluster_2[col])+std(dt_brand_cluster_2[col]))
49.      cluster_2_lower_std.append(mean(dt_brand_cluster_2[col])-std(dt_brand_cluster_2[col]))
50.  curve_cluster_2=pd.concat([
51.      pd.DataFrame(cluster_2_mean).rename(columns={0:"cluster 2"}),
52.      pd.DataFrame(cluster_2_upper_std).rename(columns={0:"mean+1*std"}),
53.      pd.DataFrame(cluster_2_lower_std).rename(columns={0:"mean-1*std"})],axis=1)
54.  plt.plot(curve_cluster_2.iloc[:,0],color="blue",linestyle=":")
55.  plt.fill_between(range(60),
56.          curve_cluster_2.iloc[:,1],
57.          curve_cluster_2.iloc[:,2],
58.          color="blue",
```

```
59.              alpha=0.3)
60.
61.    plt.legend()
```

执行代码后,得到各组产品行为需求量均值及 1 倍标准差范围区间,如图 7-21 所示。

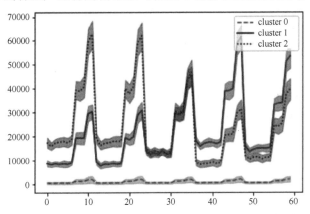

图 7-21　各组产品行为需求量均值及 1 倍标准差范围区间

类别 1 品牌(红色部分曲线)呈现明显的周期性上升趋势,而类别 2 品牌(蓝色部分曲线)呈现明显的周期性下降趋势,但是在 2002 年年底呈现出反弹趋势。以上两个类别的产品行为模式非常明显,并且各类别仅包含 20 个品牌,无须再次拆分。类别 0 品牌(绿色部分)也呈现出明显的周期性趋势,但是由于品牌销量不高,最高值也未超过 10 000,在当前的纵坐标比例下很难看出类别 0 的划分是否合理,并且类别 0 中包含的品牌数量为 908 个,如此众多数量的品牌不太可能拥有过一个完全相同的产品行为模式,因此需要将类别 0 各品牌的行为模式继续进行分拆。

```
1.    #分拆类别 0 品牌的产品行为模式
2.    dt_brand_cluster_0.T.plot(legend=False,grid=True,title="产品行为趋势图",alpha=0.3)
```

执行代码后,得到类别 0 各品牌产品行为图,如图 7-22 所示。

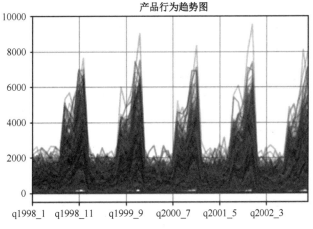

图 7-22　类别 0 各品牌产品行为图

类别 0 中各品牌的行为模式比较杂乱，没有呈现出一致性，因此需要对类别 0 中的品牌继续进行聚类，以识别出更精细化的产品行为模型。

再次绘制手肘图以确定最佳聚类数。

```
1.  dt_brand_split=dt_brand[dt_brand["labels"]==0].iloc[:,:-1]
2.  SSE=[]
3.  #对于 1 到 9 个聚类簇数进行循环
4.  for k in range(1,9):
5.      #执行聚类
6.      est=KMeans(n_clusters=k).fit(dt_brand_split)
7.      #计算并存储畸变程度之和
8.      SSE.append(est.inertia_)
9.  #绘制手肘图，确定最佳聚类簇数
10. X=range(1,9)
11. plt.title("手肘图")
12. plt.xlabel("k")
13. plt.ylabel("SSE")
14. plt.plot(X,SSE,"o-")
15. plt.show()
```

执行代码后，得到类别 0 品牌聚类手肘图，如图 7-23 所示。

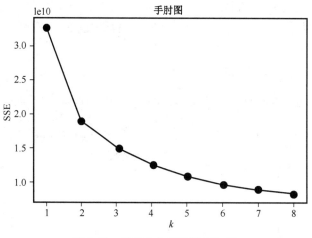

图 7-23　类别 0 品牌聚类手肘图

当聚类数为 5 时，手肘图到达明显拐点。

接下来将聚类数设置为 5，执行类别 0 各品牌产品行为模式聚类。

```
1.  #设定聚类簇数为 5
2.  k=5
3.  #执行聚类
4.  est=KMeans(n_clusters=k).fit(dt_brand_split)
```

5. #获取各类标签
6. clusters=est.labels_
7. dt_brand_split["labels"]=clusters
8. #汇报聚类结果
9. cluster_result=dt_brand_split[["q1998_1","labels"]].groupby("labels",as_index=False).count()
10. cluster_result.columns=["类别","品牌数"]
11. cluster_result

执行代码后，得到聚类结果汇总，如图7-24所示。

	类别	品牌数
0	0	248
1	1	166
2	2	270
3	3	179
4	4	45

图7-24 聚类结果汇总

尽管各组内的品牌数量并不是完全平衡的，但是划分也较为合理。接下来查看各细分组内的产品行为模式（此处的类别0至类别4为此前类别0的细分类别，为了显示区别，将此处的类别0至类别4修改为类别3至类别7）。

1. #绘制细分类别产品行为趋势图
2. dt_brand_split_1=dt_brand_split[dt_brand_split["labels"]==0].iloc[:,:-1]
3. cluster_3_mean=[]
4. cluster_3_upper_std=[]
5. cluster_3_lower_std=[]
6. for col in dt_brand_split_1.columns.values:
7.   cluster_3_mean.append(mean(dt_brand_split_1[col]))
8.   cluster_3_upper_std.append(mean(dt_brand_split_1[col])+std(dt_brand_split_1[col]))
9.   cluster_3_lower_std.append(mean(dt_brand_split_1[col])-std(dt_brand_split_1[col]))
10. curve_cluster_3=pd.concat([
11.   pd.DataFrame(cluster_3_mean).rename(columns={0:"cluster 3"}),
12.   pd.DataFrame(cluster_3_upper_std).rename(columns={0:"mean+1*std"}),
13.   pd.DataFrame(cluster_3_lower_std).rename(columns={0:"mean-1*std"})],axis=1)
14. plt.plot(curve_cluster_3.iloc[:,0],color="green")
15. plt.fill_between(range(60),
16.   curve_cluster_3.iloc[:,1],
17.   curve_cluster_3.iloc[:,2],
18.   color="green",
19.   alpha=0.3)

20. plt.title("类别 3 产品行为趋势图")
21. plt.show

执行代码后，得到各细分类别产品行为趋势图（在此仅演示类别 3 的绘图代码，其他代码略），如图 7-25 所示。

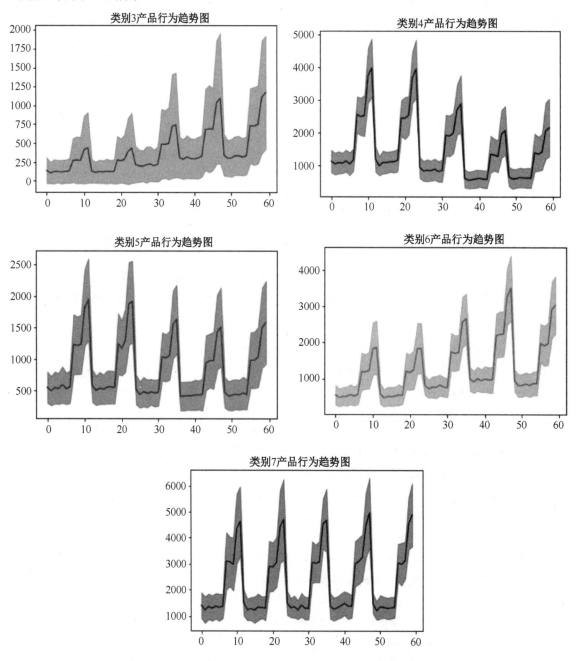

图 7-25　各细分类别产品行为趋势图

各细分类别的产品行为得到了很好的区分，接下来将各组的产品行为趋势图进行汇总。

1. #各细分类别产品行为趋势图-汇总

2. plt.plot(curve_cluster_3.iloc[:,0],color="green",linestyle="-")
3. plt.plot(curve_cluster_4.iloc[:,0],color="brown",linestyle="--")
4. plt.plot(curve_cluster_5.iloc[:,0],color="deeppink",linestyle="-.")
5. plt.plot(curve_cluster_6.iloc[:,0],color="orange",linestyle=":")
6. plt.plot(curve_cluster_7.iloc[:,0],color="purple",linestyle="-",marker="*")
7. plt.title("类别 3 至类别 7 产品行为趋势图")
8. plt.legend()
9. plt.show

执行代码后,得到类别 3 至类别 7 产品行为趋势图,如图 7-26 所示。

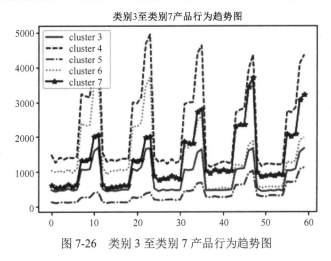

图 7-26　类别 3 至类别 7 产品行为趋势图

我们将此前的类别 0 再次进行聚类,重新识别出 5 种产品行为趋势,并且很好地体现了各组间不同的产品行为模式。加上之前聚类得到的类别 1 和类别 2,我们共将 brand 颗粒度的产品行为划分为 7 个类别,接下来我们将对这 7 个类别执行时间序列建模。

7.4.5　时间序列建模与效果评估

在此演示针对类别 2 品牌的时间序列建模过程。

首先绘制类别 2 产品行为趋势图,如图 7-27 所示。

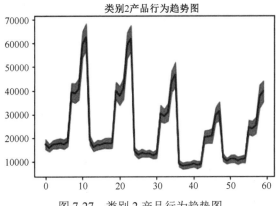

图 7-27　类别 2 产品行为趋势图

从图中可以看到产品行为有着非常明显的周期性趋势，并且长期趋势呈现出下降的状态，因此可以尝试拟合 ARIMA 季节性模型。

```python
#将原始序列转化为时间序列
from datetime import datetime
time_index=["1998-01","1998-02","1998-03","1998-04","1998-05","1998-06","1998-07","1998-08","1998-09","1998-10","1998-11","1998-12",
        "1999-01","1999-02","1999-03","1999-04","1999-05","1999-06","1999-07","1999-08","1999-09","1999-10","1999-11","1999-12",
        "2000-01","2000-02","2000-03","2000-04","2000-05","2000-06","2000-07","2000-08","2000-09","2000-10","2000-11","2000-12",
        "2001-01","2001-02","2001-03","2001-04","2001-05","2001-06","2001-07","2001-08","2001-09","2001-10","2001-11","2001-12",
        "2002-01","2002-02","2002-03","2002-04","2002-05","2002-06","2002-07","2002-08","2002-09","2002-10","2002-11","2002-12"]
series=pd.DataFrame(curve_cluster_2.iloc[:,0])
series.index=time_index
series.index=pd.to_datetime(series.index)
#将 1998 年至 2001 年的产品需求量作为训练集，将 2002 年的产品需求量作为测试集
train=series[0:48]
test=series[48:60]
#建立 ARIMA 季节性时间序列模型
import statsmodels.api as sm
model_cluster_1=sm.tsa.statespace.SARIMAX(train,
                    order=(0,1,0),
                    seasonal_order=(0,1,0,12)).fit()
#利用模型进行预测
pred=model_cluster_1.forecast(len(test))
#可视化预测效果
plt.plot(train,label='Train')
plt.plot(test,label='Test')
plt.plot(pred,label='ARIMA')
plt.legend()
plt.show
```

执行代码后，得到类别 2 时间序列建模可视化效果图，如图 7-28 所示。

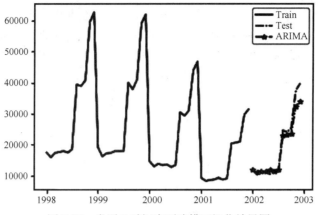

图 7-28 类别 2 时间序列建模可视化效果图

蓝色线为训练集产品历史行为趋势，黄色线为测试集产品历史行为趋势，绿色线为模型预测的产品行为趋势，从直观上来看拟合效果不错。

最后可以通过计算均方误差定量判断预测精度，通过建立多个时间序列预测模型并选择均方误差最小的模型作为最终的预测模型。

1. **from** sklearn.metrics **import** mean_squared_error
2. **from** math **import** sqrt
3. #计算模型预测的均方误差
4. rms=sqrt(mean_squared_error(pred,series_cluster_1_test))
5. rms

我们可以参照同样的方式对其余 6 个类别都建立各自的时间序列模型，对于 7 个类别内所有产品的需求量都可以使用各自组内的时间序列模型进行预测。

7.4.6 小结

本节建立的产品需求量预测模型是比较初级和理想化的，在企业实际场景中所面临的情况比现在要复杂得多。我们仅仅实现了一个较粗颗粒度（brand 颗粒度）的时间序列建模，然而并不是同一个品牌下的产品都拥有着相同的行为模式；同样的，我们尽管将 brand 颗粒度的产品划分成了 7 个类别，但是即使是同类别内可能还存在不同的行为模式。除此之外，本节并没有考虑促销带来的异常波动、新产品由于历史数据缺失造成的冷启动现象、价格变动带来的需求变化，以及不同地区用户偏好差异带来的产品行为地域化差异等特殊情况。当这些特殊情况被纳入考虑范围后，产品需求量预测就会变成一个非常复杂、烦琐和浩大的工程。出于简化问题的考虑，本节并没有将模型设计得过于复杂，旨在带领读者体会整个产品需求量预测的建模过程及需要重点考虑的问题。

本章小结

供应链数据分析与挖掘旨在通过学习海量的产品行为数据，帮助企业洞察市场偏好、监控物流效率、提高用户满意度。供应链数据分析与挖掘通常在大型电商、快消及制造业企业有着丰富的应用场景。供应链是企业价值链的起始点,是企业的命脉所在,因此也是数据分析师发挥价值的重要战场。产品行为数据的本质也是用户行为数据,但是与用户行为数据分析将颗粒度聚焦于用户维度不同,供应链数据分析通常将颗粒度聚焦于产品维度。供应链数据分析包括多维度运营效率监控、产品需求量时间序列预测及新库房选址等问题。

案例实践

假设 TPC-DS 数据集的所属公司近期将在美国西部新开设一个库房用于存货周转,希望能够缓解西部运输压力、降低运输成本、加快响应速度、提高用户满意度。请思考在新库房选址的过程中,需要考虑哪些具体因素,如何通过技术手段确定新库房选址决策。